不均質構造と誘電率

物質をこわさずに内部構造を探る

花井 哲也 著

吉岡書店

はじめに

　二枚の電極板の間に物体を置いて 電圧をかけると，電気が流れる．このときの電気の量と電圧との比を 誘電率という．　この誘電率は，物質に固有の一定値ではなくて，その物質内部の不均質な構造の様子に応じてさまざまに変化する．

　日常生活に出てくる物質は，ほとんどすべての場合，測定周波数やその物質の加工・処理の程度，品質の変化，などによって その物質の誘電率が大きく変わる．　その変わり具合を解析し，計算処理すると，その物質の内部構造の特徴や変化の程度が 数値として はっきりわかる．そこで このような手法を 工業製品や生物体などに適用すると，測定される物を壊さずに，ごく短時間の測定で，それぞれの内部不均質構造やその変化の様子を知ることが出来る．　さらに 誘電率測定機器は，近ごろ大変進歩し，コンピューター化して，迅速で簡単に扱えるようになった．それで 誘電率の複雑微妙な変化も 瞬時に測定，計算処理できるようになった．　ところが このような誘電的検知法を活用するには，計算処理手順などを，それぞれの対象，目的に合うように作り出さねばならない．　このような求めに応えるのがこの本の目的である．

　すなわち この本では，誘電現象の基礎概念からやさしく説明し，個々の生産物や生物細胞などについて，処理解析の技法，結果の実用的解釈の仕方の実際例などを初心者向きに解説している．　したがって この本で述べる誘電解析技法は 生産過程での製品の品質検定，放置後の品質変化の判定，生物細胞の生長・衰滅の判定，などに活用出来るであろう．　しかし 測定対象は千差万別なので，この本で紹介するいろいろな応用例での手法を学びとって，それぞれの対象と要求に合った判定法を創り出していただきたい．　このような誘電解析技法が 化学，工業生産の技術開発分野で さらに広く活用されることを期待する．

著者をコロイド界面科学の世界に導いていただいたのは 後藤廉平先生，平井西夫先生である．そして コロイド研究室で幅広く議論し交流することにより，相田 博，菅野竹雄，吐山尚美，竹中 亨，林 宗市，平井 泰，竹中フク，木村功之，松本陸朗，梅村純三，の諸氏から多くの事柄を学ぶことが出来た．おかげでコロイド不均質系の材料と知識を充分に備えて 誘電研究に進むことができたことを深く感謝する．

コロイド不均質系に誘電解析を適用するという新手法をお教えくださったのは，小泉直一先生である．また 研究室内外で 誘電的手法の開発と応用に向けて，次の方々の直接・間接の共同研究が広く深く進められ，多くの成果が得られたことはまことに幸いなことであり，厚くお礼申し上げる．

筏 英之，立見紀美江，辻 福寿，矢野紳一，鳥羽 薫，岩内幸蔵，岡本宏義，飛田喜功，中村尚武，小林茂雄，加藤久美，梶山方忠，森田 滋，綱島研二，阪本昇吾，萩野仁子，喜多保夫，辻本マリ子，山本恵久，沢田克巳，金谷昭子，西城浩志，村上 惇，長澤次男，山本敬子，浅見耕司，葛原素夫，横田耕二，角田美代子，馬渡豊樹，石川 彰，津村節子，村田幸進，羽深 等，寺山美喜子，佐々木茂男，名畑嘉之，今北 毅，岡 与志男，関根克尚，配川典子，淀川則子，張 河哲，綱島英樹，安積欣志，小島知子，松原靖廣，大脇武史，中島一樹，趙 孔双，清原健司，藤井明子，平竹敦子，山口 徹，三島 健，金子英雄，米澤岳志，伊藤 誠．(敬称略)

この本の内容は，その成果の要点を手短かにまとめたものである．

また，高島士郎先生，D. A. Haydon先生，入交昭彦先生 からは，化学，工業，医学，生物学 などの他分野への誘電的手法の応用について，いろいろなお導きをいただき，大変有り難く，深く感謝する．

この本の出版にあたって大変お世話になった 吉岡書店の上川正二氏および編集出版担当の方々に厚くお礼申し上げる．

　　1999年11月　　　　　　　　　　　　　著　　者

目　　次

第Ⅰ篇　誘電現象の基礎概念と一般解析法

第0章　この本には何が書いてあるか

第1章　誘電現象の基礎知識
- 1・1　誘電現象とは何か　……………………………………………………5
- 1・2　電気容量，誘電率　………………………………………………………6
- 1・3　静電感応，電気分極，物質内の電荷の動き　………………10
- 1・4　電流，コンダクタンス，導電率　………………………………15
- 1・5　電気容量・コンダクタンスの周波数変化──誘電緩和…19
- 1・6　交流変化する量の複素数による表現　………………………24
- 1・7　交流電圧・電流現象での複素量表現の立式　………………26
- 1・8　誘電緩和の典型例──単一緩和型則　………………………30
- 1・9　誘電測定結果の処理と表現法　…………………………………33
- 1・10　誘電緩和のいろいろな形式　……………………………………34

第Ⅱ篇　誘電測定結果の解析と不均質構造の考察

第2章　CとGとの結合系
- 2・1　測定試料と測定結果　……………………………………………42
- 2・2　測定結果より電気容量・コンダクタンス値の算出　………46
- 2・3　数値計算例　…………………………………………………………47

第3章　水中脂質二分子膜系

 3・1　水中にある膜系の誘電測定はどのように役立つか ……… 49
 3・2　水中脂質黒膜作りの実験操作 ……………………………… 50
 3・3　黒膜という名称の由来 ……………………………………… 51
 3・4　黒膜の誘電測定結果 ………………………………………… 52
 3・5　結果の処理 —— 黒膜の厚さ算出 ………………………… 54
 3・6　なぜ誘電緩和が起きるのか —— 図による説明 —— … 58

第4章　水中高分子膜系

 4・1　水中高分子膜系の実験操作 ………………………………… 61
 4・2　高分子膜 — 水相の系の誘電測定結果 …………………… 62
 4・3　結果の処理計算 ……………………………………………… 62
 4・4　電解質の膜透過機能の評価 ………………………………… 65

第5章　水中逆浸透膜系

 5・1　誘電緩和の予想と測定結果 ………………………………… 69
 5・2　測定結果の処理・計算 ……………………………………… 72
 5・3　膜の実効厚さなどの考察 …………………………………… 73

第6章　LB膜系

第7章　水中テフロン膜の系

 7・1　水溶液 — テフロン膜 — 水溶液系の誘電挙動 …………… 82
 7・2　構成成分相の電気容量などの算出 ………………………… 90

第8章　エマルション類
8・1　油中水滴型（W/O）エマルション······················91
8・2　水中油滴型（O/W）エマルション·····················100
8・3　水中ニトロベンゼン（N/W）エマルション················105

第9章　イオン交換樹脂粒子サスペンション
9・1　イオン交換樹脂粒子サスペンションの誘電挙動··········111
9・2　ゲル粒子水中サスペンションで誘電緩和の起きる仕組み 113
9・3　一般の場合の誘電解析式と実例·······················114
9・4　対イオンの種類による変化など·······················117

第10章　マイクロカプセル系
10・1　ポリスチレン・マイクロカプセルの性状と誘電挙動
　　　——複誘電緩和····································121
10・2　なぜ複誘電緩和が起きるのか························121
10・3　複誘電緩和の仕組み再考····························125
10・4　構成する相の定数を算出する方法と実例···············126

第11章　リポゾーム系
11・1　リポゾーム試料の調製と誘電測定の結果···············130
11・2　測定結果の考察···································132
11・3　理論式による構成相定数の算出······················132

第12章　赤血球サスペンション
12・1　ヒト赤血球サスペンションの調製と誘電測定結果········136
12・2　相定数など算出のための理論式······················138

12・3　殻付き球粒子分散系理論式による解析‥‥‥‥‥‥‥‥‥‥139
　12・4　赤血球に及ぼす抗生物質の効果‥‥‥‥‥‥‥‥‥‥‥‥140
　12・5　赤血球の連銭現象と誘電挙動‥‥‥‥‥‥‥‥‥‥‥‥‥144

第13章　メダカの卵，蛙の卵

　13・1　メダカの卵の誘電測定とその結果‥‥‥‥‥‥‥‥‥‥‥151
　13・2　測定結果の解析‥‥‥‥‥‥‥‥‥‥‥‥‥‥‥‥‥‥‥154
　13・3　算出定数値の考察‥‥‥‥‥‥‥‥‥‥‥‥‥‥‥‥‥‥156
　13・4　蛙の卵の誘電測定結果‥‥‥‥‥‥‥‥‥‥‥‥‥‥‥‥157

第14章　イースト細胞の培養とビールの醸酵

　14・1　イースト細胞の誘電測定‥‥‥‥‥‥‥‥‥‥‥‥‥‥‥163
　14・2　イースト細胞増殖の誘電測定結果‥‥‥‥‥‥‥‥‥‥‥165
　14・3　ビール醸造イーストの増殖挙動‥‥‥‥‥‥‥‥‥‥‥‥168
　14・4　ウイスキー醸酵過程の誘電観測‥‥‥‥‥‥‥‥‥‥‥‥171

第15章　パン練り粉の膨れ上がり

　15・1　パン練り粉の調製，誘電測定，および処理計算式‥‥‥‥174
　15・2　誘電測定結果と考察‥‥‥‥‥‥‥‥‥‥‥‥‥‥‥‥‥176
　15・3　実用的測定セルの選択‥‥‥‥‥‥‥‥‥‥‥‥‥‥‥‥177

第16章　イオン交換膜面上の濃度分極系

　16・1　直流電圧下での水相―膜―水相系の誘電挙動‥‥‥‥‥‥182
　16・2　濃度分極系の構造‥‥‥‥‥‥‥‥‥‥‥‥‥‥‥‥‥‥184
　16・3　誘電緩和測定結果の解析‥‥‥‥‥‥‥‥‥‥‥‥‥‥‥186
　16・4　濃度分極形成の構造・相定数の考察‥‥‥‥‥‥‥‥‥‥189

第Ⅲ篇　誘電測定結果の解析に必要な理論

第17章　平面層状二相構造の系
17・1　各層の量 C_a などより系全体の C, G の導出 ……………193
17・2　$C\text{-}\Delta C''$ 図上の半円の式 …………………………………196
17・3　$C\text{-}G$ 図上の直線の式 ……………………………………197
17・4　C_a, C_b を求める方法Ⅰ（最も粗い近似式）……………198
17・5　C_a, C_b を求める方法Ⅱ（少し厳密な近似式）…………198
17・6　C_a, C_b を求める方法Ⅲ（一般解法）……………………199

第18章　平面層状三相構造の系
18・1　平面層状三相系の誘電緩和形式のあらまし……………203
18・2　成分相の量 C_a, C_b より結合系全体の C, G の導出 ……207
18・3　C, G の実測結果より C_l, C_m, C_h などの読み取り ……210
18・4　観測量より構造特性量を求める一般解法…………………212

第19章　球形粒子の希薄分散系
19・1　球形粒子希薄分散系の基礎式………………………………219
19・2　高・低周波極限値などの式…………………………………222
19・3　特別な場合の近似式…………………………………………223
19・4　高・低周波極限値より成分相の量を算出する式…………225

第20章　球形粒子の濃厚分散系
20・1　球形粒子濃厚分散系の基礎式………………………………229
20・2　高・低周波極限値などの式…………………………………233

20・3　誘電緩和の大きさの考察……………………………………237
　20・4　高・低周波極限値より成分相の量を算出する式…………238

第21章　殻付き球粒子の希薄分散系
　21・1　殻付き球粒子希薄分散系の一般式…………………………246
　21・2　誘電緩和形式への変形と低中高周波極限値の式…………252
　21・3　絶縁性薄殻・薄膜の場合の近似式…………………………255
　21・4　薄殻球系で緩和1個観測される場合の近似式 ……………258
　21・5　絶縁性殻・膜付き球の場合の近似式………………………260

第22章　殻付き球粒子の濃厚分散系
　22・1　殻付き球粒子濃厚分散系の一般式…………………………266
　22・2　絶縁性殻・膜付き球の場合の近似式………………………268
　22・3　誘電観測値の計算処理手順…………………………………274
　22・4　絶縁性薄殻・薄膜の場合の近似式…………………………275

第23章　濃度分極を含む系
　23・1　濃度分極を含む系……………………………………………278
　23・2　濃度分極相の誘電特性………………………………………283
　23・3　濃度分極を含む水相・膜相の全体の誘電理論……………291
　23・4　濃度分極相構造などを算出する式と手順のまとめ………299

　索　引　………………………………………………………………301

第Ⅰ篇　誘電現象の基礎概念と
　　　　一般解析法

第0章　この本には
　　　　　何が書いてあるか

Question　　この本には何が書いてあるのかね？
Answer　　そうだねー．手短かにいえば，物というのは電気的に性質の違う物質が いろいろな形で集まって出来ている．それで その全体の誘電率を測り，その結果を解析し 計算処理することによって，集合の構造を解き明かそう という手法が書いてあるのだ．
Q　　まず この本の題目の誘電率とか，誘電緩和とかいう言葉に引っかかってしまうね．誘電率って一体何なの？
A　　読んで字の如しだ．電気を誘発する程度を表わす目安だよ．物質というのは，内部にプラス ⊕，マイナス ⊖ のイオンや電荷があり，それらが均質に混じっていて，見かけは中性状態にある．ところが 外

から電圧をかけると，この均質に混合していた ⊕, ⊖ が分かれる．この分かれる程度を，電気が誘発されるのだと思って，電気誘発の程度，すなわち誘電率というのだ．

Q　電気をよく通す性質といえば，導電率という言葉があり，これはすぐ見当がつく．このよく通る電気と，さきの誘発する電気とは，別の物かね？

A　同じ場合もあるし，別物のときもある．この本で採り上げている現象では，誘電率, 導電率に感じて動くイオン ⊕, ⊖ は，大部分は同一物だよ．ただ 加える交流電圧の振動する速さ（周波数）によって感じ方が変わる．すなわち 遅いとき（低周波）には誘電電荷として観測されるし，速いとき（高周波）には導電電荷と見なされてしまう，という具合だ．だから 低周波交流電場下では，誘電率が大きく見えて，導電率の方は小さい．そして観測に使う交流電圧が高周波になると，誘電率は小さく見え，導電率が大きいように観測される．測定周波数によってこのように変わるのを 誘電緩和 というのだ．まあ その辺りの事柄は 第1章誘電現象の基礎知識§1・5のところに図解などで解りやすく説明してあるよ．細かいことを読むのが面倒なら，挿し絵を見ているだけでもわかるよ．

Q　その誘電緩和を見て，何の役にたつのかな？

A　簡単にいえば，誘電緩和の測定結果の値を それぞれの理論によって解析すると，イオン ⊕, ⊖ の動き具合がわかり，物質の集まっている構造がわかってくる，というわけだ．イオンの動きやすさという点で，水や水っぽい部分は柔らかい．すなわちイオンが動きやすい．皮や膜などは大抵固くて，イオンが通れない．そういう違いを誘電緩和の解析によって，定量的に判定できる．たとえば 生きた生物細胞そのままで，細胞膜のイオンの通りにくさや 内部の液状部分でのイオン

の動きやすさがわかる．さらに 生きている細胞の活動状態に結びつけて考察を進めてゆける．食品や製品なども，分析・分解などせずに，外部から何ら痛めつけないで，手早く内部の品質変化の判定が出来るというわけだ．メスで切開などせずに，X線検診で体内の腫れものを見つけるようなもんだ．

Q　この本を全部読むのは とてもやり切れないな．ところどころキーポイントだけ読めばわかる というような要領はないかなぁ．

A　うん，そういう要求に応えるような書き方をしてあるよ．キーポイントだけをたどって書き綴ってある．だけど，やっぱり難しいかな．しかし まぁ，第1章だけは基礎知識を確かめるつもりで，あらましでも読んで欲しいね．電磁気学の中の誘電体理論を解説してるのだ．その基礎知識があれば，いきなり第Ⅱ篇のどの章を読んでもわかるよ．とくに電気容量，誘電率，コンダクタンス，導電率 などは 第Ⅱ篇の実測例の説明や解析のとき に どんどん出てくるから，これらの量のあらましの意味を知るためにも，第1章の§1・1〜§1・4まではまず始めに読んで理解しておくといいね．そのつぎには，第Ⅱ篇の物や現象が面白そうな章を いきなり読んでも大体わかるよ．そしてまた必要になったら，§1・5に戻って，誘電緩和現象などの細かい説明をじっくりと読み味わえばよいだろうね．

　第Ⅱ篇の各章は，どれも実際の物質について，処理法の実例，得た結果の注目点，解析法の利点 などを説明しているから，いきなりどの章に飛び込んでも面白く読めるだろうな．たとえば 第2章は，未知試料のモデルとして，コンデンサーと抵抗の直列結合物を測った話だが．その測定結果を計算処理する手順を簡単な筋道で述べてあって，誘電的手法の全体感がよくわかるよ．このような実測値の計算処理に使って

いる理論式の導出法や基礎理論は，第Ⅲ篇に解説してある．なお文章中で，たとえば 式(56) と書いたときは その章の式(56)だが，式(17-56) と記したときには 第17章中の式(56)という意味だよ．

　第Ⅲ篇の理論展開のあらましの筋道を言うと，まず平面状の均質層が二層および三層など，層状に集まった系全体の誘電緩和を測る．その結果の値を理論式に代入すると，各層の特性を表わす相定数を算出できる，という手法を解説している．さらに 球形粒子や殻をかぶった球(殻球)粒子が集まった集合体，分散系 の誘電測定結果から，構成粒子一個の誘電率・導電率などを算出するような理論を解説している．

　また 原論文には書いてないような初心者向きの丁寧な説明や，論文で発表しなかった事柄なども 第Ⅲ篇に述べてある．ご用とお急ぎでない方は ゆっくりとお読みください，というわけだ．ただし 第Ⅲ篇は理屈っぽくて，ややむつかしいことを覚悟してくださいよ．

　　　では，どうぞ ……

第1章　誘電現象の基礎知識

§1・1　誘電現象とは何か

　ボールペンの軸（プラスチックの棒）を木綿の手拭で激しくこすると，ボールペン軸は負の電気を帯び，木綿手拭は正の電気を持つ．これは摩擦によって電気が発生する現象である．
　さて　この帯電したボールペン軸棒を　軽いティッシュペーパーに近づけると，ティッシュはペン軸棒に吸い付けられる．この現象は，図1-1に描いてあり，次のように説明されている．すなわち，負に帯電したペン軸棒の近くにペーパーを置くと，ペン軸棒に近い側に正の電荷

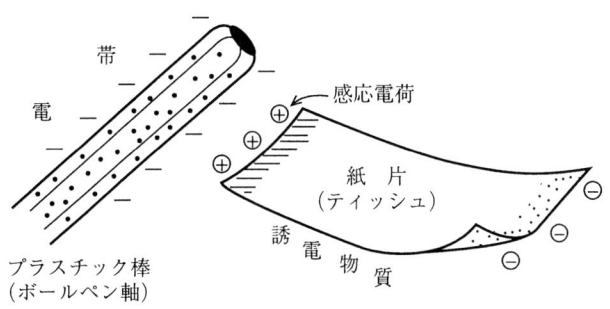

図1-1　静電感応，誘電現象．
　　　軽い紙片は，帯電したエボナイト棒に
　　　引き付けられる

が現われ，遠い側には 負の電荷が現われる． クーロンの法則によれば，二つの電荷の間に働らく力は，二電荷の積に比例し，距離の二乗に反比例する． したがって ペン軸棒の負電荷とペーパーの棒に近い部分の正電荷との間(距離は短い)に働く引力は，遠い側との間(距離は長い)に働く反発斥力よりも大きいので，ペーパーは 全体として棒に引き付けられることになる．

　一般的にいえば，ペン軸棒の電荷によって，その周囲に **静電場** が出来る． その静電場内に物質が置かれると，**静電感応** によって **感応電荷** が現われる． これが **誘電現象** であり，感応電荷を生じる物質を **誘電物質** という． 感応電荷の生じる能力を定量的に表わす量が **誘電率** である． このように電荷によって誘発される静電場や 感応電荷などの挙動を簡単・的確に理解するために，平行板コンデンサーを使って，電気容量や誘電率などを説明しよう．

§1・2　電気容量，誘電率

§1・2・1　電気容量，誘電率の定義

　図1-2のような極板面積 S [cm^2] の平行板コンデンサーにおいて，まず始めに両極板を短絡して，両電極間の電位差(電圧)をゼロの状態にしておく． 記号 [ ] 内は単位を表わす． つぎに この右極板から QS [coulomb, C] という正電気量を取り出して 左極板に移すと，電気量は右極板では $-QS$ となり，左極板では $+QS$ となる． この状態を，コンデンサーが電荷 QS だけ **充電** されたという． この場合，Q は極板1cm^2 当たりの **電気量** であり，面積 S の左極板全面としては全電気量 QS である． 図1-2では，QS は5個の ＋ 記号で描いてある．

§1・2 電気容量,誘電率　　　　　　　　　　　　　　　　　　　　7

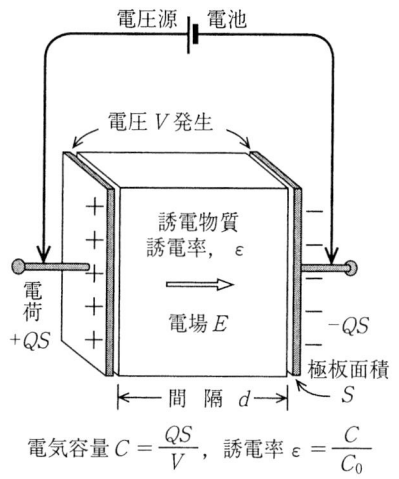

図1-2　平行板コンデンサーによる充電,
　　　電気容量 C,誘電率 ε の説明

　実際には,図1-2の上部に添え描きしてあるように,コンデンサーの両端子に電池をつなぐか,交流のときには交流発電機などをつなげば,この充電作業が進められる.

　このような充電操作によって,左極板は高電圧で,右極板が低電圧になるような**電圧 V** が発生する. 両端子に電池をつないで充電した場合には,両極板間の電圧は その電池の電圧 V になる. これは云いかえれば,電池が 右極板から外部の導線回路を経て,左極板に向けて電荷 QS を移動させた結果,電圧 V を生じたのである. そして この電圧 V [volt] は移動させた電気量 QS に比例するであろうと考え得る.したがって,$QS = CV$ と書ける. この量 C は比例定数であり,**電気容量** という. すなわち,

$$電気容量\ \ C = \frac{QS\ (充電電荷)}{V\ (発生電圧)}, \tag{1}$$

となる．したがって，電気容量 C は 1volt 当りの電圧発生に要する充電電気量である．

　一定の大きさの電圧を発生するに要する充電電気量が多ければ，電気容量 C は大きい，ということになる．あるいは 一定の充電電気量 QS を動かしても，発生電圧 V が小さいようなコンデンサーは，電気容量 C が大きい，ともいえる．この C はそれぞれの平行板コンデンサーに固有の値を持つであろう．また このコンデンサーの二極板間に物質があると，そのときの C 値は 物質の特性をも併せて含んでいる．この点に注目して，C 値の解析結果から物質の内部構造を探り出すのが この本のおもな筋道である．

　平行板コンデンサー内に物質があるときの電気容量 C と，物質のない真空のときの電気容量 C_0 との比を **誘電率** ε（正しくは**比誘電率**）という．

$$（比）誘電率\ \varepsilon = \frac{C\ (物質が有るときの容量値)}{C_0\ (真空のときの容量値)}, \tag{2}$$

§1・2・2　電極面積，間隔と 電気容量，誘電率との関係

　静電気学によれば，平行板コンデンサーの極板面積 S [cm²]，二極板間隔 d [cm] のときには，電気容量 C [pF ピコファラド] は，

$$電気容量\ C = \epsilon_v\ \varepsilon\ \frac{S}{d}, \tag{3}$$

である．ここに ϵ_v は **真空の(絶対)誘電率** と呼ばれる物理定数で，$\epsilon_v = 0.08854185\,\mathrm{pF/cm}$ である．実際に使う電気容量単位としては，pF ピコファラド $=10^{-12}$ F ファラド くらいが 使いやすい大きさである．

§1・2 電気容量，誘電率

真空の比誘電率 $\varepsilon = 1$ であるから，式(3)により 真空の電気容量 C_0 は次式になる．

$$\text{空の試料セルの電気容量 } C_0 = \epsilon_v \frac{S}{d}, \tag{4}$$

誘電率 ε の値を求めるには，まず誘電測定用試料セルに 測定試料を

表1-1 標準液体の比誘電率値

分子式	物　質	温度／℃	比誘電率 ε
	乾燥空気	20	1.000536
C_6H_{12}	シクロヘキサン	20	2.023
		25	2.015
CCl_4	四塩化炭素	20	2.238
		25	2.228
C_6H_6	ベンゼン	20	2.284
		25	2.274
C_6H_5Cl	クロロベンゼン	20	5.708
		25	5.621
$C_6H_4Cl_2$	1,2-ジクロロエタン	20	10.65
		25	10.36
$C_6H_5NO_2$	ニトロベンゼン	20	35.70
		25	34.74
CH_3OH	メタノール	20	33.62
		25	32.63
C_2H_5OH	エタノール	20	25.09
		25	24.27
H_2O	水	10	83.83
		20	80.10
		25	78.30
		30	76.55

満たして，電気容量 C を測る．改めて 空の試料セルの電気容量 C_0 を測る．式(2)により，この比 $C/C_0 = \varepsilon$ として誘電率 ε を算出する．

表 1-1 には，標準液体の比誘電率の値を示してある．

§1・3 静電感応，電気分極，物質内の電荷の動き

§1・3・1 電場による物質の静電感応，電気分極

図 1-3 に描いた平行板コンデンサーが真空のときと 誘電物質を挿入したときとについて，電気容量，誘電率を比較しよう．まず，図 1-3A において，真空の平行板コンデンサーの極板に電荷 QS を充電して，電圧 V_0 を生じたとしよう．図 A では，充電電荷 QS，$-QS$ をそれぞれ 5 個の $+$，$-$ で描いてある．したがって式(1)により，次式になる．

$$V_0 = \frac{QS}{C_0}, \tag{5}$$

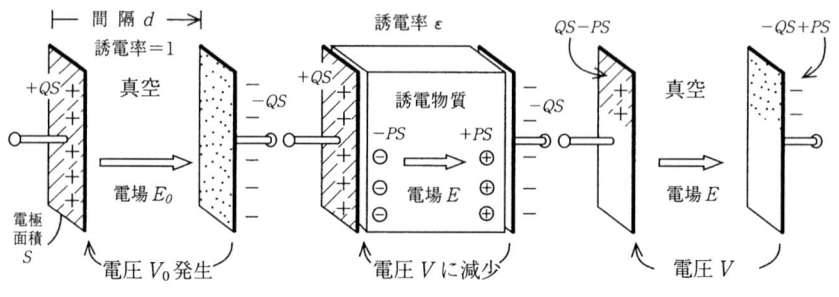

(A) 真空コンデンサーの充電 QS により電場 E_0 と電圧 V_0 発生

(B) 誘電物質挿入により感応電荷 PS と電気分極 P 発生

(C) 真空中で見掛けの帯電 $(Q-P)S$ により電場 E と，電圧 V 発生

図 1-3 平行板コンデンサーの充電による誘電現象の説明

§1・3 静電感応, 電気分極

つぎに, 図1-3Bのように, 二極板間の静電場内に誘電物質を挿入すると, 電圧はVになり, そのときの電気容量がCであるとすれば, 式(1)により次式になる.

$$V = \frac{QS}{C}, \tag{6}$$

もともと電気的に中性の物質は, 図1-3Bのように静電場内に置かれると, 静電場の力を受けて, 左極板に面して$-PS$, 右極板に面して$+PS$の **感応電荷** が現われる. これを **静電感応現象** という. Pは極板1cm²当りの感応電荷であり, **電気分極** という. 図Bではこの感応電荷$-PS$, $+PS$を それぞれ3個の ⊖, ⊕ で描いてある. この感応電荷は極板に面して現われるが, 物質に拘束されている. それで極板の充電電荷 $+$, $-$ と結合する (すなわち放電する) ことは無い.

§1・3・2 物質内の電荷分離と誘電率との関係

このように電場内に置かれた物質に電気分極Pが発生すると, 図1-3Aの両極板間の電圧V_0は, 図Bでは元のV_0よりも小さい値Vに減少する. これは直感的には, 次のように理解すればよい.

図1-3Bで, 極板電荷QSの一部分は, あたかも極板面に接近して生じた感応電荷$-PS$によって打ち消されたようになる. そして図1-3Cのように, 二極板の間の部分の電場は, 電荷の差額$QS-PS$ (図Cでは2組の $+$, $-$ で示す) だけが極板に充電されたときの 真空のコンデンサーでの発生電場になる, と考え得る. すなわち 図1-3Cは真空コンデンサーに$QS-PS$だけの充電をした状態である.

図1-3Aと図Cとを較べると, 真空コンデンサーという共通状態の下では, 発生電圧V_0とVとの大小関係は, 充電電気量QSと$QS-PS$との大小関係に比例すると考えるのが妥当であろう. したがって比

V/V_0 は次のように変形される.

$$\frac{V}{V_0} = \frac{E}{E_0} = \frac{QS - PS}{QS} = \frac{Q - P}{Q} = 1 - \frac{P}{Q} \leqq 1 \ , \quad (7)$$

したがって $V \leqq V_0$ であり，初めの電圧 V_0 は，物質挿入によって 小さい値 V に低下する． 挿入した物質の誘電率 ε は，式(2)〜(7)により，次のように表わされる．

$$\varepsilon = \frac{C}{C_0} = \frac{QS/V}{QS/V_0} = \frac{V_0}{V} = \frac{Q}{Q - P} = \frac{1}{1 - \frac{P}{Q}} \geqq 1 \ , \quad (8)$$

図 1-3B の例では，$\varepsilon = 5/(5-3) = 2.5$ となる．これはベンゼンの誘電率値である．また，電気容量 C については，式(8)から一般に $C \geqq C_0$ となる．

§1・3・3　物質内の電気分極と電場変化

厳密にいうと，図 B での充電電荷＋と感応電荷⊖とは 結合しない（放電しない）から，電荷 QS の一部が PS と結合し，中和するという説明は不十分である． 正しくは次のように理解すべきである． 図 1-3B で，感応電荷の分布 ［左 $-PS$, 右 $+PS$］ という構成は，平行板コンデンサーの中間部分の空間に，左向き ［左 $-PS \leftarrow$ 右 $+PS$］ の電場をつくる． この電場は，図 1-3A の極板充電電荷 ［左 $+QS \rightarrow$ 右 $-QS$］ の構成による初めの電場 E_0 に重なるので，E_0 を減殺することになる． したがって，図 1-3A の真空充電状態に較べて，誘電物質を挿入すると，コンデンサー中間部の電場は初めの E_0 より小さい E になる． すなわち $E < E_0$ である． その結果，電場 $E \times$ 距離 $d = -$電圧 V であるから，両極板間の電圧は減少し，V(物質を挿入したとき) $< V_0$(真空のとき) となる．

§1・3　静電感応，電気分極　　　　　　　　　　　　　　　　　　　　　13

　要するに，充電した平行板コンデンサー内に誘電物質を入れると，静電感応により，電気分極 P を生じる．その結果，両極板間の電圧 V は低下し，電気容量 C は増大し，誘電率 ε は真空の値 1 よりも大きくなる．電気分極 P が多いほど ε は大きくなるが，P は Q よりも大きくなることはない．P が Q まで増えると，$QS-PS=0$ となり，電極面近くの電荷総和がゼロになる．すると平行板コンデンサーの中間部分の電場 E はゼロになるから，これ以上に電荷の分離，すなわち電気分極 P は増加できないことになる．

　表 1-2 には，いろいろな物質系の誘電率 ε と P/Q 値とを並べてある．分子が，ばらばらに分散し，混合した有機物質の液体など（分子混合溶液と云う）では，$\varepsilon \lesssim 5$ 程度である．この状態では，$P:Q=8:10$ くらいである．ところが，分子が大きい集合構造を作ったミセルなどでは，ε はだんだん大きくなる．エマルジョンや赤血球などの不均質混合体では $\varepsilon=1000$ という大きい値になる．このような粗大分散系では $P:Q=999:1000$ というように，P は殆んど Q に等しい値まで増大する．

§1・3・4　充電電気量のあらましの値

　ここで，Q や P，電子やイオンの個数を概算してみよう．図 1-3 に描いた平行板コンデンサーは，物質を入れて測るのだから，測定試料を入れる容器（セル，cell）にもなっている．実際の大きさとしては，極板面積 $S=1\text{cm}^2$，間隔 $d=1\text{mm}=0.1\text{cm}$，程度である．式 (4) によれば，

　　空の試料セルの $C_0 = \epsilon_v S/d = 0.08854 \times 1/0.1 = 0.8854\,\text{pF}$,

表 1-2 いろいろな物質の ε と P/Q 値の比較 (20℃)

物 質	誘電率 ε	感応電荷 P / 極板充電電荷 Q
真空(空気)	1.00	0.000
分子分散系		
ベンゼン	2.28	0.561
クロロベンゼン	5.71	0.825
エタノール	25.1	0.960
ニトロベンゼン	35.7	0.972
水	80.1	0.988
フォルムアミド	111.	0.991
有機分子溶液類	～10	0.9
コロイド分散系		
O/W エマルジョン	～10	0.9
W/O エマルジョン	～100	0.99
W/O/W エマルジョン	～1000	0.999
マイクロカプセル	～1000	0.999
生物細胞系		
赤血球	～1000	0.999
イースト細胞系	～1000	0.999
リンパ母細胞系	～1000	0.999

という電気容量値になる．また，試料セルに水溶液を満たして測定するときの両極板間の電位差は $V \lesssim 1\,\mathrm{volt}$ 程度であるから，$\varepsilon = 80$（水の値）として式(1)，(2)によって，

$$\text{電気量}\ Q = V\varepsilon C_0/S = 1 \times 80 \times 0.8854 \times 10^{-12}/1,$$
$$= 70.8 \times 10^{-12}\ C/\mathrm{cm}^2,$$

これを電気素量 $e = 1.602 \times 10^{-19}$ C の個数 n で表わすならば，次のよ

§1・4 電流，コンダクタンス，導電率　　　　　　　　　　　　　　　15

うな値になる．

　　電気素量の個数 n ＝ Q/e ＝ $70.8\times10^{-12}/(1.602\times10^{-19})$
　　　　　　　　　　　　＝ 4.42×10^{8} 個/cm²，

すなわち，極板の充電には，Q として 10^8 個/cm² 程度の電子をやりとりすることになる．

　他方，表 1-2 から分かるように 比 $P/Q = 0.5 \sim 1.0$ であるから，P すなわち ⊕,⊖ などのイオンの個数も 10^8 個/cm² 程度の数である．ところが 1 μmol/ℓ (＝10^{-6} mol/ℓ) という非常に淡い電解質水溶液を この測定セルに満たしても，

　　測定セル内のイオン個数 ＝ $6.02\times10^{23}\times10^{-6}\times$体積$10^{-3}\times10^{-1}$，
　　　　　　　　　　　　　＝ 6.02×10^{13} 個，

という多数の ＋，－ イオンがある．したがって そのうちのごく僅かのイオン，つまり全体の 10 万分の 1 (＝$1/10^5$) 程度以下の 10^8 個くらいが感応電荷 Q となって動き，電圧 V の変動となって誘電現象の複雑微妙さを作り出している．だから 測定対象を痛めずに誘電測定が出来る．

§1・4　電流，コンダクタンス，導電率

§1・4・1　コンダクタンス，導電率の定義と求め方

　図 1-2 において，誘電物質が電気伝導性（導電性）を持っている場合には，充電によって発生している電圧 V に比例して，電気伝導性という性質による **電流 I_G** が流れる．電熱器のヒーターに電圧をかけると電流が流れる，あの現象である．したがって $I_G = GV$ で表わされ，

これをオームの法則と云う．この比例定数 G を **コンダクタンス** という．G の逆数を **抵抗** R [単位は ohm, Ω] という．すなわち，

$$\text{コンダクタンス},\ G = \frac{1}{R} = \frac{I_G(\text{単位時間当りの放電電気量})}{V(\text{二電極板間の電圧})}, \quad (9)$$

平行板コンデンサー型測定セルでは，コンダクタンス G [μS] は極板面積 S [cm^2] に比例し，極板間隔 d [cm] に反比例するから，

$$\text{コンダクタンス},\ G = \kappa \frac{S}{d}, \quad (10)$$

と書ける．この式の比例定数 κ [μS/cm] を **比伝導度** または **導電率** という．G の単位 S はジーメンスと読み，S = 1/Ω，抵抗オーム Ω の逆数である．実際に使うコンダクタンス単位としては，マイクロジーメンス μS = 10^{-6}S，ミリジーメンス mS = 10^{-3}S くらいが使いやすい大きさである．

式(10),(3),(2) により，

$$\text{導電率}\ \kappa = G\frac{d}{S} = G\frac{\epsilon_v \varepsilon}{C} = G\frac{\epsilon_v}{C_0}, \quad (11)$$

となる．したがって原理的には，C_0, C, ε などを知り，G を測れば，κ を算出できる．

表 1-3 には測定セルの較正に用いるために，標準電解質溶液の信頼出来る導電率 κ 値を示してある．実際には，この表に挙げた KCl 液，NaCl 液などの標準水溶液を測定セルに満たして，コンダクタンス G を測り，この表の κ 値を用いて，式(10)により，比 S/d を求めておく．これで，未知試料の G を測れば，式(10)により κ 値を算出できる．

§1・4 電流，コンダクタンス，導電率

表1-3 標準電解質水溶液の導電率 κ（25℃）

電解質濃度 $C/\text{m mol dm}^{-3}$	導電率 $\kappa/\text{mS cm}^{-1}$	
	KCl 水溶液	NaCl 水溶液
500	58.65	46.80
200	24.82	20.34
100	12.90	10.67
50	6.670	5.505
20	2.766	2.316
10	1.413	1.185
5	0.7180	0.6030
2	0.2916	0.2454
1	0.1470	0.1237
0.5	0.07390	0.06225

§1・4・2 導電性質になる電荷の特性

電気伝導性(導電性)になる電荷と，さきの静電感応，電気分極になる電荷との区別を図1-4Aに示す．すでに図1-3で説明したように，極板の充電によって電圧がかかり，それに伴って二電極板の中間部分に電場が発生すると，中間部分に在る物質内では，図1-4Aの上半部に描いたように，感応電荷 $+PS\oplus$ と $-PS\ominus$ が両電極に面する物質表面に瞬間的に現われ，そこで停止する．この感応電荷は，物質を構成する分子・原子に束縛されているか，電極板面に絶縁膜などがあって，放電できない状態にある．それで感応電荷は充電電荷 $+QS, -QS$ と結合・中和することはない，という特性がある．

これに対して，式(9)の導電性機構による電荷（図1-4Aで△，△）は，電圧 V によって生じた電場 E に駆動されるが，瞬間には電極面に達することは出来なくて，時間をかけて電極面まで移動し，さらに電極

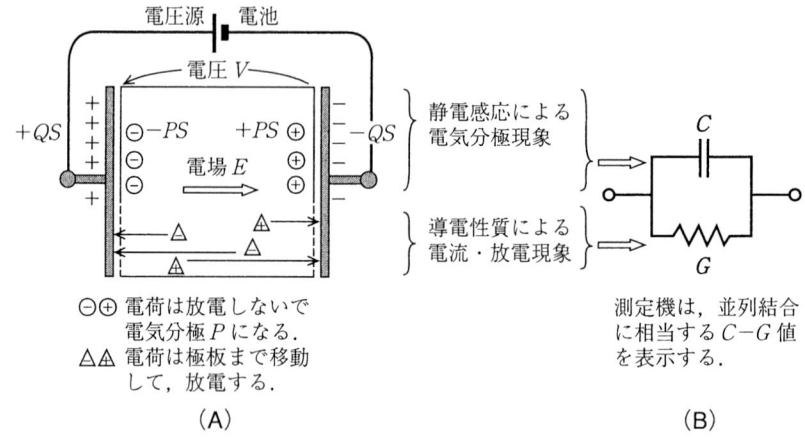

図 1-4 静電感応(誘電性質)と導電性質との共存する誘電性質での，電荷移動と，不放電・放電の区別の説明

板上の充電電荷 $+QS$，$-QS$ と結合する．これは，中和(放電)することであり，二電極間の電圧は 時間が経つにつれて下がってしまう．これが直流電場で電気伝導性になる電荷 ▲，△ の特徴である．したがって，時間が経っても電圧 V を一定に保つためには，外部回路につないだ電池や直流電源が，右電極から外部回路を通って左電極へ電荷を運び続けるようにする．単位時間当りのこの電荷移送量が 電流 I_G である．

通常の誘電測定機器が表示する電気容量 C とコンダクタンス G については，図 1-4B に描いたように，瞬間的に感応電荷 PS が生じる容量 C 機構と，時間が経つにつれて導電電荷が動くような導電 G 機構とが，並列に結合したものとして表示している．このような並列結合形式の C, G 量を **集中並列等価 C-G 回路** という．ところが実際の現象では，図 1-4B のような並列等価の C, G 値が 測定周波数によって変わるような場合が多い．これは誘電緩和現象であり，つぎに詳しく述べる．

§1・5　電気容量・コンダクタンスの周波数変化——誘電緩和

Q：　誘電率や導電率などは物質に固有の定数だと思っていたのに，測定する周波数によって変わるなんて，まったく複雑だね．変化具合が実感としてピンとこないよ．それに続く議論なんて，とっても解らないな．

A：　たしかに複雑で，解りにくいだろう．少し後の章，第2章コンデンサーと抵抗の結合系や第4章水中膜の系，あるいは第8章エマルジョンなどの実例を少し読んでみて，測定結果の実例を少し知ってからこの節に戻って読むのも良いだろうね．

§1・5・1　感応電荷の遅延発生による諸量の周波数依存性

　今までの説明および図1-3では，両電極を充電し 直流電場が出来ると，瞬間的に(時間をかけずに) 感応電荷 $+PS$ と $-PS$ とが発現し，そのままで平衡静止の状態になることを念頭に置いて説明した．しかし 実際の現象では，

$$全感応電荷(PS)_l = 瞬間発生部分(PS)_h + 遅れて発生する部分(PS)_{l-h}, \quad (12)$$

のようになっている．この $(PS)_{l-h}$ の量は充分に大きくて，$(PS)_h$ に対して無視出来ない．さらに測定機器の時間分解精度に応じて，瞬間発生であると判定する時間の長さも変わってくる．

　そこで，周波数 f [交流電圧の振動回数／秒，sec^{-1}, Hz] を低(小)から高(大)に順次変えて測定をする．すると，交流振動の1周期 T [秒，sec] $= 1/$周波数 f を判定の目安として，この時間 T 秒以内に電極面に現われた感応電荷は，瞬間発生した電荷であると見なして，電気容量 C として採り入れる．この時間 T 秒よりも長くかかって電極面

にだんだん現れてくる感応電荷は，T秒以後の時間経過につれて発現したと判定されるので，電流につながるコンダクタンス G として受けとる．このように遅れて届く感応電荷は §1・4 に述べた導電電荷（電極板に放電する部分）と区別出来ないから，導電電荷と遅延感応電荷との和を G として計上する．この判定処理は 交流インピーダンス測定機が自動的に識別・処理してゆく．

したがって 測定周波数 f を変えると，C, G の判定目安としての時間 T 値 $= 1/f$ が変わるから，電気容量 C, コンダクタンス G は一定ではなくて，周波数 f によって変化する関数 $C(f)$, $G(f)$ ということになる．低周波（f 小）での値は，直流現象でいえば 充分に時間が経った後の C, G 値であり，高周波（f 大）での値は直流電圧をかけた瞬間の値と思えばよい．このように $C(f)$, $G(f)$ が周波数によって変わる現象を **誘電分散** または **誘電緩和** という．

この誘電緩和現象は 後の章にいろいろな実測例として出てくるが，典型的な形式を図 1-5A に示す．すなわち誘電測定において，測定周波数 f を低い方（10 Hz ヘルツくらい）から 高い方（10^9 Hz）に変えてゆくと，電気容量・誘電率は大きい値 ε_l（例えば $\varepsilon \approx 1000$）から 小さい値 ε_h（$\varepsilon \approx 1.25$）に減少する．これに伴って，コンダクタンス G, 導電率 κ は小さい値 κ_l から大きい値 κ_h に増加する．

§1・5・2　電気容量・コンダクタンスの周波数変化とその仕組み

図 1-5B に低・中・高 各周波数領域での誘電率値の一例を示す．この数値例について，式(8)から計算される電気容量 C の値と比 P／Q の値を，図 1-5C, D に，それぞれ対応させて記してある．図 1-5E には，物質を詰めた平行板コンデンサーの極板に 一定量の充電電荷 QS を与え，時間が経つにつれての感応電荷 PS の分布と 極板面に発現す

§1・5 周波数変化,誘電緩和

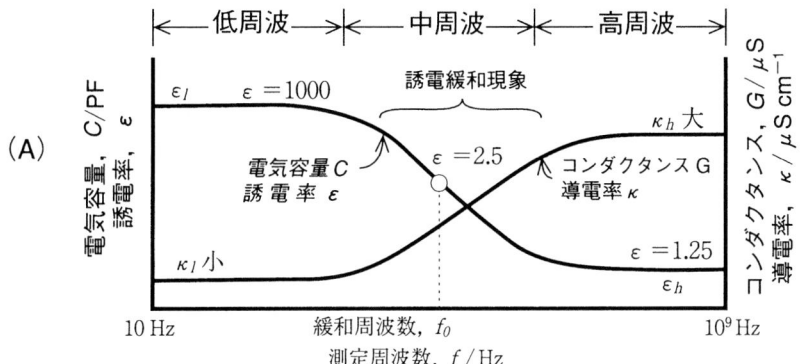

(A)

(B) 誘電率,   1000   2.5   1.25
$\varepsilon = \dfrac{Q}{Q-P}$

(C) 電気容量, $1000 C_0$ $2.5 C_0$ $1.25 C_0$
$C = \varepsilon C_0$

(D) 比 $\dfrac{99.9}{100}$ $\dfrac{60}{100}$ $\dfrac{20}{100}$

比 $\equiv \dfrac{電気分極}{極板充電} = \dfrac{P}{Q} = \dfrac{\varepsilon - 1}{\varepsilon}$

(E) 交流電場下での電荷の配置・移動の状態
    矢印の長さは移動の速度を示す

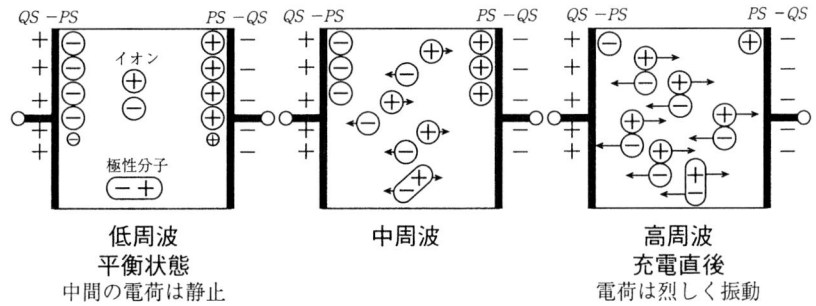

図 1-5 誘電緩和現象とその内部状態

る状態を描いてある．

　この図 E の左端図は，充電電荷を与えて充分に時間が経ったときの分布状態を描いたものであるが，さきに述べたように，低周波交流電圧をかけたときの電荷の分布状態ともいえる．図 E の中央図は充電電荷を与えて T 秒＝1／中周波 f 程度経ったときの状態であり，中くらいの周波数電圧下での状態でもある．図 E の右端図は充電電荷を与えたすぐ直後の状態であり，これは高周波電圧下での状態にあたる．この「直後」というのは，高周波 f の1周期，T 秒＝1／f 以内という短い時間内を意味する．

　図 E 中の ⊖，⊕ などの感応電荷の配置の図は，極性分子の物質では分子双極子（図では ⊖ ⊕ で示す）が電場方向に向くことなどに対応する．また，膜・水の系やエマルジョンなどのような不均質構造の物質では，物質内を移動し得るイオン（⊖，⊕で示す）などの電荷の片寄りを表わしている．

(i) **低周波の状態**　図 1-5E の左端図の低周波では，きわめてゆっくりと電場が変化するので，交流の時間変化のどの時点でも物質内の電荷 ⊕，⊖ は極板近くまで充分に移動して，極板面に並ぶ．分子双極子は ⊖ ⊕ のように電場方向に向く．これを **分子配向** という．このような配置の結果は，つねに大きい PS 値になって静止した状態になっている．このときの感応電荷量は式(12)の左辺，全感応電荷 $(PS)_l$ である．したがって $\varepsilon = Q/(Q-P)$ により，C，ε は大きい値になる．図 D によれば，$Q = 1000$ に対して $P = 999$ までも感応電荷 ⊖，⊕ が溜るから，$\varepsilon = 1000$ となる．

　低周波電場では 感応電荷 ⊖，⊕ は移動を終えて，充分に平衡・静止状態に達している．ゆえに，感応電荷 PS の時間経過に伴なう増加は

§1・5 周波数変化，誘電緩和　　　　　　　　　　　　　　23

無いから，電流はゼロである．　図Eには描いてないが，導電電荷 ▲，△ が有れば時間が経つにつれて移動するから，これに対応する電流は式(9)の I_G であり，コンダクタンス G_l として観測される．すなわち低周波でのコンダクタンス・導電率には，感応電荷は効かなくて，導電電荷だけが寄与する．

(ii) 高周波の状態　　図Eの右端図の高周波では，電場変化が大変速いから，電場振動の1周期 $T=1/f$ 以内という短い時間内では，電荷は大きい距離を移動できない．したがって，極板面に到達できる電荷は極めて少なくなる．分子双極子は，配向する時間的余裕が無くなる．すなわち 図1-5E の右端図のように，瞬間に生じる感応電荷はごく少量にとどまる．図では ⊖，⊕ 各1個描いてある．式(12)によれば，感応電荷は 右辺第1項 $(PS)_h$ だけであり，第2項 $(PS)_{l-h}$ は電極面に発現し得ない．このような少量の $(PS)_h$ に伴なう ε，C はいずれも小さい値になる．図E 右端図の例では $PS/QS=1/5$ であり，$\varepsilon=Q/(Q-P)=1.25$ となる．

　高周波電場では，二電極板間の物質内に混在する多数の電荷 ⊕，⊖ は，かかっている電圧 V から生じる電場に引かれて，電極面に向けて移動しようと動き始めている．そして極めて短い時間 T 秒 $=1/$ 高周波 f 以降に，時間が経つにつれて 電極板に面して感応電荷 PS となって現われ，充電電荷の作る電圧 V を減らそうとする．したがって電圧 V 値を維持するために 外部電源から充電電荷 ＋，－ を刻々送り込まねばならない．この仕組みにより，高周波で電流量は大きくなる．すなわち 式(12)の右辺第2項 $(PS)_{l-h}$ の量はゼロであるが，その時間的増加分 $d(PS)_{l-h}/dt$ は 大きい値 κ_h として観測される．同時に導電電荷も刻々に移動するので，電圧 V 維持のために 多くの導電電

流が流れることになる． したがって κ_h 値は大きい．

(iii) 中位周波の状態　　図1-5Eの中央図の中周波では，中くらいの長さの1周期 T 秒＝1／中周波 f までに電極面に現れる充電電荷はかなり多くなる．図では ⊖，⊕ 各3個描いてある．これにより誘電率は大きくなる．$\varepsilon = 5/(5-3) = 2.5$，このときは感応電荷になる残りの電荷は 刻々電極面近くに現れつつあるから，$d(PS)_{l-h}/dt$ は中程度であり，電流は中くらいになる．したがって κ 値は中くらいになる．導電電荷（▲，△）の時間変化，すなわち **導電電流 $I_G \propto d(PS)_h/dt$** は高・低周波のときと同じ程度に続いている．

§1・6　交流変化する量の複素数による表現

電圧 $\boldsymbol{V} = V\cos\omega t$ のように，時間が経つにつれて正弦・余弦振動のような変化をする量は，複素数の表現形式に拡張しておくと，計算や解釈のときに大変便利である．それで 複素数の式の特徴ある関係を

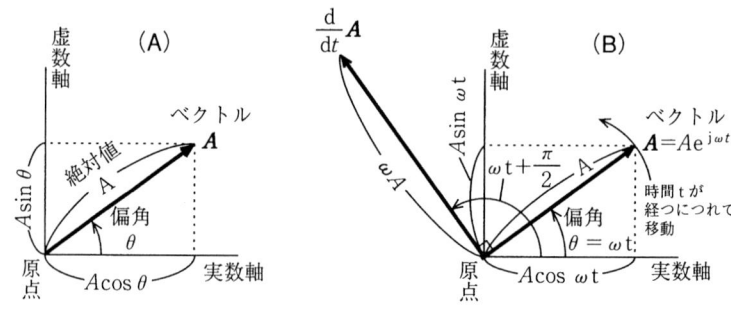

(A) 複素平面上の複素数 $\boldsymbol{A}$，ベクトル $\boldsymbol{A}$ の表示

(B) 時間 t の増加に伴って増大する偏角 ωt を持つ複素数 $\boldsymbol{A}$ とその時間微分量

図1-6　複素平面上の複素数 $\boldsymbol{A}$，交流現象に拡張した $\boldsymbol{A}$ の説明

§1・6 複素数による表現

簡単に説明しよう.

図 1-6A の複素平面図上で, 任意の複素数 A は, 矢印の方向を持ったベクトル $\boldsymbol{A}$ で描かれる. $\boldsymbol{A}$ の大きさ(絶対値)を A, 偏角を θ とする. 図 1-6A からわかるように, 次の関係が成り立つ.

$$\boldsymbol{A} = (実数軸座標) + j \times (虚数軸座標) = A\cos\theta + jA\sin\theta,$$
$$= A(\cos\theta + j\sin\theta) \equiv Ae^{j\theta}, \quad \text{Euler の公式による}. \quad (13)$$

こゝに $j = \sqrt{-1}$ は虚数の単位であり, 図 1-6A では, 虚数(縦)軸上の座標値 1 の点である. したがって, j の絶対値 $A = 1$, 偏角 $\theta = \pi/2$ である.

Euler の公式を用いると, j および j^β, $j^{-\beta}$ は次のように表わされる.

$$j = (絶対値 = 1) \times e^{j(偏角 = \frac{\pi}{2})} = e^{j\frac{\pi}{2}}, \tag{14}$$

$$j^\beta = [e^{j\frac{\pi}{2}}]^\beta = e^{j\frac{\pi}{2}\beta} = \cos\frac{\pi}{2}\beta + j\sin\frac{\pi}{2}\beta, \tag{15}$$

$$j^{-\beta} = [e^{j\frac{\pi}{2}}]^{-\beta} = e^{-j\frac{\pi}{2}\beta} = \cos\frac{\pi}{2}\beta - j\sin\frac{\pi}{2}\beta, \tag{16}$$

こゝで交流電圧・電流の表現に応用するために, 図 1-6B に示すように, 偏角 θ が時間 t に比例して増大するような場合を考えよう. すなわち 比例定数 ω (角周波数)を用いると, $\theta = \omega t$ の関係になる. したがって図 B に示すように, 前記の式(13)は 次のようになる.

$$\boldsymbol{A} = Ae^{j\theta} = Ae^{j\omega t} = A(\cos\omega t + j\sin\omega t), \tag{17}$$

このように偏角 ωt が時間変化すると, 図 1-6B でベクトル $\boldsymbol{A}$ は原点を中心にして左回りに回転する. $\boldsymbol{A}$ の時間 t による微分, すなわち単位時間当りの $\boldsymbol{A}$ の変化量は

$$\frac{d}{dt}A = \frac{d}{dt}A(\cos\omega t + j\sin\omega t)$$
$$= A(-\omega\sin\omega t + j\omega\cos\omega t)$$
$$= j\omega A(\cos\omega t + j\sin\omega t) = j\omega A, \quad (18)$$

となる．すなわち，偏角がωtで，これが交流的時間変化する複素数Aでは，時間微分演算子d/dtは$j\omega$に置き換えが出来ることになる．

§1・7　交流電圧・電流現象での複素量表現の立式

図1-7には，導電性のある誘電物質を平行板コンデンサーに満たし，外部から交流電源を両電極板につないで交流電圧・電流を生じた状態を示す．

一般に，時間的振動変化する量は，式(17)のような複素数の量に拡張しておくと，式(13)～(18)の公式を活用できて都合がよい．

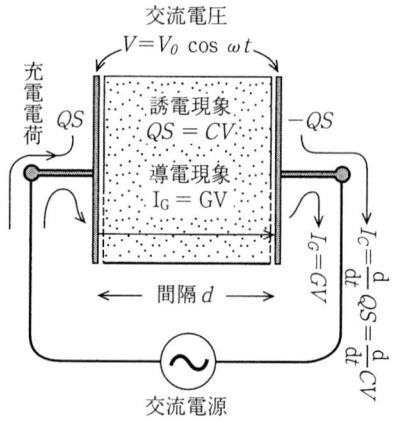

図1-7　導電性のある誘電物質を充填したコンデンサーに交流電圧を与えたときの外部回路に流れる電流

§1・7 交流電圧・電流現象での複素量表現の立式

　直流状態では，両電極板充電過程の Q, V は時間が経っても一定であるが，交流現象では，電圧が V の実数部 $= V\cos\omega t$ のように時間変化する．そのためには，図1-7の両電極板につながる外部交流電源が働いて，次のような QS の時間変化，すなわち電流 I_C を流すことになる．こゝで式(1)を用いている．

$$\text{充電電荷の時間変化(電流)} = I_C \equiv \frac{\mathrm{d}(QS)}{\mathrm{d}t} = \frac{\mathrm{d}(CV)}{\mathrm{d}t} = C\frac{\mathrm{d}V}{\mathrm{d}t} = Cj\omega V, \tag{19}$$

こゝで式(18)を使った．この電流は，誘電物質内を流れないけれども，外部回路を経て 電荷を両極板へ交互に運ぶから，外部からは一種の電流として観測される．この I_C を **変位電流** といい，両電極間で交流電圧 V を維持するための電流となる．

　この I_C と，前節に述べた導電性質を表わす G に従って誘電物質内を流れる 導電電流 $I_G = GV$ との和が，次式のような外部回路で観測される **全電流 I** になる．

　外部回路の全電流 I

$$= \text{導電性質による } I_G + \text{充電電荷を時間変化させる } I_C ,$$
$$= GV + j\omega CV = (G + j\omega C)V \equiv G^* V, \tag{20}$$

こゝに

$$\text{複素コンダクタンス } G^* \equiv G + jG'' \equiv G + j\omega C, \tag{21}$$

として定義される．この実数部 G は 実測されるコンダクタンスであり，虚数部 $G'' = \omega C$ は 電気容量 C，すなわち静電感応による感応電荷発現の現象を意味する．

　こゝで 充電電荷 QS を複素量に拡張して，外部回路を通じて両電極板に送り込まれる総電気量を QS と定義しよう．すると，この QS の

時間変化は，前記の式(20)の全電流 I になる．そして Q という量は交流的時間変化をするから，式(18)を使える．また新しく拡張された**複素電気容量** C^* を $QS \equiv C^*V$ という関係式によって定義しよう．したがって，次のようになる．

外部回路の全電流，$I =$ 総電気量の時間変化，$\dfrac{d}{dt}(QS)$，

$$= j\omega(QS) \equiv j\omega(C^*V),$$

そして，これは式(20)により

$$= G^*V = GV + j\omega CV, \tag{22}$$

$$= \text{〔第1項，実数部，導電電流量〕}$$
$$+ j\text{〔第2項，虚数部，充電電荷の移送速度〕},$$

したがって

$$QS = \frac{I}{j\omega} = \frac{G^*V}{j\omega} = C^*V = CV - j\frac{G}{\omega}V \equiv (C - jC'')V, \tag{23}$$

$$= \text{〔第1項，実数部，充電電荷の量〕}$$
$$- j\text{〔第2項，虚数部，導電性電荷の量の寄与〕},$$

ただし

$$C'' \equiv G/\omega, \tag{24}$$

と置く．したがって複素電気容量 C^* について次のようになる．

$$C^* \equiv \frac{QS}{V} = \frac{G^*}{j\omega} = C + \frac{G}{j\omega} = C - j\frac{G}{\omega} \equiv C - jC'', \tag{25}$$

C^* の実数部は電気容量 C である．負号の後の虚数部 $C'' = G/\omega$ を複素電気容量の虚数部 あるいは **誘電損失**（dielectric loss），**損失係数**（loss factor）などという．

拡張された量 I, Q, C^*, G^* などの式内容を見ると，それぞれの実

§1・7 交流電圧・電流現象での複素量表現の立式

数部は，拡張前の関係式に一致し，虚数部は もう一つの機構（導電過程または充電過程）の寄与分を表わすようになっている．

平行板コンデンサーの面積 S，間隔 d などを用いて表わした式(3)，(10)などを適用すると，次のように変形される．

$$C^* = C + \frac{G}{j\omega} = \epsilon_v \left(\varepsilon + \frac{\kappa}{j\omega \epsilon_v} \right) \frac{S}{d} \equiv \epsilon_v \, \varepsilon^* \frac{S}{d} , \quad (26)$$

$$G^* = j\omega C^* = G + j\omega C = (\kappa + j\omega \epsilon_v \varepsilon) \frac{S}{d} \equiv \kappa^* \frac{S}{d} , \quad (27)$$

ここに、

複素誘電率 $\varepsilon^* \equiv \varepsilon + \dfrac{\kappa}{j\omega \epsilon_v} = \varepsilon - j\dfrac{\kappa}{\omega \epsilon_v} \equiv \varepsilon - j\varepsilon'' = \dfrac{\kappa^*}{j\omega \epsilon_v} ,$ (28)

複素導電率 $\kappa^* \equiv \kappa + j\omega \epsilon_v \varepsilon \equiv \kappa + j\kappa'' = j\omega \epsilon_v \varepsilon^* ,$ (29)

である．ε^* の第2項，負号の後の虚数部 $\varepsilon'' \equiv \kappa/(\omega \epsilon_v)$ を複素誘電率の虚数部，**誘電損失**，**損失係数** などという．

電気工学の分野で用いられる アドミッタンス Y，サセプタンス B などは 次のように定義される．

$$\text{アドミッタンス } Y \equiv G - jB \equiv G^* = G + j\omega C = G + jG'' , \quad (30)$$

Y は**アドミッタンス**（admittance）といい，G^* と同じ意味の量である．Y の実数部 G はコンダクタンスであり，負号の付いた虚数部 B を**サセプタンス**（susceptance）という．また

$$Z \equiv \frac{1}{G^*} = \frac{1}{Y} , \quad (31)$$

を定義して，Z を**インピーダンス**（impedance）という．

$$\tan \delta \equiv D \equiv \frac{1}{Q} \equiv \frac{C''}{C} = \frac{G}{\omega C} , \quad (32)$$

によって定義される tan δ および D を **損失正接** (loss tangent および dissipation factor) といい, δ を **損失角** (loss angle) という. Q を **Q-値** (Q-value, storage factor) という. この Q は前出の電気量ではなくて, D の逆数という意味で用いる慣用記号である.

§1・8 誘電緩和の典型例──単一緩和型則

図1-5Aに図示したC・Gの周波数変化, すなわち誘電緩和挙動の形の特徴を言い表わすには, 図に書き加えたように, 低周波および高周波の極限値 C_l, G_l, C_h, G_h, ε_l, κ_l, ε_h, κ_h, さらに C, ε が半減したときの緩和周波数または臨界周波数 f_0, これに 2π を掛けた緩和角周波数 $\omega_0 \equiv 2\pi f_0$, あるいは 緩和時間 $\tau \equiv 1/\omega_0 = 1/(2\pi f_0)$, などの値を指定すればよい. しかし これだけでは上・下限界の値のみを表わしているので, 周波数増加の途中でどのように急に または緩やかに変化しているか, については表現できない.

後の章に現われる多くの実測結果は, 次のような Debye の半円型, 単一緩和型, の式で表わされる. この式群は経験式の場合もあるし, 後程に述べる理論で導出される場合もある.

$$C^*(f) \equiv C(f) + \frac{1}{j\omega} G(f) = \frac{C_l - C_h}{1 + jf/f_0} + C_h + \frac{1}{j\omega} G_l , \tag{34}$$

$$2\pi f_0 \equiv \omega_0 = \frac{1}{\tau} = \frac{G_h - G_l}{C_l - C_h} , \tag{35}$$

この C^* 式の第2辺, 第3辺の実数部, 虚数部を分離して, それぞれを対応させると,

§1・8 誘電緩和の典型例——単一緩和型則

$$C(f) = \frac{C_l - C_h}{1 + (f/f_0)^2} + C_h \tag{36}$$

$$G(f) = G_l + \frac{(G_h - G_l)(f/f_0)^2}{1 + (f/f_0)^2}, \tag{37}$$

となる．測定周波数 f を変えると，$C(f)$，$G(f)$ は図1-8Aのように変化する．

同様にして，複素誘電率 ε^* などについては，次のような単一緩和型の周波数依存形式がある．

$$\varepsilon^*(f) \equiv \varepsilon(f) + \frac{1}{j\omega\epsilon_v}\kappa(f) = \frac{\varepsilon_l - \varepsilon_h}{1 + jf/f_0} + \varepsilon_h + \frac{1}{j\omega\epsilon_v}\kappa_l, \tag{38}$$

$$\varepsilon(f) = \frac{\varepsilon_l - \varepsilon_h}{1 + (f/f_0)^2} + \varepsilon_h, \tag{39}$$

$$\kappa(f) = \kappa_l + \frac{(\kappa_h - \kappa_l)(f/f_0)^2}{1 + (f/f_0)^2}, \tag{40}$$

$$2\pi f_0 \equiv \omega_0 \equiv \frac{1}{\tau} = \frac{\kappa_h - \kappa_l}{\varepsilon_l - \varepsilon_h} \cdot \frac{1}{\epsilon_v}, \tag{41}$$

$$\epsilon_v \equiv 0.088542 \text{ pF/cm},$$

式(26)～(29)によれば，C，G で表わした式は，C を $\epsilon_v\varepsilon$ に，G を κ/ϵ_v に置き換えれば，容易に ε，κ で表わした式になる．したがって以後の説明では，ε，κ で表わした式を省略する．

前記の式(37)の $G(f)$ から G_l を引いた量に対応する複素誘電率虚数部 $\Delta C''$ は次式になる．

$$\Delta C'' \equiv \frac{G(f) - G_l}{2\pi f} = \frac{G_h - G_l}{2\pi f_0} \cdot \frac{f/f_0}{1 + (f/f_0)^2},$$

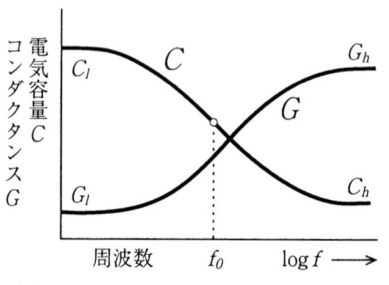

(A) 単一緩和系の C, G の周波数依存性

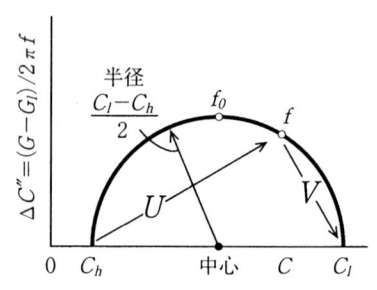

(B) 単一緩和系の $C-\Delta C''$ 平面図, 半円

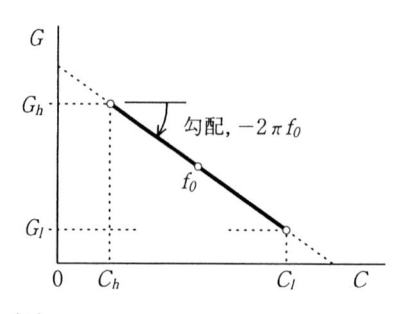

(C) 単一緩和系の $C-G$ 平面図

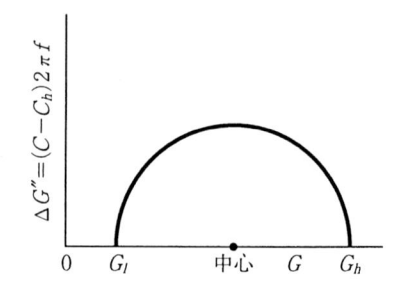

(D) 単一緩和系の $G-\Delta G''$ 平面図, 半円

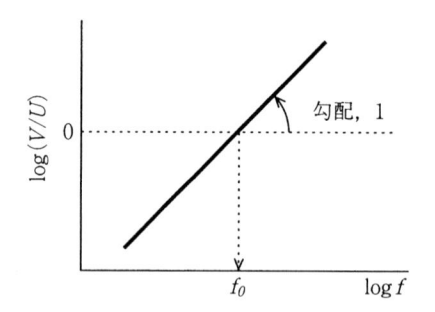

(E) 単一緩和系の $\log(V/U)$-$\log f$ 平面図

図 1-8 Debye 型単一緩和系の C, G の周波数変化の挙動

$$= (C_l - C_h) \cdot \frac{f/f_0}{1 + (f/f_0)^2}, \quad (42)$$

この $\Delta C''$ と式(36)の $C(f)$ との間で f/f_0 を消去すると,次式を得る.

$$[C - (C_l + C_h)/2]^2 + (\Delta C'')^2 = [(C_l - C_h)/2]^2, \quad (43)$$

この式は,図 1-8B に示すように,横軸 C −縦軸 $\Delta C''$ 平面の図(複素電気容量平面図)では,横軸上の $C=(C_l+C_h)/2$ の位置に中心があり,半径が $(C_l-C_h)/2$ であるような半円になっている.それでこれらの式(34)〜(43)などを **Debye の半円型則** (Semi-circle rule) という.

式(36), (37)の $C(f)$, $G(f)$ の 2 式の間で f/f_0 を消去すると,次式になる.

$$G(f) = -2\pi f_0 C(f) + 2\pi f_0 C_l + G_l, \quad (44)$$

この式は,図 1-8C に示すように,G-C 平面の図上で勾配が $-2\pi f_0$ の直線になる.また ε-κ 図上では

$$\kappa(f) = -2\pi f_0 \epsilon_v \varepsilon(f) + 2\pi f_0 \epsilon_v \varepsilon_l + \kappa_l, \quad (45)$$

となり,これは勾配が $-2\pi f_0 \epsilon_v$ の直線である.

§1・9 誘電測定結果の処理と表現法

後の章では,いろいろな対象の誘電測定結果を説明する.そのときの誘電緩和を特徴付ける量を読みとる通則を述べよう.

(a) C, G, ε, κ などの周波数 f 変化を観測すると,図 1-8A のような

周波数 f 依存性，すなわち 誘電緩和が認められる．これらの測定値群を横軸 C または ε，縦軸 $\Delta C'' \equiv (G-G_l)/(2\pi f)$ または $\Delta\varepsilon'' \equiv (\kappa-\kappa_l)/(2\pi f \epsilon_v)$ の図 1-8B（複素電気容量図，または複素誘電率図）のように図示すると，半円または円弧になる．この円弧の両端を横軸に外挿して，C_l, C_h または ε_l, ε_h を読みとる．

(b) 図 1-8C のような C-G 平面の図，または ε-κ 平面の図 を作るとき，これが直線になれば，先の図 B の半円が保証される．また直線の勾配が $-2\pi f_0$ となっているから，直ぐに f_0 値を求められる．ε-κ 図では，直線の勾配は $-2\pi f_0 \epsilon_v$ となる．この C-G 図が下方に反るような曲線ならば，図 B は半円でなく，円弧と判定できる．

(c) 次節 §1・10・1 の式(50)や図 1-9 などで述べるが，図 1-8B で半円になるような実測値群は，図 E のように $\log(V/U)$-$\log f$ の平面図に描くと，勾配 1 の直線になる．円弧の場合には，図 E の直線の勾配は 1 より小さくなる．いずれの場合も，縦軸 $\log(V/U) = 0$, $V/U = 1$ の点が緩和周波数 f_0 であるから，正確に f_0 値を読みとれる．

(d) 図 1-8D のように，複素コンダクタンス図 [G 対 $\Delta G'' \equiv (C-C_h) 2\pi f$]，複素導電率図 [$\kappa$ 対 $\Delta\kappa'' \equiv (\varepsilon-\varepsilon_h) 2\pi f \epsilon_v$] を作り，低・高周波側に外挿すれば，$G_l$, G_h または κ_l, κ_h の合理的で正確な値を求められる．

§1・10　誘電緩和のいろいろな形式

測定周波数 f の広い範囲にわたって誘電測定を行なうと，C, G あるいは ε, κ などの一連の測定値群を得る．これらの測定値群を 複素電

§1・10 誘電緩和のいろいろな形式

気容量図や複素誘電率図に描く．いわゆる Cole-Cole Plots を作る．すなわち 横軸に実数部（ε あるいは C）を採り，縦軸に虚数部〔$\Delta\varepsilon'' \equiv (\kappa - \kappa_1)/(2\pi f \epsilon_v)$, $\Delta C'' \equiv (G - G_1)/(2\pi f)$ など〕を採ると，多くの場合に実測値群は半円，または円弧，あるいは ゆがみ円弧，ときには直線（$-m$ 乗則の場合）などになる．これらの式表現について説明しよう．

§1・10・1 円弧型則

C, G の周波数変化値を整理し，横軸と縦軸の尺度を同じにするように注意して，複素電気容量図を描いてみると，図 1-9A のように円弧になる場合が多い．

図中の $\overrightarrow{QP}$ を U, $\overrightarrow{PR}$ を V というベクトル（方向と大きさを持った量）および複素数で表わし，大きさを $|U| \equiv U$, $|V| \equiv V$ と記す．log(V/U) 対 log f の図を作ると，実際の場合図 1-9B のように直線になることが多いので，この場合について考えよう．

図 1-9A では測定点 P が円周上を動くから，U と V とのなす角 θ は

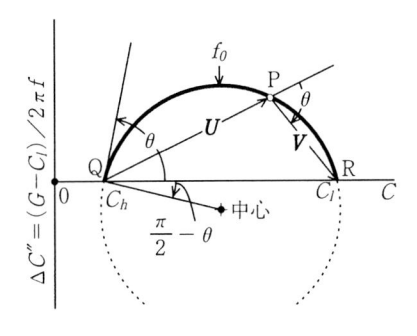

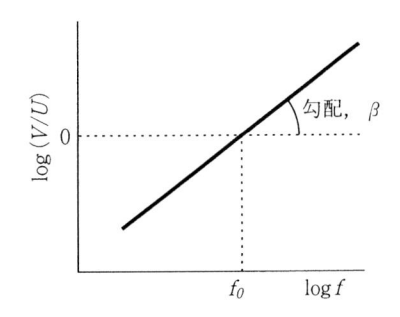

(A) 円弧型 C-G 図 　　(B) 円弧型誘電緩和系の $\log(V/U)$-$\log f$ 図

図 1-9 円弧型誘電緩和

測定周波数 f にかかわらず一定ということになる．ベクトル量の計算法によれば，$e^{j\theta}$ を掛けることは角度 θ だけ左回り回転し，数値 V/U を掛けることは，絶対値（ベクトルの長さ）が V/U 倍になることである．したがって

$$\boldsymbol{V} = \boldsymbol{U} \times e^{j\theta} \times \frac{V}{U}, \tag{46}$$

となる．図 A での θ は右回りだから，$e^{-j\theta}$ を掛けるように思える．しかし 次のような理由で，ここの立式表現としては左回り回転として扱う．複素電気容量・誘電率の虚数部は，式(25)，(28)から分かるように，つねに負値であるから，縦軸は，$-(G-G_l)/(2\pi f)$，$-(\kappa-\kappa_l)/(2\pi f \epsilon_v)$ とすべきところを，便宜上 正の値 $(G-G_l)/(2\pi f)$ などとしている．すなわち 図 A は上下が反対に描かれている．したがって 数式をそのまゝ複素数平面上に表わせば，図 A の上下を反転した図であり，$\boldsymbol{U}$ から $\boldsymbol{V}$ への方向変化の角度は，$\theta>0$ だけ左回転（反時計回り）していることになる．それで方向変化を表わす因子として，$e^{j\theta}$ を掛けた．また図 A からわかるように，

$$C_h + \boldsymbol{U} = C^* - \frac{1}{j\omega} G_l \equiv \text{点 P の位置}, \tag{47}$$

$$\left(C^* - \frac{1}{j\omega} G_l\right) + \boldsymbol{V} = C_l, \tag{48}$$

である．この式(47)，(48)を式(46)に代入して $\boldsymbol{U}$，$\boldsymbol{V}$ を消去し，C^* について解き，$\theta = (\pi/2)\beta$ のように θ を新変数 β に置き換え，式(15)を用いると，次式になる．

$$C^* = C_h + \frac{C_l - C_h}{1 + j^\beta (V/U)} + \frac{1}{j\omega} G_l, \tag{49}$$

これは θ すなわち β を一定とした結果の式であり，測定値群が図

§1・10 誘電緩和のいろいろな形式

1-9A の円弧になる最も一般的な式である．しかし この式は $\log(V/U)$ 対 $\log f$ の図で 必ずしも直線になるとは限らない．それは 円弧上の点の V/U 値が 周波数 f の変化に対してどう変わるかという条件を付けていないからである．

図 1-9B で $\log(V/U)$ 対 $\log f$ が直線になるためには，V/U と f とが比例するか，べき数の関係にあることが必要条件である．そこで 図 1-9A の円弧の中央点 $U = V$ に対応する周波数を f_0（緩和周波数という）と記し，

$$\frac{V}{U} = \left(\frac{f}{f_0}\right)^\beta, \qquad \log\left(\frac{V}{U}\right) = \beta \log f - \beta \log f_0, \qquad (50)$$

という関係を保つと仮定してみよう．すると式(49)は次の形になる．

$$C^* = C_h + \frac{C_l - C_h}{1 + \left(j\dfrac{f}{f_0}\right)^\beta} + \frac{1}{j\,2\pi f}\,G_l, \qquad (51)$$

この式は **Cole-Cole の円弧則式** と呼ばれる．この式で $\log(V/U)$ 対 $\log f$ の関係は，図 B のように 直線となり，その勾配は $\beta = \theta/(\pi/2)$ になっている．

式(51)の実数部・虚数部を分離して整理した結果の C, G は次のようになる．

$$C = C_h + \frac{(C_l - C_h)\left[1 + \left(\dfrac{f}{f_0}\right)^\beta \cos\left(\dfrac{\pi}{2}\beta\right)\right]}{1 + 2\left(\dfrac{f}{f_0}\right)^\beta \cos\left(\dfrac{\pi}{2}\beta\right) + \left(\dfrac{f}{f_0}\right)^{2\beta}}, \qquad (52)$$

$$G = G_l + \frac{(C_l - C_h)\,2\pi f\left(\dfrac{f}{f_0}\right)^\beta \sin\left(\dfrac{\pi}{2}\beta\right)}{1 + 2\left(\dfrac{f}{f_0}\right)^\beta \cos\left(\dfrac{\pi}{2}\beta\right) + \left(\dfrac{f}{f_0}\right)^{2\beta}}, \qquad (53)$$

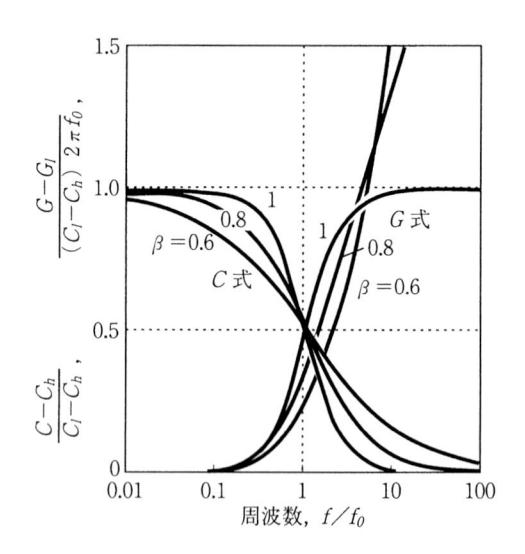

図 1-10 Cole−Coleの円弧則，式(52),(53)の周波数 f/f_0 依存性．3種類の C, G 曲線群は， $\beta=1$ (半円)， $\beta=0.8$, $\beta=0.6$ とした計算結果である．

　この円弧則の式(52),(53)の周波数依存性の計算値曲線を図1-10に示す． $\beta=1$ の曲線は前節のDebye型単一緩和の場合になっている． $\beta=0.8$ および 0.6 のように β が小さくなると，周波数増加に対して C 値はゆるやかに減少するようになり， G 値は上限界 G_h 値を持たず，限りなく増大している．

　この円弧則型緩和は，多くの極性液体および固体において観測され， $\beta=0.6 \sim 0.8$ 程度である．

§1・10・2　ゆがみ円弧型則

　誘電測定値の C-$\Delta C''$ 平面上での処理結果が，図1-11のように ゆがんだ円弧になっている実測例がある．このときの周波数 f 依存性は実験式として，前節の式(51)の分母の形が少し変わった次式で表わされ

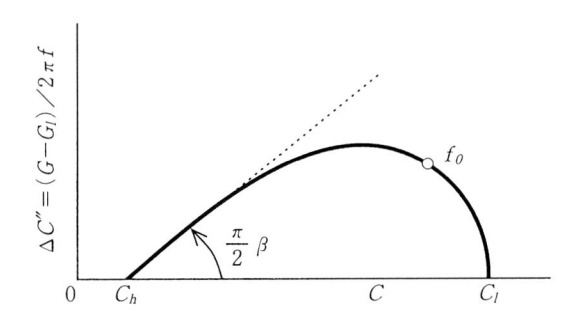

§1・10 誘電緩和のいろいろな形式

図 1-11 ゆがみ円弧型則
式(54)〜(57)の $C-\Delta C''$ 図

る．

$$C^* = C_h + \frac{C_l - C_h}{\left(1 + j\dfrac{f}{f_0}\right)^\beta} + \frac{1}{j\,2\pi f}\,G_l\,,\quad(1>\beta>0) \quad (54)$$

$$C - C_h = (C_l - C_h)\cos^\beta\phi\cdot\cos(\beta\phi)\,, \quad (55)$$

$$\Delta C'' = C'' - \frac{G_l}{2\pi f} = (C_l - C_h)\cos^\beta\phi\cdot\sin(\beta\phi)\,, \quad (56)$$

$$\tan\phi = \omega/\omega_0 = f/f_0\,, \quad (57)$$

この型の誘電緩和は，グリセリン，プロピレングライコール，i-アルキルハライドなどの液体誘電物質において見いだされている．

§1・10・3 m 乗型則

誘電測定値の C-$\Delta C''$ 平面上の処理結果が，図 1-12A のように簡単な一本の直線になる場合がある．このときの周波数 f 依存性は次式で表わされる．

$$C^* = C_h + A(jf)^{-m} + \frac{1}{j2\pi f} G_l , \qquad (58)$$

$$C - C_h = A \cos\left(\frac{\pi}{2}m\right) \cdot f^{-m} , \qquad (59)$$

$$\Delta C'' = C'' - \frac{G_l}{2\pi f} = A \sin\left(\frac{\pi}{2}m\right) \cdot f^{-m} , \qquad (60)$$

$$\frac{\Delta C''}{C - C_h} = \tan\left(\frac{\pi}{2}m\right) , \qquad (61)$$

$$G - G_l = A \sin\left(\frac{\pi}{2}m\right) \cdot f^{1-m} , \qquad (62)$$

これらの式からわかるように，このm乗型の周波数依存性の場合には，図1-12のように，$\log(C-C_h)$ や $\log \Delta C''$ は $\log f$ に対して勾配 $-m$ の直線になる．$\log(G-G_l)$ は $\log f$ に対して正の勾配 $1-m$ の直線になる．実例としては，ハイドロゾル，サスペンション，無機物質粉末に水が吸着（吸湿）した系などにおいて見いだされている．

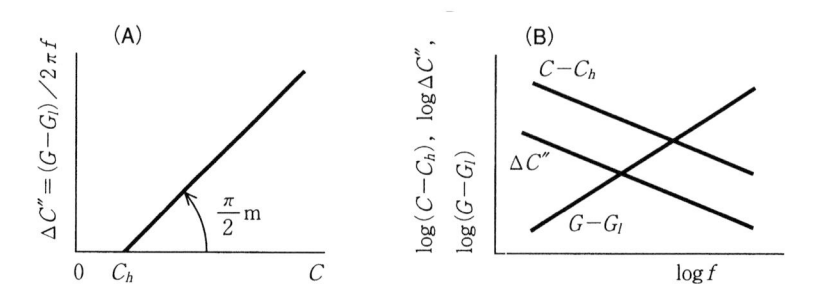

図1-12 m乗型則，式(58)〜(62)の表示

第Ⅱ篇　誘電測定結果の解析と不均質構造の考察

Question　物の誘電率を測って，その結果を解析すると，どんなことがわかるか，またどのように役立つのか，などを早く知りたいんだけど．どう読めばいいのかね

Answer　この第Ⅱ篇では，面白そうな物の章をいきなり読んでもわかるように書いてあるよ．もし 誘電現象の基礎概念や使っている術語がわからなかったら，第1章の§1・1〜§1・4をざっと読めばよいし，測定周波数による変化のことは，§1・5によく説明してある．また 解析に使う理論は，細部は第Ⅲ篇で述べるとして，当面のデータ処理に使いたい理論式は要領よくまとめて引用してあるから，数値の計算処理も出来るよ．

第2章　CとGとの結合系

　誘電測定結果から測定試料の内部知見を得る筋道を 手短かに理解するために，この章では コンデンサーと抵抗との簡単な結合系を採り上げて説明しよう．

§2・1 測定試料と測定結果

電気回路部品のコンデンサーと抵抗とを，図2-1Aに描いたようにつなぐ．そしてこの結合系全体（これは通常の測定試料全体に対応している）が，或る測定周波数fでは、図2-1Bに示したような 並列等価電気容量 $C(f)$ と並列等価コンダクタンス $G(f)$ との並列結合状態に相当する と考える．一般的に考えて，これらのC, Gはfの関数であろう．

交流ブリッジ，インピーダンス・アナライザー，ネットワーク・アナライザー などの誘電測定機を使って，なるべく広い周波数領域にわたって，$C(f), G(f)$を測定する．

C_a, C_b, G_a, G_b の値をいろいろ変えた各組を Model A, B, C, D と名付けよう．これら結合系全体の $C(f), G(f)$ の周波数f変化は，図2-2A, Bのようになった．すなわち周波数 f の増加につれて，2 kHzの前後で$C(f)$は減少し，$G(f)$は増大するという誘電緩和現象を呈している．この測定値群を，横軸 電気容量C，縦軸 コンダク

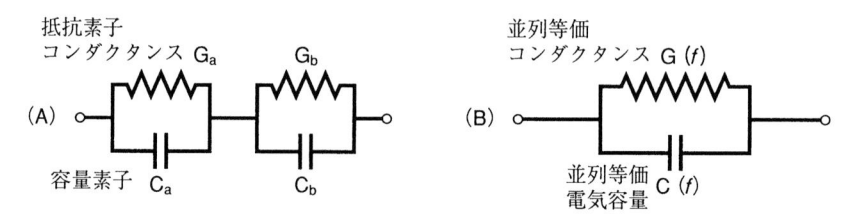

図2-1 コンデンサーと電気抵抗との結合系と，その並列等価C, G系
　(A) 電気抵抗（逆数はコンダクタンスG_a）とコンデンサー（電気容量C_a）との並列組合せ（後程の相aに相当）と，$G_b \cdot C_b$の並列組合せとが直列に組合された系.
　(B) 測定機は，この系全体を 並列等価コンダクタンス$G(f)$と，並列等価電気容量$C(f)$として表示する.

§2・1 測定試料と測定結果

タンス G の図に描くと，図 2-3 に示すように直線になり，その勾配は $-2\pi f_0$ になっている．したがって この図の勾配から，緩和周波数 f_0 を求められる．

つぎに この測定値群の $C(f)$ を横軸に採り，複素電気容量の虚数部，誘電損失 $\Delta C'' \equiv (G-G_l)/(2\pi f)$ を縦軸に採った図（複素電気容量平面の図）を描くと，図 2-4 A，B のような半円になる．すなわち 典型的な単一緩和を呈している．この半円の頂点に当たる周波数が 緩和周波数 f_0 である。測定周波数領域が狭くて 低・高周波の極限値 C_l, C_h, G_l, G_h を直接測ることが出来ない場合でも，この図 2-4 の半円または円弧の図を描いて，円の右端（低周波側），左端（高周波側）に外挿すれば，容易に正確に極限値を決めることが出来る．このような複素電気容量平面図，複素誘電率平面図では，横軸と縦軸の目盛（尺度）を同じ長さにして描くことが必要である．そうしないと，半円か円弧(円の一部分）かの判断を誤ってしまう．

単位の換算に当っては，次の関係に留意する．
$$\epsilon_v = 8.8542 \times 10^{-12} \text{ F/m} = 0.088542 \text{ pF/cm},$$
ＳＩ単位系での定義と相互換算関係： ［ ］印内は単位の記号．
時間： ［s］秒，　　　周波数： ［s^{-1}］ヘルツ，
エネルギー： ［J］ジュール ＝ ［kg m^2 s^{-2}］,
力： ［J cm^{-1}］エルグ ＝ ［10^2 J m^{-1}］ ＝ ［10^2 N］ニュートン
電流： ［A］アンペア ＝ ［C s^{-1}］,
電気量, 電荷： ［C］クーロン ＝ ［A s］,
電圧, 電位差： ［V］ボルト ＝ ［J C^{-1}］ ＝ ［J A^{-1} s^{-1}］,
電気容量： ［F］ファラド ＝ ［C V^{-1}］ ＝ ［A s V^{-1}］ ＝ ［S s］,
コンダクタンス： ［S］シーメンス ＝ ［Ω^{-1}］ ＝ ［A V^{-1}］ ＝ ［F s^{-1}］,

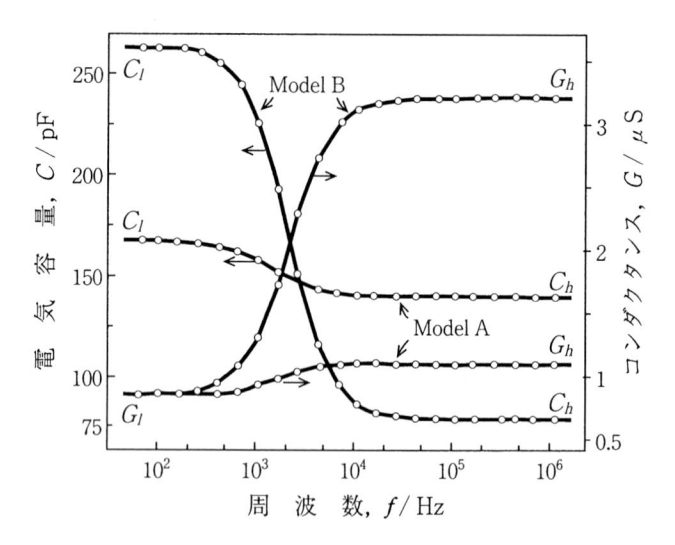

図 2-2A Model A, B の並列等価電気容量, コンダクタンスの周波数依存性

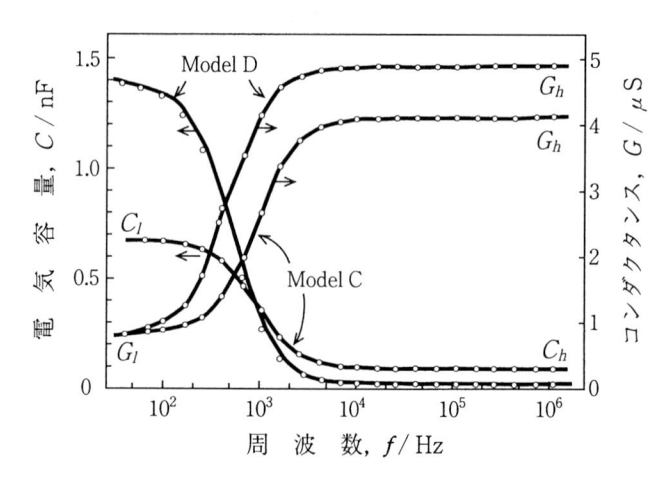

図 2-2B Model C, D の並列等価電気容量, コンダクタンスの周波数依存性

§2・1 測定試料と測定結果   45

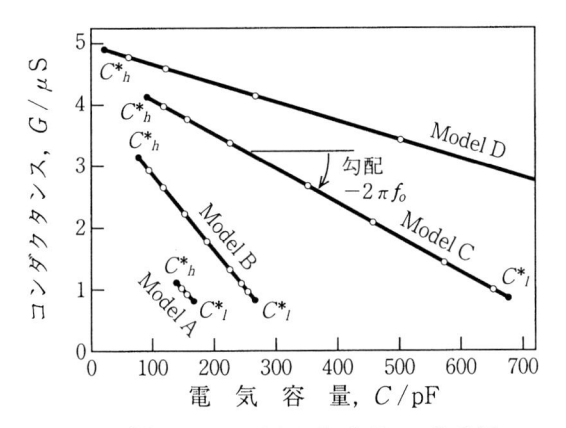

図 2-3 Model A, B, C, D の C-G 図

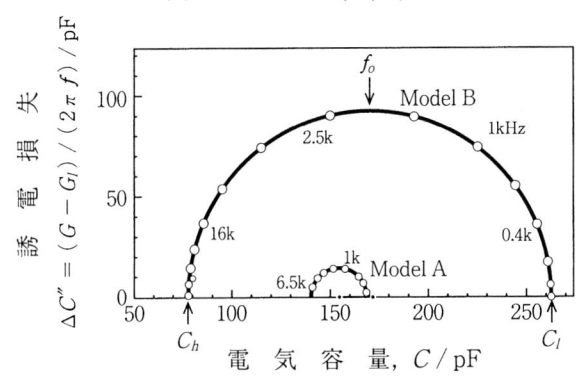

図 2-4A Model A, B の複素電気容量平面，$C - \Delta C''$ 図

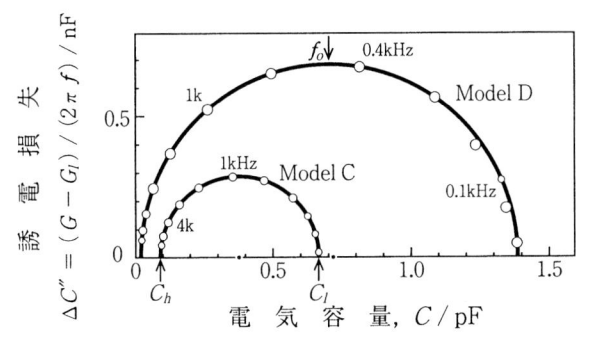

図 2-4B Model C, D の複素電気容量平面，$C - \Delta C''$ 図

単位： メガ, $M = 10^6$,　　キロ, $k = 10^3$,　　ミリ, $m = 10^{-3}$, マイクロ, $\mu = 10^{-6}$,　　ナノ, $n = 10^{-9}$,　　ピコ, $p = 10^{-12}$, フェムト, $f = 10^{-15}$,

§2・2　測定結果より電気容量・コンダクタンス値の算出

図2-2 より G_l, G_h を読み取る．図2-4 より C_l, C_h を得る．これら C_l, C_h, G_l, G_h 4個の値を次式に順次代入し，計算すると，図2-1A の構成各要素の C_a, C_b, G_a, G_b の数値を求められる．これらの式は簡単であり，四則計算用の電卓で計算できる．式の導出は 第17章 §17・6・3 に解説してある．

$$\text{角周波数,}\ \omega_0 = \frac{G_h - G_l}{C_l - C_h}\ ,\quad \text{周波数,}\ f_0 = \frac{\omega_0}{2\pi}\ ,\quad (1),(2)$$

$$B = \omega_0 + \frac{G_h}{C_h} = \frac{C_l G_h - C_h G_l}{C_h(C_l - C_h)}\ , \tag{3}$$

$$D = \frac{G_l \omega_0}{C_h} = \frac{G_l(G_h - G_l)}{C_h(C_l - C_h)}\ , \tag{4}$$

$$E = \sqrt{B^2 - 4D}\ ,\ \alpha = \frac{B - E}{2}\ ,\ \beta = B - \alpha\ ,\quad (5),(6),(7)$$

$$C_a = C_h \frac{E}{\omega_0 - \alpha}\ ,\quad C_b = C_h \frac{E}{\beta - \omega_0}\ ,\quad (8),(9)$$

$$G_a = \alpha C_a\ ,\quad\quad G_b = \beta C_b\ ,\quad\quad\quad (10),(11)$$

§2・3 数値計算例

図 2-1 A の C_a, C_b, G_a, G_b をいろいろ変えた組み合わせの系 (Model A, B, C, D) について，誘電緩和を観測し，図 2-2, 3, 4 のような図から C_l, C_h, G_l, G_h, f_0 などを読み取る．これらの値を式 (1)～(11) に代入すると，C_a, C_b, G_a, G_b, f_0 などを算出できる．

その結果を表 2-1 にまとめてある．表の下半分の [ ] 括弧内の数値は，それぞれの C_a, G_a などを各個別々に測った値である．C_a, G_a などの計算値は，[ ] 括弧内の個別測定値とよく合っている．

表 2-1 電気回路部品用コンデンサーと抵抗とを図 2・1 A のように結合して，結合系全体の誘電緩和を測定．その測定値と解析計算結果の値などの比較．

	Model A	Model B	Model C	Model D
誘電緩和よりの観測値				
C_l /pF	165	265	676	1388
C_h /pF	140	78.7	90.3	19.75
G_l /μS	0.840	0.840	0.840	0.842
G_h /μS	1.10	3.21	4.12	4.89
f_0 /kHz	1.56	2.0	0.90	0.48
式(1)～(11)による計算結果，[ ] 内の数値は直接測定値				
C_a /pF	376	377	973	2008
	[382]	[382]	[973]	[2001]
C_b /pF	222	99.5	99.5	19.9
	[222]	[99.4]	[99.4]	[19.8]
G_a /μS	5.10	1.01	1.01	1.01
	[5.00]	[1.02]	[1.02]	[1.02]
G_b /μS	1.01	5.06	5.00	4.99
	[1.02]	[5.00]	[5.00]	[5.00]
f_0 /kHz	1.62	2.03	0.891	0.47

このようにして，誘電緩和測定結果を特徴付ける量（誘電パラメーターという）から，結合系の内部の各部分の容量や抵抗の値（成分相定数，相パラメーターという）を容易に計算できる．

　Q：　なるほど！　　誘電測定データの処理法の見当がついたよ．要するに，先ず測定周波数をなるべく広く変えて，試料の電気容量Cとコンダクタンス G とを測ることだね．そして その周波数変化のデータを図示すると，図 2-2 のようになる．すなわち 周波数の増大につれて，C は減り，G は増す，という誘電緩和が得られる．

　そのつぎに，図 2-3 の C-G 図や 図 2-4 の C-$\Delta C''$ 図を描いて，C_l, C_h, G_l, G_h, f_0 などの誘電パラメーターを正確に求める．あとは，これらのパラメーター値を理論式に代入すれば，内部構造を特徴付ける構造特性定数を算出できる，というわけか．

　A：　まさにその通り．図 2-1 では コンデンサーと抵抗の組み合わせという簡単な内部構造だから，理論式も至って簡単だ．膜状物質，粒状混合物，球殻状マイクロカプセル などのように試料の内部構造が複雑になると，使う理論式もいくらか複雑になるが，大体は関数電卓かポケコンで計算できる程度のものだよ．理論式の導びき方は，いずれ第Ⅲ篇にまとめて解説しよう．この第Ⅱ篇では，いろいろな対象を計算処理する実例と，その結果のご利益を並べてみよう．

引用・参考文献：
（1）　H. Z. Zhang,　T. Hanai,　N. Koizumi,
　　　　　Bull. Inst. Chem. Res., Kyoto Univ., **61**　265（1983）.

第3章　水中脂質二分子膜系

　Q：　いろいろな膜の性質を調べるのに，面倒な誘電測定をするのは，どんな効用があるのだろうか．
　A：　誘電測定は，測定対象を壊さずに 内部の構造や状態の時間変化を調べられるという利点ばかりでなく，次のような特色があるのだ．

§3・1　水中にある膜系の誘電測定はどのように役立つか

　(ⅰ)　この章で解説する水中脂質黒膜などは，水中で形成され，水中でのみ安定に存在する．　隣接する水相が無くては，膜そのものが在り得ない．　だから このような系は，水と共存する状態で観測せねばならない．　そして 水中で対象を壊さずに観測が出来るのは，誘電測定法なのである．
　(ⅱ)　物質やイオンを濾過するために 膜を使うときには，その膜は乾燥した状態ではなくて、水中に在って 水を含んだ状態である．　したがって，水を含み膨潤した状態の膜の性質を知るためには，水中にある状態で測ることが必要である．
　(ⅲ)　水相中にイオンや界面活性剤などを混入して，膜にイオンを浸み込ませたり，膜に界面活性物質を吸着させたりする．このように 水相中で物質を作用させて 平衡状態になった膜の特性を知るためには，

水中で測定することが必要である．このような必要に応じられるのが誘電測定法の特長である．

§3・2　水中脂質黒膜作りの実験操作

生物細胞膜の研究分野で，水中脂質薄膜は，細胞膜の物理化学的モデルと考えられ，多くの基礎研究に活用されている．水中で形成されるこの脂質薄膜は，通称 **黒膜**，略称 BLM，Bilayer Lipid Membrane，Bimolecular Lipid Membrane などと呼ばれ，水中でのみ安定に存在するので，誘電測定手法は この場合，必須，かつ好個の観測・解析手段である．

図 3-1 に示すように，ビーカーに 0.1M KCl 水溶液を満たし，その中にテフロンポットを支え，このポットの内側と外側の液中に二電極を配置する．このテフロンポットの側面には，直径約 1mm の小穴があ

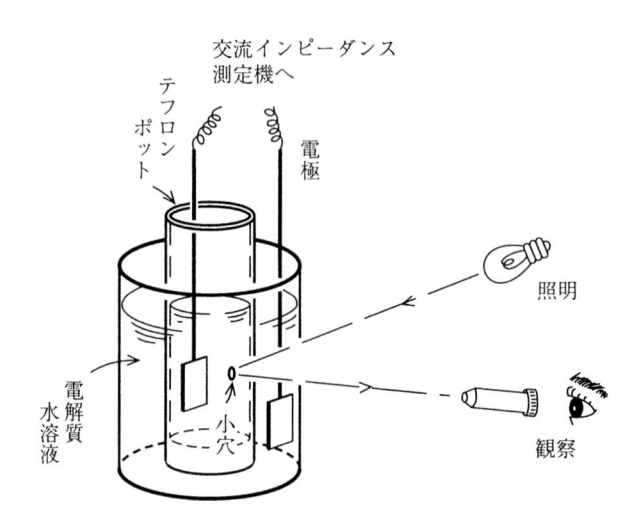

図 3-1　水中脂質黒膜(脂質二分子膜)の形成

いている．レシチンのデカン溶液を調製し，小筆でこの油液をテフロンポット側面の小穴に塗り付ける．この小穴部分を適当に照明して，肉眼または長焦点低倍率顕微鏡で観察する．

　小穴部分に塗り付けられた油相の微小平面から，照明投射光線が全反射してくる位置をうまく探す．すると 以後の油相平面膜の変化がよく観察出来る．小穴部分の油相は ポットの壁面にだんだんと拡がって薄くなり，この微小部分は 虹のような七色縞の状態を呈し，ついには無色で透明な超薄膜になる．

§3・3　黒膜という名称の由来

　この膜の背面（テフロンポットの内部）を暗くしておくと，虹縞の消えた膜は暗く見える．それで これを通称 **黒膜 Black Membrane** という．光の波長に比べて充分に薄い膜が暗く見える理由を 図3-2 で説明しよう．

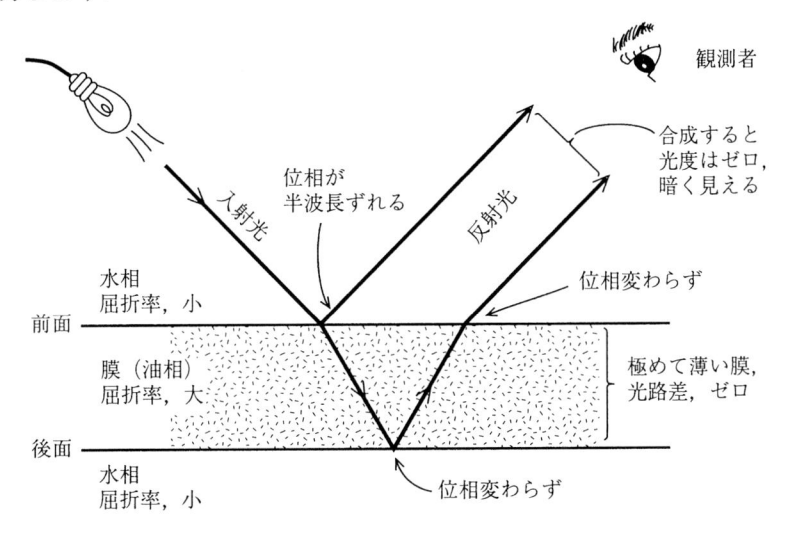

図 3-2　超薄膜で反射光が無く，暗く見える説明

光学理論によれば，水相（屈折率 小，光学的に粗）から 膜（油成分から成り，屈折率 大，光学的に密）に向かって入射した光が，膜の前面で反射するときには，反射時に光波の位相が半波長だけずれる．また 膜の後面で反射するときには，光波の位相は変わらない．したがって 観測者から見ると，膜の前面と後面とからの二種類の反射光は 互いに打ち消し合って，反射光の強度は零になる．すなわち この薄膜は暗く（黒く）見えることになる．この場合 光波長に比べて膜の厚さは充分に小さくて，膜厚を往復する距離（二種類の光の路の差）は 光の波長に比べて無視できる程度に小さいことが必要である．言い変えれば，暗い膜では 膜の厚さは 光の波長よりも充分に小さいことになる．

§3・4　黒膜の誘電測定結果

図 3-1 に示すように，ポット内外の二電極を交流インピーダンス測定機につなぎ，広い周波数範囲にわたって 系全体の電気容量 $C(f)$ と コンダクタンス $G(f)$ とを測ってみると，図 3-3 のようになる．周波数 f の増加につれて，$C(f)$ は減少し，$G(f)$ は増大する．この変化の傾向は 誘電緩和現象 である．

これらの測定値群を，横軸 電気容量 C，縦軸 コンダクタンス G の図に表わすと，図 3-4 のように 直線になる．横軸 電気容量 C，縦軸 誘電損失 $\Delta C'' \equiv [G(f) - G_l]/(2\pi f)$ の図に表わすと，図 3-5 のように 完全な半円になる．この試料の実測結果では コンダクタンス G の低周波極限値は $G_l \fallingdotseq 0$ と置いてよい．

図 3-5 において，測定点と C_l との距離を V とし，C_h と測定点との距離を U とする．この $\log(V/U)$ の値を $\log f$ に対して図示すると，図 3-6 に示すように 勾配 1 の直線になる．これらの特徴ある結

§3・4 黒膜の誘電測定結果

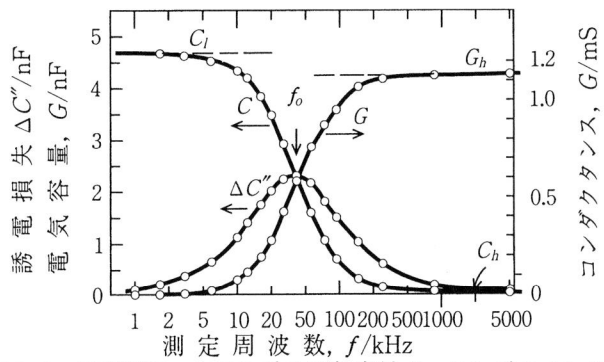

図 3-3 脂質黒膜・水相の系の電気容量 C, コンダクタンス G, 誘電損失 $\Delta C''$ の周波数 f 依存性

図 3-4 脂質黒膜・水相の系の C 対 G 図

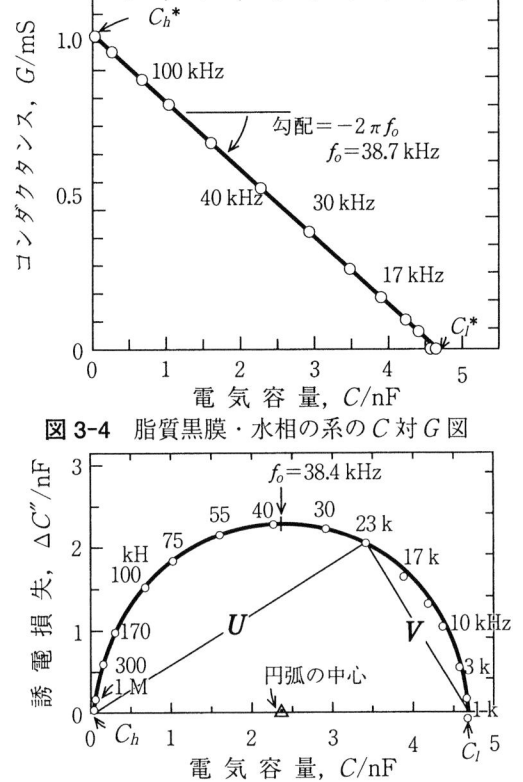

図 3-5 脂質黒膜・水相の系の C, $\Delta C''$ の複素電気容量平面図

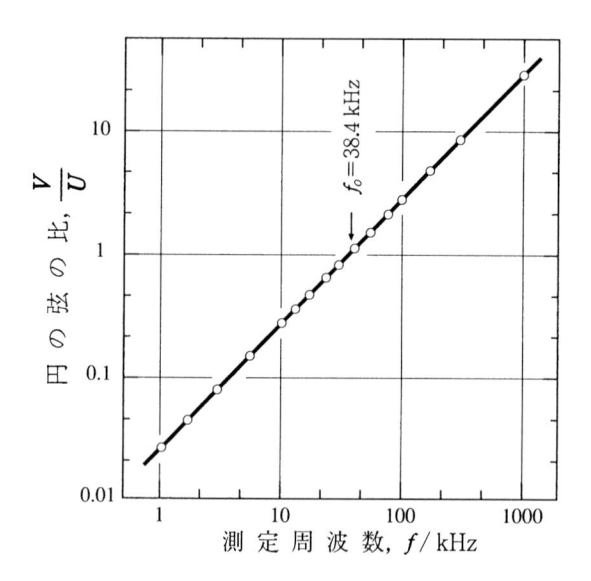

図 3-6 脂質黒膜・水相の系の複素電気容量平面図から得た円の弦の比 V/U の周波数 f 依存性

果を 第1章 §1・8 の緩和現象の説明に照らし合わせると，図3-1の系全体は 理想的な単一誘電緩和を呈していることがわかる．

§3・5 結果の処理━━━黒膜の厚さ算出

このような単一誘電緩和の結果によれば，図3-1の系は 図3-7A に示すような水相と脂質黒膜との直列配置の系であり，図3-7B のような交流等価回路で表わされると考えられる．したがって 等価回路としては 第2章の図2-1と同じであるから，測定結果の処理に使う理論式も第2章のものと同じである．しかし この脂質黒膜と水相の系では，図3-7B の等価回路の定数について，

$$\text{膜の } C_f \gg \text{水相の } C_w, \quad \text{膜の } G_f \ll \text{水相の } G_w, \quad (1)$$

§3・5 結果の処理──黒膜の厚さ算出　　　　　　　　　　　　　55

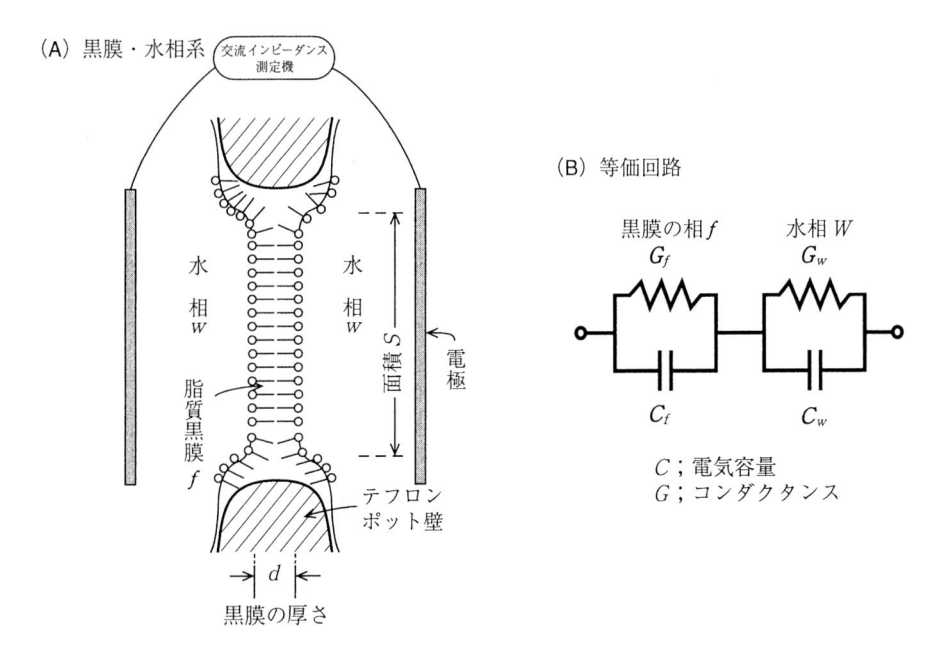

(A) 黒膜・水相系

(B) 等価回路

C ; 電気容量
G ; コンダクタンス

図 3-7　水中脂質黒膜 f・水相 w の系の構成(A), と等価回路(B)

という関係が成り立つから，第 17 章 §17・4 の近似式が適用出来るので，次のように非常に簡単になる．

$$C_f = C_l, \qquad C_w = C_h, \qquad (2),(3)$$

$$G_f = G_l, \qquad G_w = G_h, \qquad (4),(5)$$

$$f_0 = \frac{1}{2\pi}\cdot\frac{G_w}{C_f} = \frac{1}{2\pi}\cdot\frac{G_h}{C_l}, \qquad (6)$$

図 3-3 ～ 3-6 などの実測結果から 次のように誘電観測値パラメーター（誘電緩和を特徴付ける量）を正確に読み取る．

$C_l = 4.67\,\text{nF}, \quad C_h = 47.7\,\text{pF},$

$G_l \fallingdotseq 10^{-9}\,\text{S}, \quad G_h = 1.13\,\text{mS}, \quad f_0 = 38.4\,\text{kHz},$

膜相について，平行板コンデンサーの電気容量の第17章 式(17-1)～(17-4)を適用すると，

$$\text{低周波極限値 } C_l = \text{膜容量値 } C_f = \varepsilon\, \epsilon_v \frac{S \text{膜面積}}{d \text{膜厚さ}}, \qquad (7)$$

となる．ここに 図3-7Aに示すように，S は黒膜の面積，d は黒膜の厚さ，ε は膜成分の油相（おもに炭素鎖部分より成る）の誘電率，真空の誘電率（物理定数）$\epsilon_v = 8.8542 \times 10^{-12}$ F/m $= 0.088542$ pF/cm, である．

直接に観測した膜面積 $S = 1.22$ mm², 膜成分の油相の誘電率 $\varepsilon = 2.05$, 実測低周波値 $C_l = 4.67$ nF，などの値を代入して計算すると，

黒膜の単位面積当りの電気容量 $C_f/S = C_l/S = 0.383\ \mu\mathrm{F}/\mathrm{cm}^2$,

前記の式(7)によって d を計算すると，

$$\text{黒膜の厚さ } d = \varepsilon\, \epsilon_v\, S/C_l = 4.74\ \mathrm{nm} = 47.4\ \text{Å},$$

となる．すなわち 誘電的手法によれば，この水中黒膜は 47Å という大変薄い膜であると断定される．

この水中黒膜を，図3-7Aに描いたように，レシチンの単分子層二枚を貼り合わせたものとして考えてみよう．レシチン分子の炭素鎖部分が約23Åであるから，図のように炭素鎖が2本並んだ膜厚は 23Å×2＝46Å となるはずである．したがって 前記の誘電的手法で 47Å という直接測定値を得たことにより，このレシチンの水中黒膜は 二分子層構造であることが確かめられた．

これらの誘電的研究とは別途に，電子顕微鏡観察による結果では，レシチン二分子膜の厚さは 約80Å であると判定された．この電顕値は，レシチン分子の親水基までも含めた分子全長を測ったものと考えら

§3・5 結果の処理――黒膜の厚さ算出

れ，誘電的手法による炭素鎖部分に対する 47Å と相俟って，膜の二分子層構造を保証している．

　なお ポットの穴に脂質黒膜が無いときのコンダクタンスは 1.16 mS であった．したがって前記の $G_h = 1.13$ mS という値は，高周波極限では 脂質黒膜部分が短絡したのに等しい状態になったコンダクタンス値であると言える．

　緩和周波数 f_0 の値については，

$$\text{図 3-4 の勾配} = -2\pi f_0 = -0.2433 \text{ mS／nF}$$

から，$f_0 = 38.7$ kHz となる．図 3-6 では，$U/V = 1$ になるときの周波数として，$f_0 = 38.4$ kHz を得ている．また 前記の式(6)によれば，

$$f_0 = G_h / (2\pi C_l) = 38.5 \text{ kHz},$$

となる．これらの f_0 値は互いに良く一致していて，測定結果が理想的な半円であることを示している．

　Q： 誘電緩和の測定結果が，図の座標の量の採り方によって，簡単な直線になったり 半円になったりするのは きれいで面白いね．
　ところで 厚さ d が分子の大きさという薄いところでも 電気容量の式 $C = \varepsilon \varepsilon_v S/d$ が使えるということになるけれど，本当かね？
　A： 平行板コンデンサーというマクロ世界の概念が ミクロの分子の大きさにまで延長出来ることは驚きだね．この脂質黒膜の誘電的研究では，電解質水溶液の種類や濃度，その他いろいろな条件を変えて考察しているが，それらを綜合して，結局 脂質二分子層の 厚さ 47Å ということが認められるに至ったのだ．

§3・6 なぜ誘電緩和が起きるのか──図による説明──

図3-8Aに描いたように，平行板コンデンサー内に

　　導電相(水相など) － 絶縁相(膜相，油相など) － 導電相

のように 直列層状に詰まっている状態を考えよう．両電極板間に外部から電圧をかけないときには，図3-8Aのように，導電相(水相)内には ⊕，⊖ などの自由可動イオンが互いに同数在って，むら無く均質に散在している．

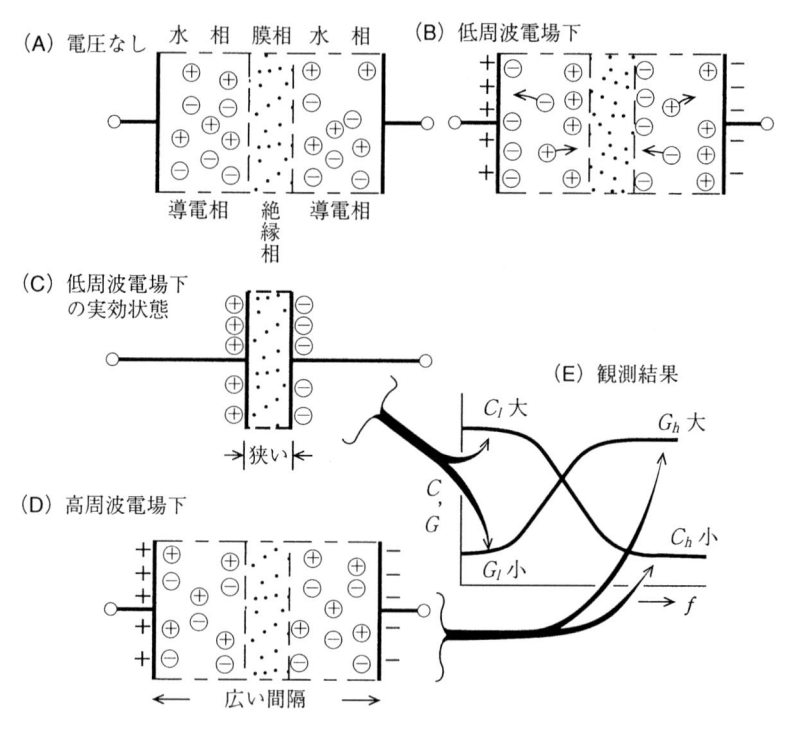

図3-8 絶縁相と導電相との直列組合せ系に起きる誘電緩和の仕組み

§3・6 なぜ誘電緩和が起きるのか──図による説明──

　この系の両電極板間に，直流電圧またはゆっくりと変わる電位差，すなわち低周波交流電圧をかけよう．それは図 3-8 B に描いたように，電極板に電荷 ＋，－ を与えること（図では ＋，－ 各5個描く）であり，充電という．この充電電荷 ＋，－ の作る右向き電場（→）により，導電相中の自由可動イオン ⊕, ⊖ は動かされて，絶縁相との境界面および電極表面に充分な量（実際には 10^9 個程度）のイオン ⊖，⊕ が分離して溜る．これを **界面分極** という．図からわかるように，水相中でこの二種イオン層，左側 ⊖ ……右側 ⊕ の作り出す左向き電場（←）は，極板充電電荷 ＋，－ による右向き電場（→）を打ち消してしまい，総合結果として導電相内部は 電場がゼロになる．したがって残りの 10^{17} 個もある可動イオンは全く静止してしまうから，電流が無い．すなわち 図 3-8 E に図示したように，低周波ではコンダクタンスが極めて小さい．

　この図 3-8 B の状態では，左右各水相内では電場がゼロ，すなわち同一水相内では どこでも同じ電位になっている．この電場配置状態は，図 3-8 C に描くように，同一水相内は導線で短絡され，水相の膜相に接する面だけに電荷 ⊕ ，⊖ が並んだ状態に等しくなっている．すなわち 膜相だけを挟んだ狭い間隔の平行板コンデンサーとして振る舞い，これが図 3-8 E のように，低周波で大きな電気容量 C_l として観測される．

　高周波電場下では，図 3-8 D のように，両水相中の ⊕, ⊖ イオンは相界面や電極面まで移動する暇が無くて，水相内部で振動しており，電荷の分離，すなわち界面分極を引き起こさない．したがって 元の平行板コンデンサーの広い間隔に対応する小さい電気容量値が 図 3-8 E の高周波側の C_h 値となって観測される．図 3-8 D で，水相中で ⊕，⊖ イオンが振動している状態は，電荷がつねによく動いていること，

すなわちコンダクタンスの大きい状態であり，図3-8 E で，大きい G_h 値となって観測される．

このように 一般に測定される試料の内部に導電性・誘電性のむらがあると，前述の 水―膜―水 の系と同じように，誘電緩和現象 を呈する．これは 図3-8 A のような平面層状不均質構造に限らず，球形，殻球状などの不均質構造の場合でも起きる．誘電緩和観測値の解析から このようないろいろな形式の不均質構造を明らかにするのが，本書のおもな流れである．

引用・参考文献：
(1) T.Hanai, D.A.Haydon, J. Taylor, Kolloid Z., **195** 41 (1964).
(2) T.Hanai, D.A.Haydon, J.Taylor,
　　　　　　　　Proc. Roy. Soc., **A281** 377 (1964).
(3) T.Hanai, D.A.Haydon, J.Taylor,
　　　　　　　　J. Gen. Physiol., **48** 59 (1965).
(4) T.Hanai, D.A.Haydon, J.Taylor,
　　　　　　　　J. Theoret. Biol., **9** 278 (1965).
(5) T.Hanai, D.A.Haydon, J.Taylor,
　　　　　　　　J. Theoret. Biol., **9** 422 (1965).
(6) T.Hanai, D.A.Haydon, J.Taylor,
　　　　　　　　J. Theoret. Biol., **9** 433 (1965).
(7) T.Hanai, D.A.Haydon, W.R.Redwood,
　　Annals of The New York Academy of Science, **137** 731 (1966).
(8) T.Hanai, D.A.Haydon, J.Theoret. Biol., **11** 370 (1966).
(9) T.Hanai, M.Kajiyama, S.Morita, N.Koizumi,
　　　　　Bull. Inst. Chem. Res., Kyoto Univ., **47** 327 (1969).
(10) T.Hanai, S.Morita. N.Koizumi, M.Kajiyama,
　　　　　Bull. Inst. Chem. Res., Kyoto Univ., **48** 147 (1970).

第4章　水中高分子膜系

§4・1　水中高分子膜系の実験操作

　粒状ポリスチレン試料を ヂクロロメタン CH_2Cl_2 に1％（W gr／V cc）濃度に溶かす．この溶液を平面ガラス板の上に流し，一夜放置して 溶媒の CH_2Cl_2 を自然に蒸発させると，ポリスチレン薄膜が出来る．これをアルコール水溶液中で 丁寧に剝がす．始めにガラス板上に流す CH_2Cl_2 溶液の量を加減すると，出来上がったポリスチレン薄膜の厚さをいろいろに変えることが出来る．

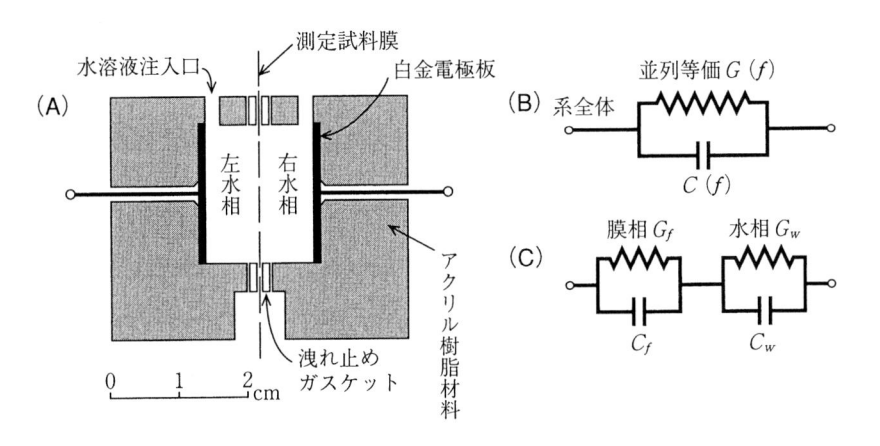

図 4-1　水中高分子膜の誘電測定セル系(A)，と測定機で得る並列等価容量 $C(f)$ とコンダクタンス $G(f)$ (B)，および膜相-水相直列結合の等価回路 (C)．

図4-1Aに示したような誘電測定セルを用いて，試料薄膜を中間に挟む．膜の左右に電解質水溶液を満たす．これで 平行板コンデンサーの中で，水相―膜―水相という配置になっている．この配置の構造に対応する等価回路は，図4-1Cのように考えられる．ただし左右両水相が同一水溶液であれば，一つにまとめて一個の水相部分として C_w, G_w で表わすことが出来る．これは理論的に証明されている．測定周波数を広い範囲に変えて，図4-1Bに示した系全体の並列等価電気容量 $C(f)$ とコンダクタンス $G(f)$ とを測る．

§4・2　高分子膜―水相 の系の誘電測定結果

　図4-1Aの測定セルの系で，水相としては いろいろな濃度のNaOH水溶液において，C と G の周波数変化を測った結果は，図4-2A,Bのようになる．周波数 f の増加につれて，$C(f)$ は減少し，$G(f)$ は増大する．この増減の傾向は 誘電緩和現象 である．

　これらの測定値群を，横軸 電気容量C，縦軸 誘電損失 $\Delta C'' \equiv [G(f)-G_l]/(2\pi f)$ の図に表わすと，図4-3のように完全な半円になる．したがって，これらの測定値群は 理想的な単一誘電緩和になっていることがわかる．

§4・3　結果の処理計算

　このような単一緩和の結果によれば，図4-1Aの系は 図4-1Cのような 膜相―水相 の直列結合等価回路で表わされることになり，第17章に解説する理論式によって結果を処理すればよい．とくにこの系では，図4-2に見られるように

§4・3 結果の処理計算　　　　　　　　　　　　　　　　　　　　　　　63

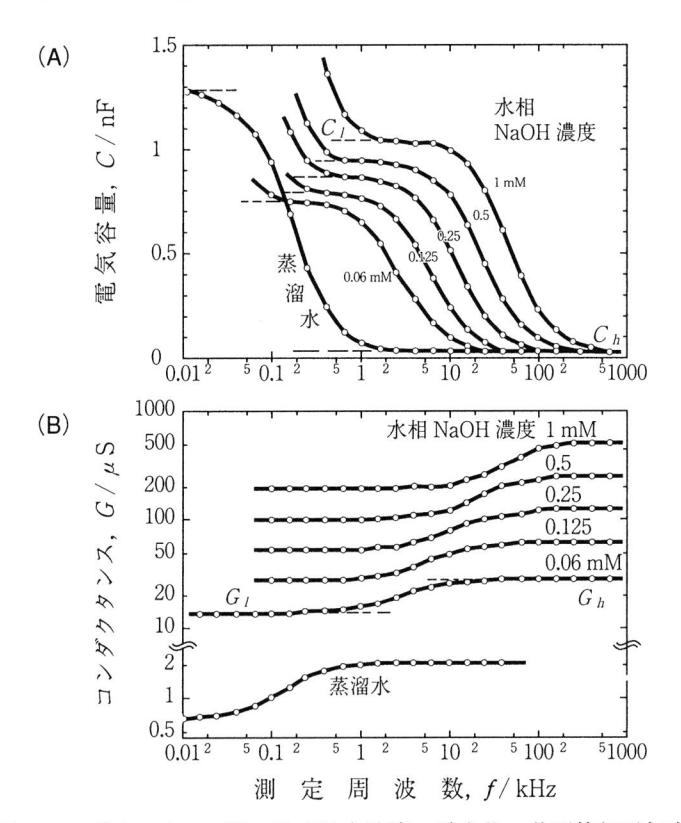

図 4-2 ポリスチレン膜・NaOH 水溶液の系全体の並列等価電気容量 C（図 A）とコンダクタンス G（図 B）の周波数 f 依存性

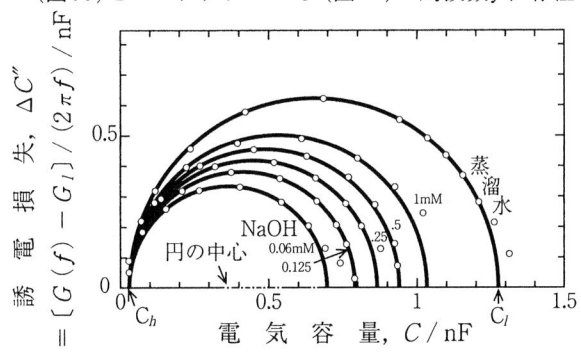

図 4-3 ポリスチレン膜・NaOH 水溶液系の電気容量 $C(f)$ に対する誘電損失 $\Delta C'' = [G(f) - G_l]/(2\pi f)$ の変化図（複素電気容量 $C^* = C - j\Delta C''$ の図）．

低周波値 C_l ≫ 高周波値 C_h, 　低周波値 G_l < 高周波値 G_h,

という関係が成り立つから，§17・5 の式(17-39)～(17-42)になる．ここに 式(17-39)とは 第17章の式(39)という意味である． したがって 次のような近似式になる。

膜相の電気容量
$$C_f = C_l \left(\frac{G_h}{G_h - G_l} \right)^2, \tag{1}$$

膜相のコンダクタンス
$$G_f = G_l \left(\frac{G_h}{G_h - G_l} \right), \tag{2}$$

水相電気容量 $C_w = C_h$, 　水相コンダクタンス $G_w = G_h$, 　(3), (4)

緩和周波数
$$f_0 = \frac{1}{2\pi} \cdot \frac{G_h - G_l}{C_l}, \tag{5}$$

計算例： 　NaOH 0.5 mM 水溶液—薄膜 の系で，図4-2，図4-3から次のように誘電パラメター（誘電緩和の特徴を表わす量）を正確に読み取る．

$$C_l = 0.950 \text{ nF}, \quad C_h = 22.5 \text{ pF},$$
$$G_l = 102 \text{ }\mu\text{S}, \quad G_h = 246 \text{ }\mu\text{S}, \quad f_0 = 25 \text{ kHz},$$

これらの数値を前記の式に代入すると，容易に次の相定数（膜相，水相などの特徴を表わす量）の値を得る．

$$C_f = 2.77 \text{ [2.70]nF}, \quad G_f = 174.2 \text{ [172.2]}\mu\text{S},$$
$$C_w = 22.5 \text{ [22.7]pF}, \quad G_w = 246 \text{ [250]}\mu\text{S},$$
$$f_0 = 24.1 \text{ [24.7]kHz},$$

括弧[ ]内は 一般式 §17・6・3 の式(17-56)～(17-66) による計算値である． 前記の近似式による結果と2％以内の誤差で一致している．

さらに 図 4-1 A の測定セルの寸法について，

電極面積 $S = 3.142$ cm^2 ,

両電極間隔（左右二水相部分の厚さの和）$d_w = 0.982$ cm ,

薄膜の厚さ $d_f = 2.75$ μm , $\epsilon_v = 0.088542$ pF／cm ,

などを測ってあると，

$$\text{膜の誘電率 } \varepsilon_f = C_f \frac{d_f}{\epsilon_v S} , \quad \text{膜の導電率 } \kappa_f = G_f \frac{d_f}{S} , \qquad (6),(7)$$

$$\text{水相誘電率 } \varepsilon_w = C_w \frac{d_w}{\epsilon_v S} , \quad \text{水相導電率 } \kappa_w = G_w \frac{d_w}{S} , \qquad (8),(9)$$

などの式によって，次の値が容易に算出される．

$$\varepsilon_f = 2.74 , \quad \kappa_f = 15.25 \text{ nS／cm} ,$$

$$\varepsilon_w = 79.4 , \quad \kappa_w = 76.9 \text{ } \mu\text{S／cm} ,$$

§4・4 電解質の膜透過性能の評価

このようにして，NaOH 水相中のポリスチレン薄膜の系について得た結果の C_f, κ_w, κ_f などの値の水相中 NaOH 濃度変化を図示すると，図 4-4 のようになる．

図 4-4 の一番上の C_f 値の線を見ると，この膜の電気容量 C_f は NaOH 濃度によらず，一定値 2.7 nF 程度である．この結果は，膜の電気容量 C_f 値が水溶液の電解質濃度によらないだろうという常識に合っている．この C_f 値を用いて膜の誘電率 ε_f を算出すると，前記のように $\varepsilon_f = 2.74$ となり，乾燥状態のポリスチレンの文献値 $\varepsilon = 2.45 \sim 2.68$ と良く一致している．

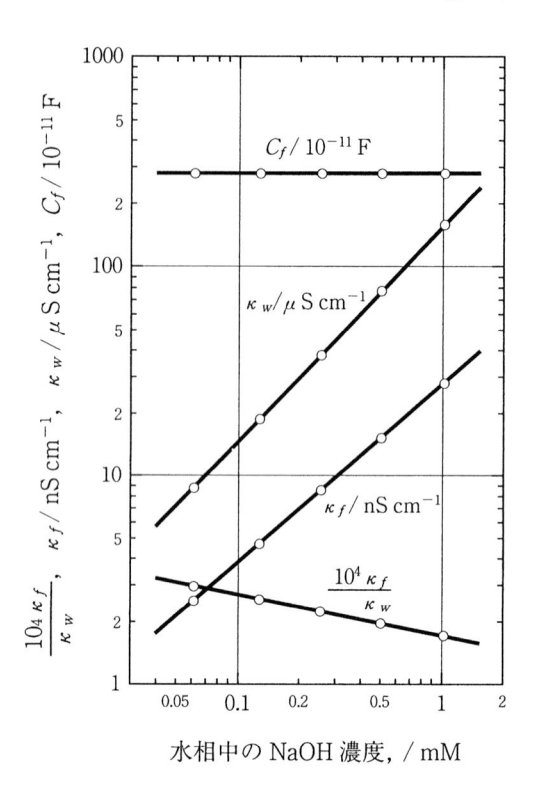

図 4-4 ポリスチレン膜・水相系の膜容量 C_f, 水溶液導電率 κ_w, 膜相導電率 κ_f, 比 κ_f/κ_w の NaOH 濃度依存性

　つぎに 水相の導電率 κ_w は，図 4-4 で勾配 45°の直線になっているから，水相の NaOH 濃度に比例して増大している．これは常識に合っている．ところで ポリスチレン膜の導電率 κ_f は ポリスチレンという材質に固有の一定な導電率値を示すだろうと予想されるが，全くその予想に反して，κ_f は図に見られるように，NaOH 濃度にほぼ比例して増減する．したがって 導電率の比 κ_f/κ_w をグラフに描けば，図 4-4 の最も下の線のように，NaOH 濃度の増加につれて，完全に一定には

§4・4 電解質の膜透過性能の評価

ならないで，やゝ減少する傾向となり，あらまし $\kappa_f/\kappa_w \sim 10^{-4}$ の程度の大きさである．

このポリスチレン膜を乾燥して空気中で測ると，電導性は全く無い．これらを総合すると，ポリスチレン膜には，膜面積の $1/10^4 \sim 1/10^5$ 程度の面積の機械的な小穴（ポリスチレンの核外電子移動などの分子仕

表4-1 ポリスチレン薄膜—電解質水溶液系 での膜電気容量 C_f と膜相，水相の導電率比 κ_f/κ_w．膜面積 3.142 cm², 膜の厚さ 2.75 μm，

溶質電解質	膜電気容量 $\dfrac{C_f}{\text{nf}}$	導電率比 $\dfrac{10^5 \kappa_f}{\kappa_w}$
蒸留水	2.62	14.2
KCl	2.49	7.84
KBr	2.54	7.91
KI	2.52	7.74
KNO₃	2.55	8.21
K₂SO₄	2.53	7.70
CaCl₂	2.57	8.33
LaCl₂	2.55	6.08
HCl	2.54	6.36
KOH	2.68	20.4
NaOH	2.74	22.6
Bu₄NCl	2.62	3.48
Am₄NCl	2.62	3.15
ポリスチレン スルフォン酸	2.49	19.5
ヂアリル ヂメチル アンモニウム クロライド	2.55	14.6

組みによるものではないという意味）が開いていて，その小穴に隣接電解質水溶液が浸み込み，これが膜のコンダクタンスとなるのであろうと考えられる．

　さらに いろいろな種類の電解質溶液の濃度 0.1～1 mM の範囲で，このような誘電測定を行ってみると，膜電気容量 C_f，導電率比 κ_f/κ_w は 表4-1のようになる．この結果によれば，膜電気容量 C_f の値は電解質の種類に依らず，大体同じ値である．導電率比 κ_f/κ_w は KOH，NaOH では大きいから，これらの電解質は膜透過能力が大きいと見なされる．このようにして 誘電測定と考察によって 電解質の膜透過性能の評価が出来る．

引用・参考文献：
（1） H. Zhang, T. Hanai, N. Koizumi,
　　　　　 Bull. Inst. Chem. Res., Kyoto Univ., **61** 265（1983）.
（2） H. Zhang, K. Sekine, T. Hanai,
　　　　　　 N. Koizumi, Membrane, **8** 249（1983）.
（3） K. Sekine, T. Hanai, N. Koizumi,
　　　　　　　 Membrane, **9** 351（1984）.
（4） K. Zhao, K. Asaka, K. Sekine, T. Hanai,
　　　　　 Bull. Inst. Chem. Res., Kyoto Univ., **66** 540（1988）.
（5） K. Asaka, Membrane, **14** 54（1989）.
（6） K. Asaka, J. Membrane Sci., **50** 71（1990）.
（7） K. Asaka, T. Hanai,
　　　　 Bull. Inst. Chem. Res., Kyoto Univ., **68** 224（1991）.

第5章　水中逆浸透膜系

§5・1　誘電緩和の予想と測定結果

　逆浸透膜は，酢酸（アセチル化）セルローズの膜であり，イオンを通さず，水のみを通す性質がある．この特長を生かして，脱イオンの純水を得る手段に応用されている．したがって，逆浸透膜は必ず水と共存した状態で使われ，イオンを通しにくいという特性から考えて，誘電測定セルおよび誘電的手法の特色をうまく活用できる対象である．

　ここでは，ダイセル社製DRS97という逆浸透膜の誘電測定結果とその解析法を述べよう．この膜名中の数字は，その膜の塩排除率を表わす．すなわちDRS97の膜で逆浸透実験を行なうと，水溶液中のNaClの97％は膜によってさえぎられ，3％程度が水とともに膜を透過する．したがってこの膜は水相よりも導電性が低いはずである．この特徴を考えると，水相―膜相―水相 の系であるから，誘電緩和を示すに違いない．

　逆浸透膜DRS97を 第4章の図4-1に示した誘電測定セルに取り付け，膜の両側に20 mMのNaCl水溶液を満たして誘電測定をする．その結果は 図5-1のようになる．この図からわかるように，測定周

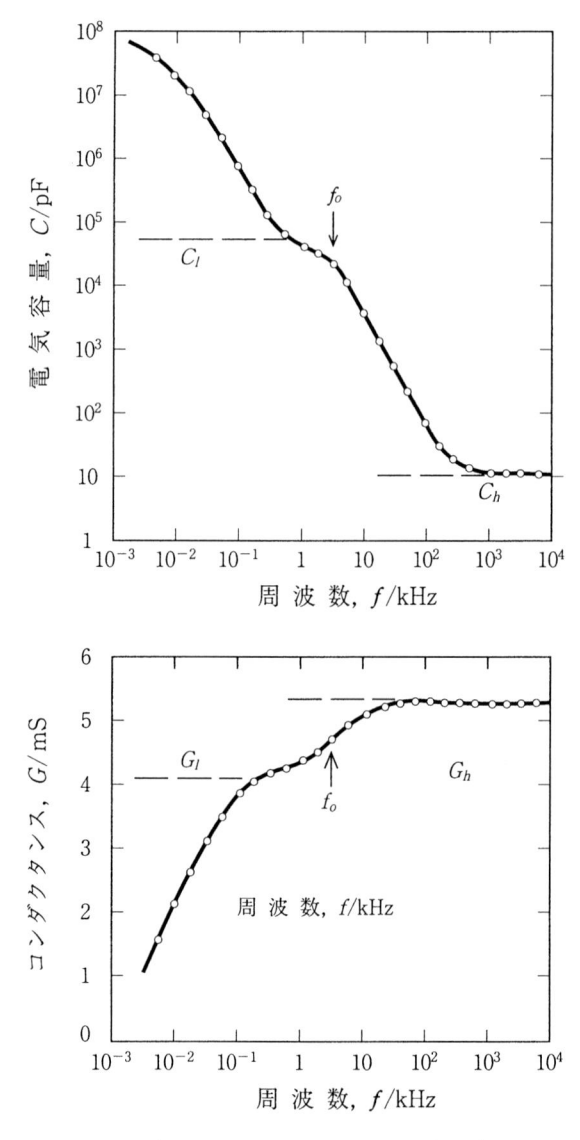

図 5-1 逆浸透膜 DRS97 − NaCl 20mM 水溶液 の系の電気容量 C とコンダクタンス G との周波数依存性

§5・1 誘電緩和の予想と測定結果

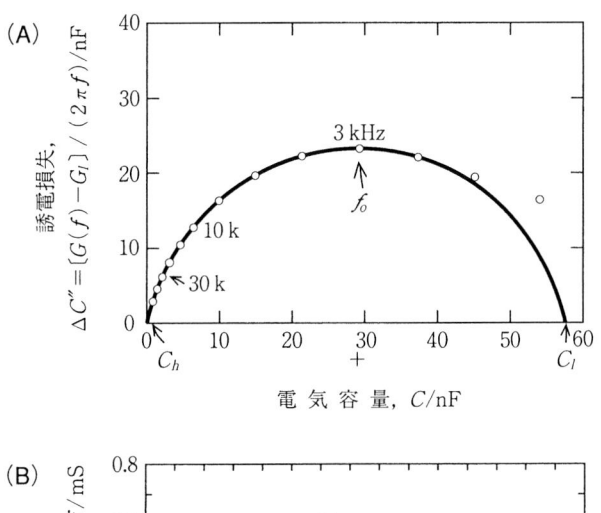

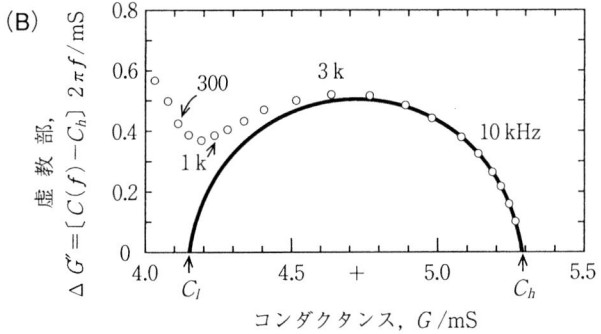

図 5-2 逆浸透膜 DRS97-NaCl 20mM 水溶液の系の誘電測定結果.

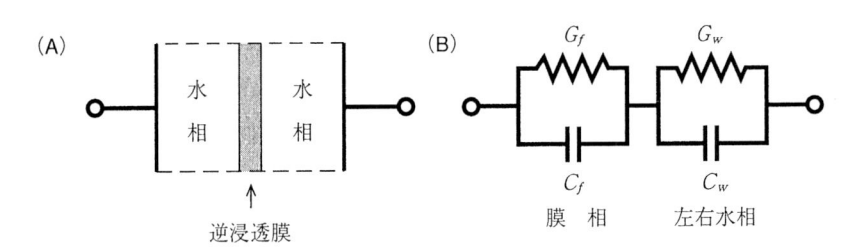

図 5-3 水中逆浸透膜の 膜−水相 の配置(A)と,その電気的等価回路(B)

波数領域 1〜1000 kHz にわたって，膜—水相 の系全体の電気容量 C は 10^5 pF から 10 pF まで減少し，コンダクタンス G は 4 mS から 5.4 mS まで増加している．すなわち予想された誘電緩和現象が観測できた．なお この図の 0.1 kHz 以下の低周波数領域で，C が 10^8 pF まで増加し，G が 1 mS 程度以下にまで減少するような結果が見られる．これは測定セルの電極表面上のイオン分極に起因するものであり，**電極分極** という．この現象は測定試料としての水相や膜の性質ではないので，ここでは採り上げない．

図 5-1 の C, G 測定値群を 横軸 電気容量 C，縦軸 誘電損失 $\Delta C'' \equiv [G(f)-G_l]/(2\pi f)$，および 横軸 コンダクタンス G，縦軸 G^* の虚数部 $\Delta G'' \equiv [C(f)-C_h]2\pi f$ の図に表わすと，図 5-2 A, B のように円弧になる．

§5・2　測定結果の処理・計算

このような誘電緩和現象を呈する 水相-膜-水相 の系は，あらまし図 5-3 A のような配置であり，その等価回路は図 5-3 B と考えられる．したがって 第2章の構成と同じであり，第17章に解説する理論式によって結果を処理すればよい．

さらに この系では，図 5-1 に見られるように，

低周波容量 $C_l \gg$ 高周波値 C_h，低周波値 $G_l \leqq$ 高周波値 G_h，

という関係が成り立っているから，第4章に説明した近似式群，§4・3 の式 (4-1)〜(4-5) などが充分に通用する．

§5・3 膜の実効厚さなどの考察

計算例： NaCl 20 mM 水溶液—DRS97 逆浸透膜 の系で, 図 5-1, 図 5-2 などから, 次のように誘電パラメター（誘電緩和の特徴を表わす量）を正確に読み取る.

C_l = 56.7 nF , C_h = 16.1 pF ,
G_l = 4.16 mS , G_h = 5.29 mS , f_0 = 3.0 kHz ,

これらの数値を §4・3 の式(4-1)〜(4-5) に代入すると, 容易に次の相定数（膜相, 水相などの特性量）を算出できる.

膜相の量, C_f = 1.24 [1.24] μF, G_f = 19.1 [19.5] mS ,
水相の量, C_w = 16.1 [16.1] pF, G_w = 5.29 [5.29] mS ,
f_0 = 3.17 [3.17] kHz ,

括弧[ ] 内は 一般式 第2章の 式(2-1)〜(2-11)による計算値である. 2%以内の誤差で, 近似式値と一般式値とは一致している.

ここに得られた水相の C_w, G_w 値は妥当な大きさであるが, 膜についての C_f 値が 1 μF ($= 10^{-6}$ F) の桁であることは 異常に大きい値だといえる. 第4章の実例ポリスチレン膜では, $C_f \sim$ 2 nF ($= 2 \times 10^{-9}$ F) という程度であった. それに比べると, この逆浸透膜 DRS97 の C_f は ポリスチレン膜の C_f の 1000 倍という大きな値である. これは一体どういうことであろうか.

§5・3　膜の実効厚さなどの考察

ここに使った測定セルは 図 4-1 A の形式であり, その寸法は,
電極面積 = 膜面積 S = 3.142 cm^2 ,
両電極間隔（左右二水相部分の厚さの和）d_w = 1.40 cm ,

$$\varepsilon_v = 0.088542 \text{ pF}/\text{cm},$$

などがわかっている.

(i) 逆浸透膜の実効厚さ

この逆浸透膜の材料はアセチル・セルローズ（省略記号 AC）である. この均質材料の含水状態での誘電率を別途に測定すると, $\varepsilon_{AC} = 11.6$, $\kappa_{AC} = 7.1 \text{ nS}/\text{cm}$ である. この材料の中に何か薄膜が出来ていると考え, その薄膜部分の電気容量が 上記の $C_f = 1.24 \mu\text{F}$ になると考えると, それに対応する薄膜部分の厚さ t は, §4・3の式(4-6)を用いて,

$$d_f = \varepsilon_{AC} \cdot \epsilon_v \cdot S / C_f = 26.0 \text{ nm} = 260 \text{ Å},$$

となる. 他方 $C_f = 1.24 \mu\text{F}$ を示した含水DRS97膜の厚さを マイクロメーターで測ってみると, 厚さは $74 \mu\text{m}$（$= 74000 \text{ nm}$）という値である. では このように誘電測定にかかわってくる厚さ26 nmとは, どのような意味を持つのであろうか.

(ii) 超薄膜部分の確かめ

電子顕微鏡観察によると, 逆浸透膜は 図5-4に描いたような不均質な構造である. すなわち 光沢のある表側と光沢のない裏側とは区別出来て, 表側には30 nm（$= 300 \text{ Å}$）くらいの厚さの非常に緻密な部分がある. これを超薄膜部分という. それに続いて 細かい多孔質部分があり, 次第に粗い多孔質となって 裏側の面に至っている. この多孔質部分は 超薄膜が破れないように補強する支持膜となっている. この多孔質の支持膜が, マイクロメーターで測った $74 \mu\text{m}$ という厚さなのである.

§5・3 膜の実効厚さなどの考察　　　　　　　　　　　　　　　　　　　75

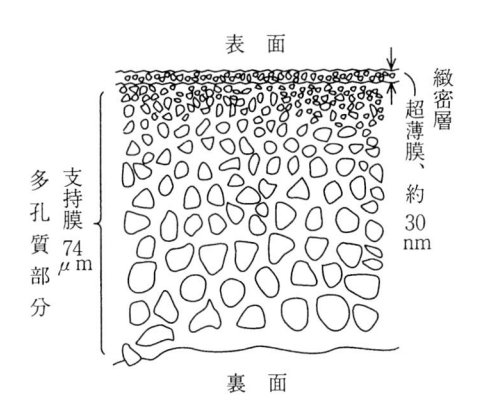

図中ラベル: 表面／緻密層 超薄膜、約 30 nm／支持膜 74 μm／多孔質部分／裏面

図 5-4　逆浸透膜の表裏非対称構造

　このように考えると，多孔質部分は 電解質水溶液が容易に浸み込むので，水相に近い導電性を示すのであろう． 表側の超薄緻密層と見なされる部分は，電解質のイオンが浸み込むことが出来ず，絶縁性になるので，絶縁膜の電気容量として $C_f = 1.24\ \mu\mathrm{F}$ という大きい値を示したものと考えられる． すなわち 別途の電子顕微鏡観察で 約 30 nm と推定されていた超薄膜の厚さが，誘電観測によって はっきりと算出されたのである．

　この厚さ 26.0 nm の超薄膜部分の導電率 κ_f は，§4・3の式(4-7)を用いて，

$$\kappa_f = G_f \cdot d_f / S = 16.1\ \mathrm{nS/cm},$$

となる． これは別途に測定した含水状態にある均質なアセチル・セルローズの導電率値 $\kappa_{\mathrm{AC}} = 7.1\ \mathrm{nS/cm}$ に近い値である． したがって，均質膜の誘電率値 11.6 をＤＲＳ97膜の緻密層の誘電率に充当した上記の扱いは妥当である．

（iii） 電解質の種類による導電率の違い —— 膜の電解質透過選択能力の判定

さきに算出した膜のコンダクタンス G_f は，電解質のイオン類が膜を透過する程度を意味している．さらに細かくいうならば，水相のコンダクタンス G_w に対する割合 G_f/G_w は，その電解質が膜を通る程度を表わしている．

そこで 濃度 20 m equiv／ℓ の いろいろな電解質水溶液と逆浸透膜ＤＲＳ97 との組み合わせ系について誘電測定を行なう．その結果を図 5-1～図 5-3 などにならって処理し，膜の値 C_f, G_f および電解質水溶液相の値 C_w, G_w などを求める．その結果を 表 5-1 に示す．表 5-1 の上半部は Na^+ イオンを，下半部は Cl^- イオンを 含む電解質群である．

表 5-1 によれば，膜の電気容量は $C_f = 1.1～1.5\,\mu F$ で，水溶液中の電解質の種類によらず，ほぼ同一の値である．これはＤＲＳ97 膜の超薄膜部分に固有の値である．ところが，膜のコンダクタンス G_f 値は いろいろ変化している．表 5-1 には G_f/G_w の小さい（膜透過能力の小さい，膜による排除・分離効率の良い）電解質の例から，大きい値の例へ順次並べてある．

松浦らは，酢酸セルローズ製の逆浸透膜を用い，逆浸透法によって，水溶液から電解質を分離する実験を行っている．その結果によれば，分離効率は 次の順序である．

$NaH_2PO_4 > NaF > NaCl > NaBr > NaI > NaNO_2 > NaNO_3$，

および

$MgCl_2 > CaCl_2 > CsCl \geq RbCl \geq KCl \geq NaCl \geq LiCl$，

§5・3 膜の実効厚さなどの考察

表 5-1 いろいろの電解質水溶液—逆浸透膜 DRS97 の系の誘電測定結果の C_f, G_f 値 および 電解質選択透過の目安としての 比 G_f/G_w 値.
膜面積 = 3.142 cm²

電解質	膜電気容量 $C_f/\mu F$	膜コンダクタンス G_f/mS	水相コンダクタンス G_w/mS	比 G_f/G_w
Na_2SO_4	1.06	5.79	4.85	1.19
$Na_2S_2O_3$	1.09	6.52	5.19	1.26
NaH_2PO_4	1.07	6.15	3.50	1.76
Na_2HPO_4	1.16	10.2	4.78	2.12
NaF	1.18	8.64	3.76	2.30
$NaHSO_3$	1.10	16.7	4.74	3.52
$NaCl$	1.24	19.5	5.29	3.68
$NaHCO_3$	1.45	19.6	4.01	4.90
$NaBr$	1.21	25.2	5.01	5.04
NaI	1.56	31.5	5.29	5.96
$NaNO_2$	1.40	33.0	5.29	6.25
$NaNO_3$	1.16	73.2	5.24	14.0
$CeCl_3$	0.92	8.18	5.07	1.61
$LaCl_3$	1.00	10.4	6.16	1.69
$MgCl_2$	1.08	14.1	6.12	2.31
$MnCl_2$	1.09	14.1	5.33	2.65
$CaCl_2$	1.09	12.0	4.49	2.68
$CuCl_2$	1.14	15.1	5.48	2.75
KCl	1.20	21.7	6.51	3.34
$ZnCl_2$	1.16	12.7	3.74	3.40
$CsCl$	1.33	22.1	6.46	3.42
$RbCl$	1.19	22.3	6.43	3.47
$LiCl$	1.05	8.07	2.30	3.51
$AlCl_3$	1.00	21.6	5.34	4.04
NH_4Cl	1.33	27.6	6.50	4.24

この順序は，表 5-1 の G_f/G_w 値 の小→大の順序と良く合っている．したがって，このような膜のイオン選択の程度や大小比較は，短時間に簡単に出来る誘電的手法に依ることが大変有効である．

引用・参考文献：
（1） K. Asaka,　Membrance, **14**　54（1989）．
（2） K. Asaka,　J. Membrane Sci., **50**　71（1990）．
（3） K. Asaka,　J. Membrane Sci., **52**　57（1990）．
（4） K. Asaka,　T. Hanai,
　　　　Bull. Inst. Chem. Res., Kyoto Univ., **68**　224（1990）．
（5） K. Asaka,　T. Hanai,
　　　　Bull. Inst. Chem. Res., Kyoto Univ., **69**　300（1991）．
（6） T. Matsuura,　L. Pageau,　S. Sourirajan,
　　　　　　J. Appl. Polym. Sci., **19**　179（1975）．

第6章 LB 膜 系

　アラキジン酸のカドミウム塩 $CH_3(CH_2)_{18}COO\text{-}Cd$ の単分子配列膜を多層重ね合わせた Langmuir-Blodgett 膜（略称 LB 膜）——図 6-1B のような構造——の誘電挙動を調べよう．すなわち アルミニウム電極板の表面に この分子の単分子膜を多層重ね合わせた累積膜を付け，図 6-1A のような配置で電気容量 C を測定する．この場合 C 値は測定周波数によらない値，低周波極限値，を採用する．実測結果を 図 6-2 に示す．

　累積層の数 N を いろいろ変えたときの電気容量 C を測ってみると，図 6-2 のように N 対 $1/C$ の関係が直線になっている．このLB膜（累積膜ともいう）は，アルミ極板と水銀電極との間に在って，図 6-1B のような累積層構造になっていると考えられる．したがって，電極の有効面積 S，単分子層の厚さ d，その誘電率 ε とすると，一分子層の電気容量は $\varepsilon \epsilon_v S/d$ である．この層が N 枚だけ直列に並んだ構造とすると，系全体の電気容量 C は次式で表わされる．

$$\frac{1}{C} = \frac{1}{\epsilon_v S} \cdot \frac{d_{ox}}{\varepsilon_{ox}} + \frac{1}{\epsilon_v S} \cdot \frac{d}{\varepsilon} N, \qquad (1)$$

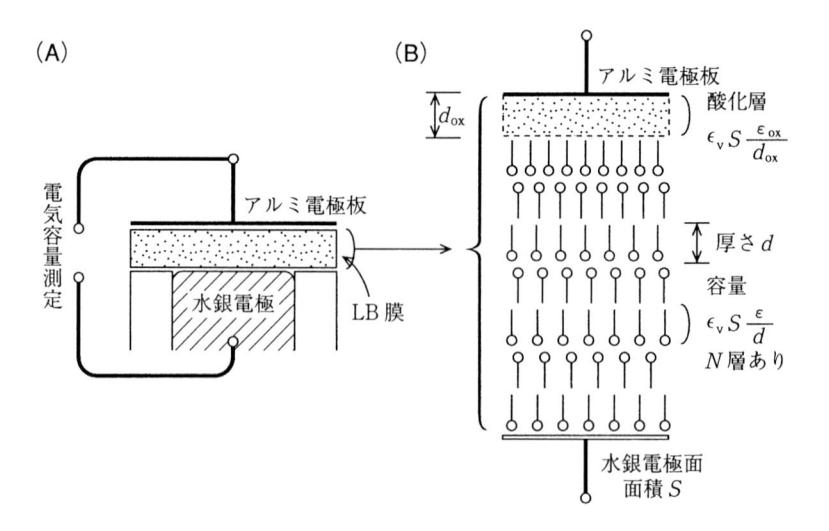

図 6-1 アラキジン酸-Cd 塩の累積 LB 膜の電気容量. 測定セル系(A), と累積構造(B)

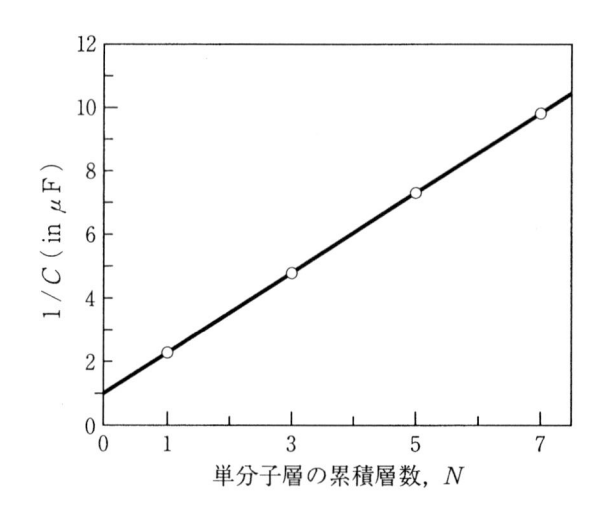

図 6-2 アラキジン酸-Cd 塩の累積 LB 膜の累積層数 N と電気容量 C の逆数との関係.

アルミ電極板の表面には，累積層膜が付着しやすいように，接着に有効な酸の酸化物（その誘電率 ε_{ox}，厚さ d_{ox}）が貼られている．

この式の形によれば，図6-2の N 対 $1/C$ の関係が直線になることが理解できる．

実測結果(図 6-2)の考察

図 6-2 の直線状の結果について，縦軸切片と勾配を図から読み取れば，式(1)の定数値が次のように求められる．

$$N = 0 \text{ の値 } \frac{1}{\epsilon_v S} \cdot \frac{d_{ox}}{\varepsilon_{ox}} = \text{縦軸切片値 } 1 \ \mu\text{F}^{-1}, \tag{2}$$

$$N \text{ の係数 } \frac{1}{\epsilon_v S} \cdot \frac{d}{\varepsilon} = \text{直線の勾配 } 1.255 \ \mu\text{F}^{-1}, \tag{3}$$

別に測った値，電極面積 $S = 1 \text{ cm}^2$，アラキジン酸の誘電率 $\varepsilon = 2.52$ を式(3)に代入すると，

$$\text{一層の厚さ } d = 1.255 \ \mu\text{F}^{-1} \times \epsilon_v S \varepsilon,$$
$$= 2.80 \text{ nm} = 28.0 \text{ Å},$$

と算出される．この d 値は アラキジン酸分子の炭素鎖長として妥当な値である．

このように，得られた数値結果は 合理的であり，このLB膜は単分子層の累積した構造である と認められる．

引用・参考文献：
B. Mann， H. Kuhn， J. Appl. Phys.，**42** No.11 4398 (1971)．

第7章　水中テフロン膜の系

Question　テフロン膜は 水中で膨らんで何か変わった性質になるのかな？

Answer　いやいや，テフロン膜は水中でも全くカチカチのままだよ．この章では，平面三相系の解析手順を平易に説明するために，性質が単純で 水中でも変らない膜として テフロン膜を採り上げたんだ．　この章のねらいは，テフロン膜の特性紹介じゃなくて，単純な平面三相系では比較的簡単な数値計算で，構成する各成分相の特性定数を算出できる，ということを説明したいんだ．　ただし 理論展開は永々しいので，興味ある方々は 後で第18章を読んで頂きたいね．

§7・1　水溶液―テフロン膜―水溶液 系の誘電挙動

　誘電測定される試料と測定セルの全体を図7-1に示す．すなわち平行板コンデンサー内は，左側KCl水溶液（b相）―中間のテフロン膜（a相）―右側KCl水溶液（c相）　という配置である．この配置の電気等価回路は 図7-2Aのようであり，この全体を図Bのような $C(f)$，$G(f)$ の並列等価回路と見なして，C, G 値を測る．その測定結果は，一般的に図Cのような C, G の周波数変化となる．

　まず 実験の第1系列としては，左側水溶液（b相）を蒸留水（DW）

§7・1 水溶液―テフロン膜―水溶液 系の誘電挙動　　　　　　　　　　83

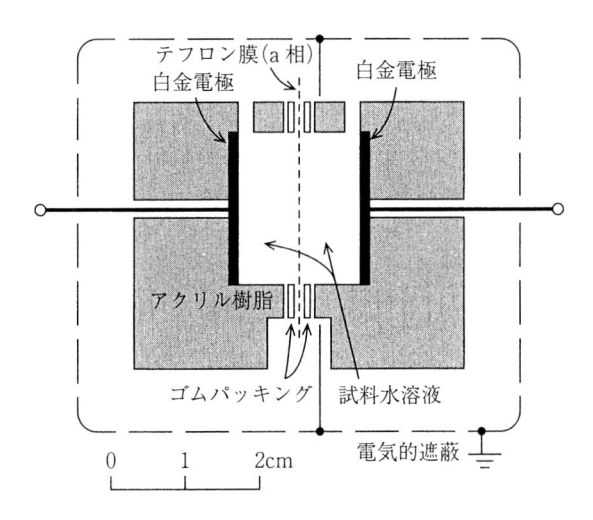

図 7-1 左水相(b相)－テフロン膜(a相)－右水相(c相)の誘電測定セル全体の配置

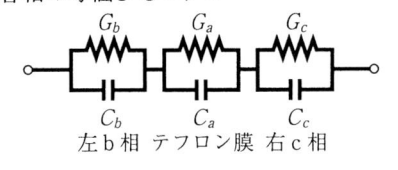

(A) 各相の等価C-Gモデル

左b相　テフロン膜　右c相

(B) 測定される並列等価回路

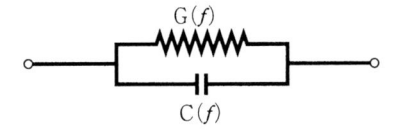

(C) 測定結果の緩和現象

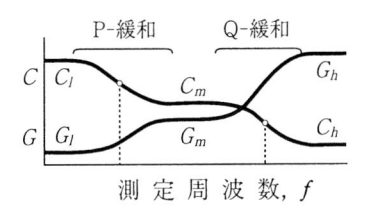

P-緩和　　Q-緩和

測定周波数, f

図 7-2 b相－a相(膜)－c相 結合系の等価回路モデル(A)と, 測定される並列等価$C(f)$, $G(f)$値(B), および測定$C(f)$, $G(f)$値の周波数依存性(C)

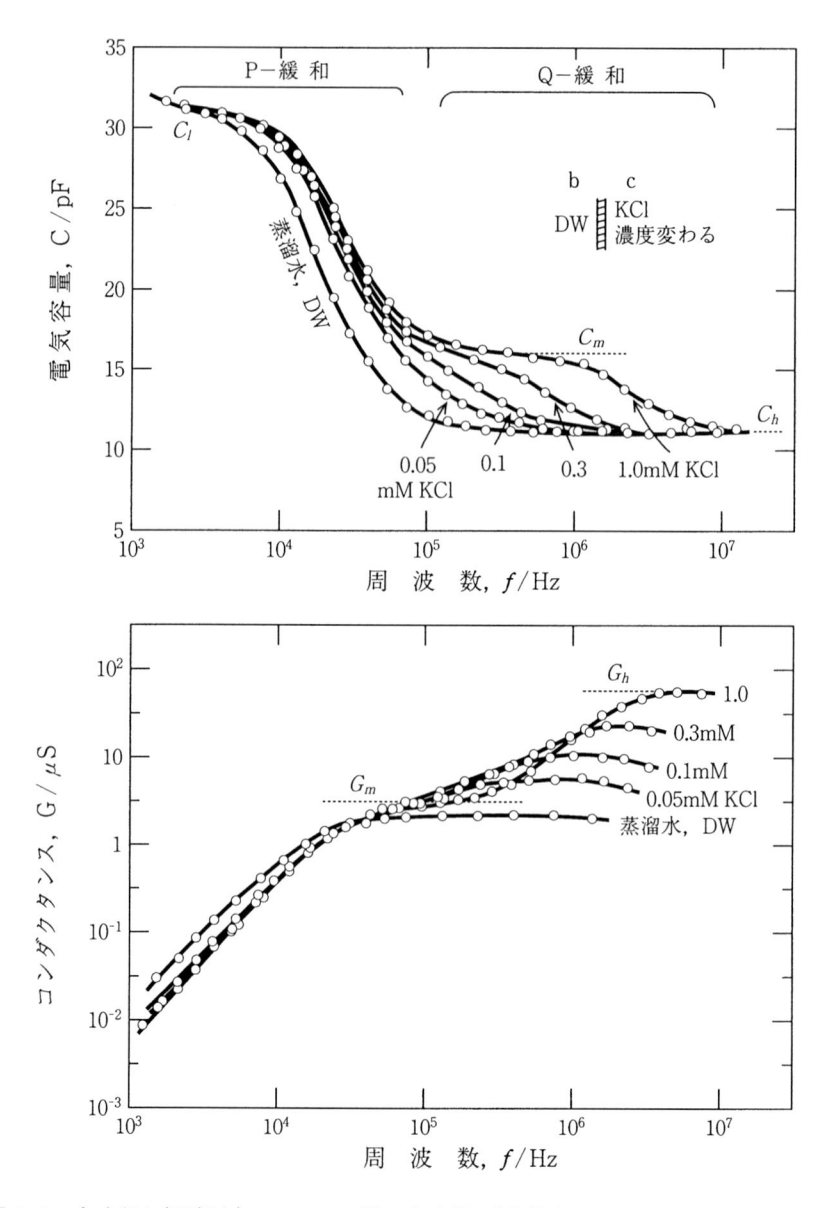

図 7-3 左水相b(蒸留水)－テフロン膜－右水相c(蒸留水, 0.05, 0.1, 0.3, 1mM KCl に変化) の全体についての電気容量 C, コンダクタンス G の周波数変化

§7・1 水溶液—テフロン膜—水溶液 系の誘電挙動   85

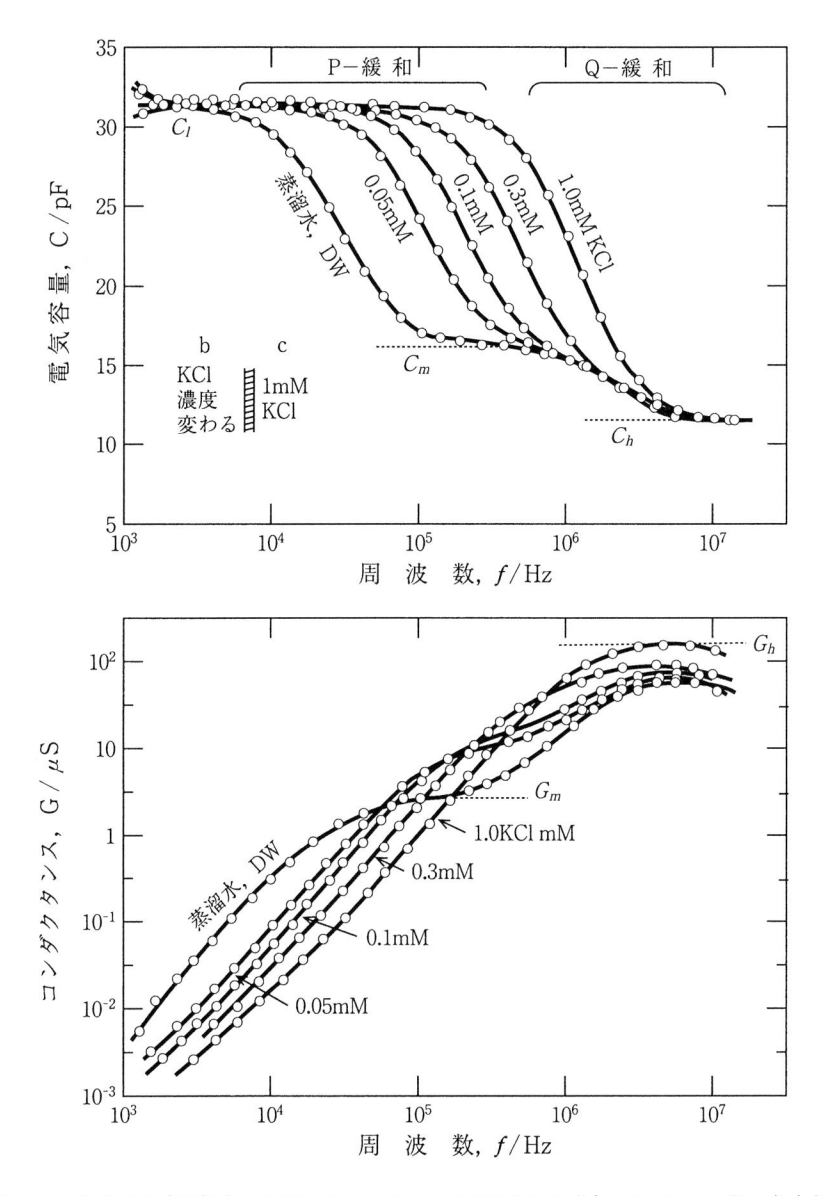

図 7-4 左水相 b (蒸留水, 0.05, 0.1, 0.3, 1mM KCl に変化) —テフロン膜—右水相 c (1mM KCl) の全体についての電気容量 C, コンダクタンス G の周波数変化

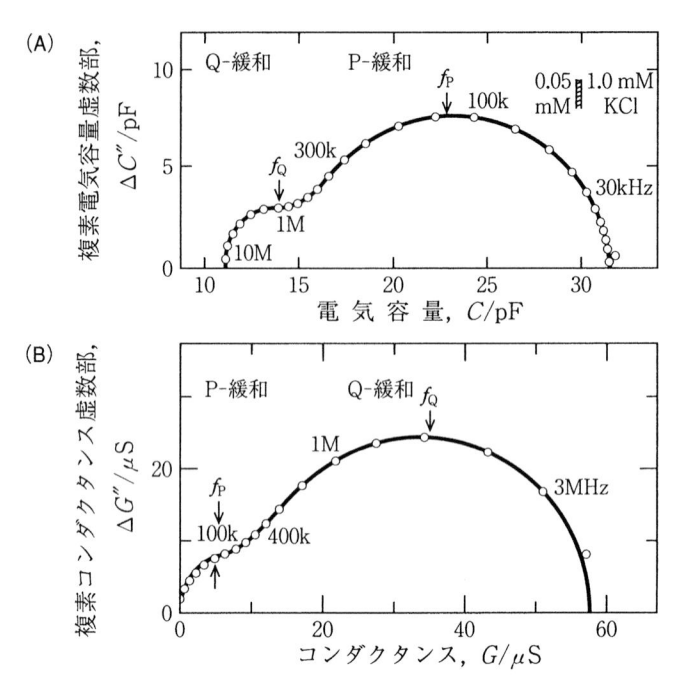

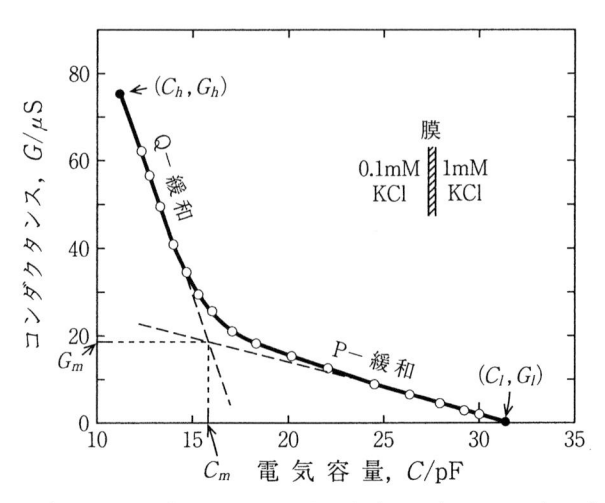

図 7-5 左水相 b(0.05mM)－テフロン膜－右水相 c(1mMKCl)の系の C 対 $\Delta C'' = (G-G_l)/(2\pi f)$ 図 A, と G 対 $\Delta G'' = 2\pi f (C-C_h)$ 図 B

図 7-6 左水相 b(0.1 mMKCl)－テフロン膜－右水相 c(1 mMKCl)の系の C 対 G 図

§7・1 水溶液—テフロン膜—水溶液 系の誘電挙動   87

に保ち，右側水溶液(c相)を蒸留水(DW)から 順次 0.05, 0.1, 0.3, 1 mM KCl 水溶液 にまで変えてゆき，それぞれの系の誘電測定をする．その結果を 図 7-3 に示す．この図 7-3 によれば，DW(蒸留水)—テフロン膜—DW系（DTDと略記する）では，単一緩和1個になっている．右側水相(c相)のKCl濃度が濃くなるにつれて，単一緩和は2個に分かれ，P(低周波側)緩和は固定しており，Q(高周波側)緩和は高周波側へ移動する．

つぎに 実験の第2系列としては，右側水溶液(c相) を 1 mM KCl に保ち，左側水溶液(b相) を 1 mM から 順次 0.3, 0.1, 0.05 mM KCl 水溶液，蒸留水 にまで変えて，それぞれの系の誘電測定をする．その結果を 図 7-4 に示す．この系列（図 7-4）では，1 mM KCl-テフロン膜-1 mM 系（K1TK1と略記する）が 単一緩和1個になっている．左側水溶液（b相）のKCl濃度が低下するにつれて，P(低周波側)緩和は低周波側へ移動し，Q(高周波側)緩和は 固定している．また 測定値の複素容量図，複素コンダクタンス図の一例を 図 7-5 に示す．この図では 2つの山，すなわち 2個の誘電緩和が 明らかに認められる．

図 7-3 や図 7-4 でわかるように，P-, Q- 緩和が互いに近づくと，中間の水平部分——C_m, G_m の値——が不明瞭になり，読み取りにくい．それで 図 7-6 に示すように，$G(f)$ 対 $C(f)$ の図を描くと，P-, Q- の各単一緩和は それぞれ直線となり，その負勾配の値は $-2\pi f_P$, $-2\pi f_Q$ である．この特性は §18・3 の式(18-40), (18-41)から理解出来る．したがって この2直線の交点の座標が C_m, G_m 値 であり，正確に読み取れる．このようにして，誘電緩和を特性付ける量 C_l, C_m, C_h, G_l, G_m, G_h, f_P, f_Q などを図 7-3～図 7-6 などから読み取り，表 7-1 前半部 にまとめてある．

表7-1 KCl液-テフロン膜-KCl液 系の誘電観測定数と算出された相定数, 25℃

試料名	成 分 相		
	b 相 KCl/mM	a 相 膜	c 相 KCl/mM
DTD	DW	テフロン	DW
DTK 0.05	DW	テフロン	0.05
DTK 0.1	DW	テフロン	0.1
DTK 0.3	DW	テフロン	0.3
DTK 1	DW	テフロン	1.0
K 0.05 TK1	0.05	テフロン	1.0
K 0.1 TK1	0.1	テフロン	1.0
K 0.3 TK1	0.3	テフロン	1.0
K 1 TK1	1.0	テフロン	1.0

試料名	観 測 さ れ た 誘 電 定 数							
	C_l pF	C_m pF	C_h pF	G_l μS	G_m μS	G_h μS	f_P kHz	f_Q kHz
DTD	31.2	⋯	10.9	0.00	⋯	2.60	19.8	⋯
DTK 0.05	31.2	14.5	10.9	0.00	2.57	5.84	29.8	123
DTK 0.1	31.3	15.3	10.9	0.00	2.56	9.80	28.9	235
DTK 0.3	31.3	15.7	11.0	0.00	2.58	23.9	29.8	537
DTK 1	31.3	16.1	11.2	0.00	2.55	69.0	27.7	1460
K 0.05 TK1	31.4	16.0	11.3	0.00	10.4	69.8	120.	1910
K 0.1 TK1	31.4	15.9	11.2	0.00	17.8	76.0	224.	1540
K 0.3 TK1	31.1	14.5	11.2	0.00	53.5	89.6	539.	1210
K 1 TK1	31.2	⋯	11.1	0.00	⋯	141.	⋯	1260

§7・1 水溶液—テフロン膜—水溶液 系の誘電挙動

算出された相定数など

試料名	テフロン膜a C_a pF	C_a μS	水溶液相b C_b pF	G_b μS	水溶液相c C_c pF	G_c μS	緩和周波数 f_P kHz	f_Q kHz
DTD	31.2	0.00	33.6	12.2	33.6	12.2	20.4	⋯
DTK 0.05	31.2	0.00	35.3	11.0	31.9	41.1	24.5	145
DTK 0.1	31.3	0.00	34.4	10.9	32.6	77.8	25.5	262
DTK 0.3	31.3	0.00	33.0	10.8	34.9	229.	26.3	722
DTK 1	31.3	0.00	33.7	10.9	36.2	708.	26.7	2158
K 0.05 TK1	31.4	0.00	34.9	45.5	35.7	649	107.	2011
K 0.1 TK1	31.4	0.00	36.6	80.6	33.2	601	183.	1971
K 0.3 TK1	31.1	0.00	49.0	298.	27.2	438	513	1741
K 1 TK1	31.2	0.00	34.6	699.	34.6	699	⋯	1120
平均値	31.27	0.00	34.51		34.08			

誘電観測定数 C_l, G_l 値などを 第18章の式(18-72)～(18-100)に代入して，相定数 C_b, G_b 値などを算出した．

マイクロメーターで直接測った値： 膜・電極の面積, $S = 3.142 \text{ cm}^2$, テフロン膜の厚さ, $d_a = 0.193$ mm, 水溶液部分の厚さ, $d_b = 6.73$ mm, $d_c = 6.60$ mm,

上表最下段の C_a, C_b, C_c の各平均値を用いて，式 $\varepsilon = Cd/(\epsilon_v S)$, $\epsilon_v = 0.088542$ pF/cm により算出した値： 水相 $\varepsilon_b = 83.4$, $\varepsilon_c = 80.8$, テフロン膜物質 $\varepsilon_a = 2.17$,

§7・2 構成成分相の電気容量などの算出

　この平面三相系の誘電理論は 第18章に詳しく解説してあり，§18・4・6には 数値計算を進める順序に 理論式を並べてある．式が多いので，ここには再記しない．後程 §18・4・6 を参照されたい．要するに 観測された誘電定数 C_l, C_m, C_h, G_l, G_m, G_h の値を 第18章 式(18-72)〜(18-100) に代入し，順次 計算すれば，構成成分各相の定数 C_a, C_b, C_c, G_a, G_b, G_c を容易に計算できる．使う式群は多くてむつかしく見えるけれど，この数値計算は関数電卓で計算出来る程度のやさしい式ばかりである．この手順によって算出した値を 表7-1後半部 に示してある．

　この表7-1に並べた算出値の傾向を見ると，b相，c相のKCl濃度が変わっても C_a, C_b, C_c 値は ほぼ一定である．G_b, G_c 値は 大体 KCl濃度に応じて変わっている．0.3 mMKCl-テフロン膜-1mMKCl系 (K 0.3 TKl) のみは，C_b, C_c, G_b. G_c 値が他系の値の傾向から少し外れている．これは P-, Q- 緩和が互いに近いので，C_m, G_m 値の読み取りが不正確になり，したがって これを使って算出する相定数値が不正確になるのであろう．このようにして，平面三相系については，誘電緩和データから 構成相定数値を容易に算出できる．

引用・参考文献：
(1) K. Kiyohara, K. Zhao, K. Asaka, T. Hanai,
　　　　　　Japanese J. Appl. Phys., **29** 1751 (1990).
(2) K. Zhao, K. Asaka, K. Asami, T. Hanai,
　　　　Bull. Inst. Chem. Res., Kyoto Univ., **67** 225 (1989).

第8章　エマルション類

Q　エマルションといっても いろいろな型のものがあるけれど，それらはすべて同じような誘電挙動を呈するのかね？
A　いや，エマルションは それぞれの型によって大変違う誘電挙動を示すようだね．すなわち バターやコールドクリームなどのW/Oエマルションは，ミルクやバニッシングクリームなどのO/Wエマルションとは 非常に違った挙動を呈する．この章では 誘電挙動の特徴から見て，先ず大きい誘電緩和を呈するW/Oエマルションについて説明しよう．ついで これと対照的に，誘電緩和の無いO/Wエマルションについて述べる．さらに これらの誘電緩和の仕組みから考えると，油相としては誘電率の大きいニトロベンゼン(N)で調製したN/Wエマルションは さらに変わった挙動が理論的に予想されるので，それについても説明しよう．

§8・1　油中水滴型（W/O）エマルション

§8・1・1　W/Oエマルションの調製

　連続相となる油相は，乳化後に沈澱せず 安定にするために，ケロシンと四塩化炭素を体積割合 72：28 の程度に混合して，混合油相の比重を 分散相となる水の値に等しくしておく．この混合油相に，乳化剤

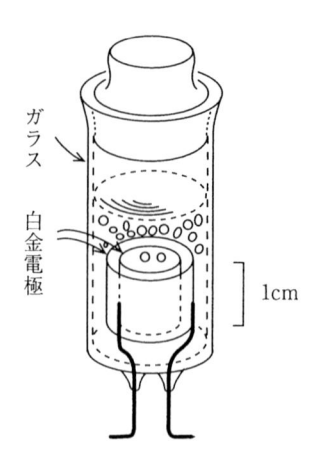

図 8-1 の図中ラベル: ガラス、白金電極、1cm

図 8-1 液状試料測定用同心二重円筒型セル

としての界面活性剤 Span80 (Sorbitan monooleate) を 体積濃度で 0.4〜5.0 % 混ぜておく．後に述べるように，この乳化剤濃度は誘電挙動に非常に影響する．この油相に 蒸留水を少量づつ加えながら，ホモゲナイザーで烈しく撹拌し，白色化すなわち乳化してゆく．これで分散水相の体積濃度 $\Phi \fallingdotseq 0.8$ くらいまでの高濃度 W/O エマルションを調製できる．粒子直径は 2〜5μm である．

電気容量の測定には 図 8-1 のような白金電極同心二重円筒型セルを用いる．測定精度を保つために，測定試料の電気容量の大小に応じて，このような測定用セルを 2 種類用意して使い分ける．その空の電気容量は 1.2 pF と 3.8 pF であった．

§8・1・2 W/O エマルションの誘電緩和——乳化剤の影響

乳化を容易かつ安定にするために，油相中に乳化剤 Span80 を 5% 混入した油相を用いて エマルションを調製する．この試料の誘電率 ε, 導電率 κ は，図 8-2A, B, C に示すように，測定周波数によって大き

§8・1 油中水滴型エマルション

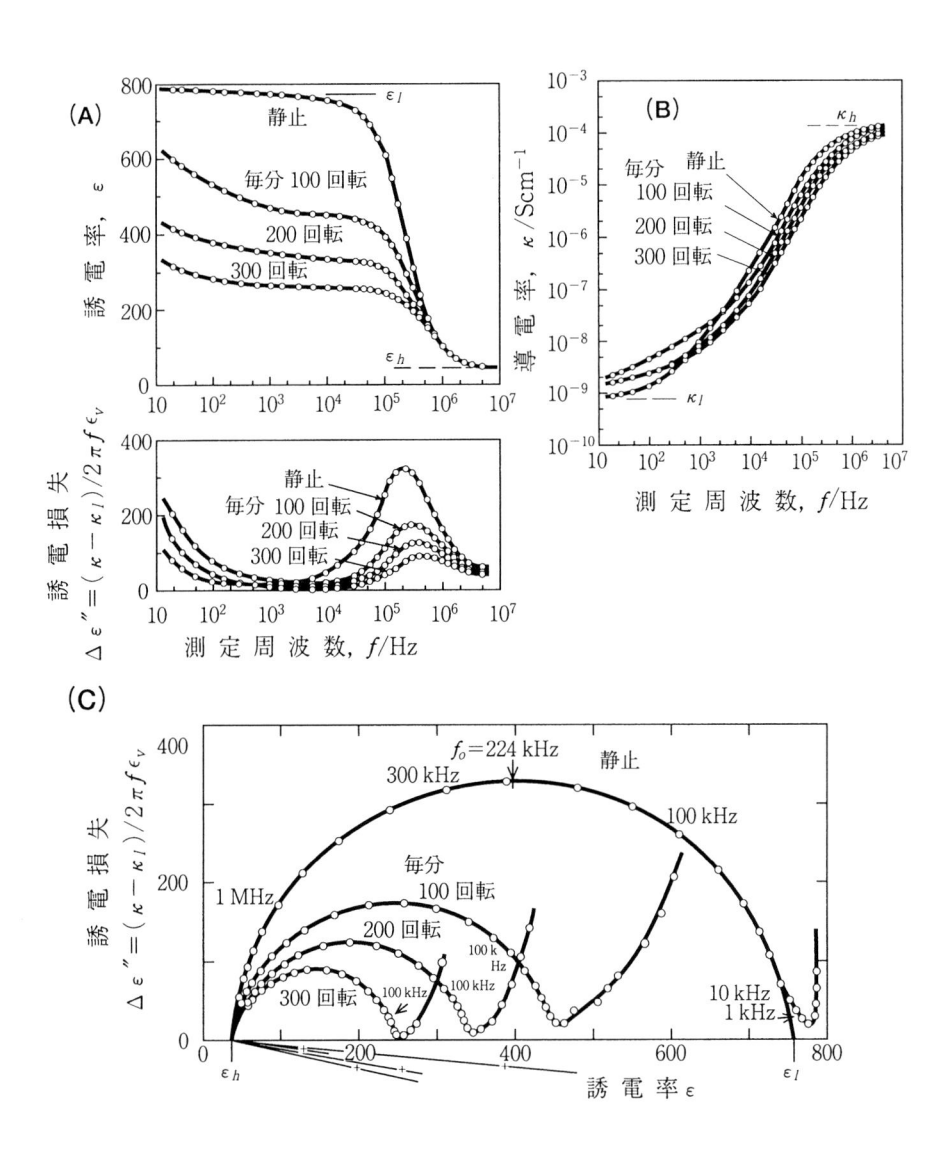

図 8-2 乳化剤を多く用いて調製した W/O エマルションの静止および回転流動状態における 誘電率 ε, 誘電損失 ε'' (図(A)), 導電率(B)の測定周波数 f 依存性 および複素誘電率 $\varepsilon - \varepsilon''$ 図(C). 濃度 $\Phi = 0.8$, 温度 30℃

く変わる. すなわち著しい 誘電緩和現象 を呈している.

図によれば, 静止状態のW／Oエマルションの誘電率は, 1 kHz くらいの低周波では $\varepsilon_l = 750$ という非常に大きい値であり, 1MHz という高周波側では $\varepsilon_h = 38$ という小さい値に減る. 導電率 κ の挙動を見ると, 低周波側では $\kappa_l \sim 10^{-9}$ S／cm という小さい値であり, これは絶縁性の油, ここではケロシンの導電率値である. 高周波側では $\kappa_h \sim 10^{-4}$ S／cm という大きな値であり, これは水道水くらいの導電率値である. 図Cの複素誘電率図では, 半円ではなくて, 円弧になっている.

このW／Oエマルション試料を撹拌または流動させると 誘電観測値は著しく変わるので, 改めて 試料を流動させながら測ってみよう. すなわち 同心二重円筒型の回転粘度計の内・外二円筒を二電極になるように改造し, 二円筒の間にエマルション試料を充たして, 内筒を固定し, 外筒を毎分 100〜300 回転することにより 試料を回転流動させながら 誘電測定をする. その結果を 図 8-2A, B, C に併せ示してある.

図 8-2 でわかるように, 外円筒の回転数——すなわち試料の流動の程度——を増すと, ε_l と κ は全般に減少する. この原因として, 静止状態では 水粒子が凝集する. そして, 水粒子の外側の油相面に水粒子同士を互いに電気的につなぐ構造が形成されているらしい. エマルション試料を流動させると 凝集している水粒子が離散し, 水粒子相互間の電気的つなぎが壊れる. その結果, ε, κ が減少するらしい. その細部については 未だよく解明されていない.

§8・1・3 少量の乳化剤で調製したW／Oエマルションの誘電緩和

水粒子の凝集を減らすために, 混合油相中の乳化剤濃度を 0.4% と

§8・1 油中水滴型エマルション

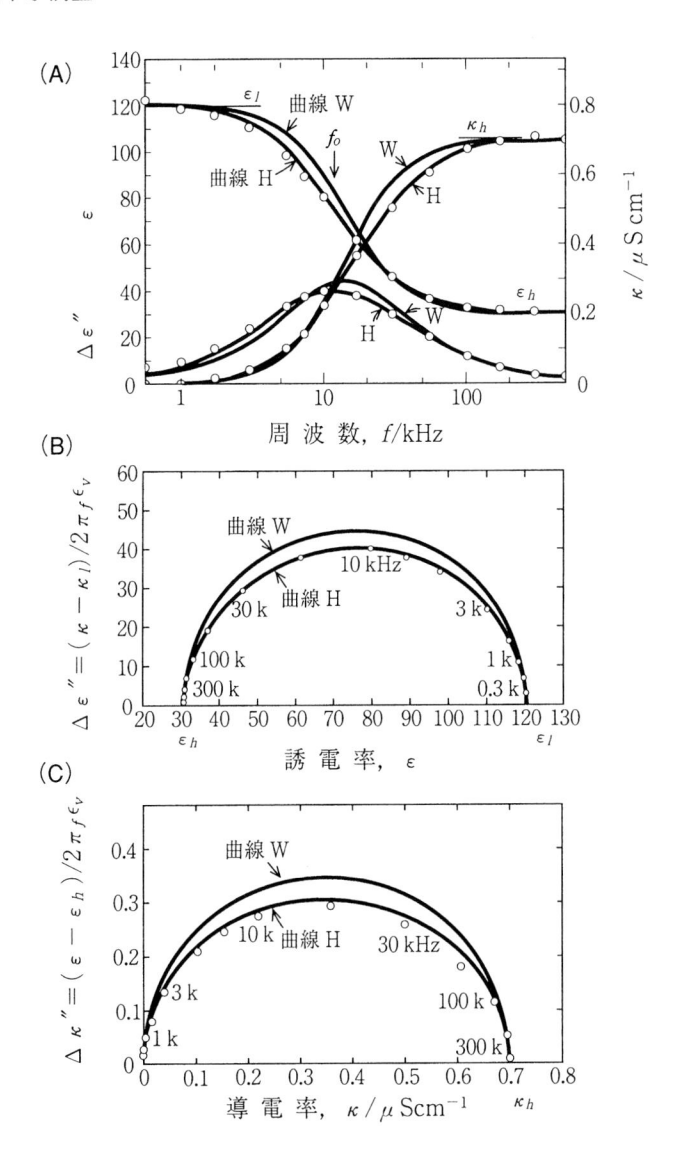

図 8-3 乳化剤少量で調製した W/O エマルションの誘電率 ε, 導電率 κ, 誘電損失 $\Delta\varepsilon'' = (\kappa - \kappa_l)/(2\pi f \epsilon_v)$ の周波数 f 依存性(図(A))と $\varepsilon - \Delta\varepsilon''$ 図(図(B)), $\kappa - \Delta\kappa''$ 図(図(C)).
濃度 $\Phi = 0.75$, 理論式計算値曲線:曲線 H は花井理論式(20-11)による.
曲線 W は Wagner 理論式(19-4)による

いう少量に抑えた場合の結果の一例を図8-3A, B, Cに示す．この結果では，静止状態でも ε_l, κ_h などは小さい値であり，エマルション試料を流動させても変わらない．これは静止状態でも油中に分散している水粒子が凝集せず，単純分散系になっているのであろう．したがって第19, 20章に解説した球形粒子分散系の理論式の適用・考察が出来る.

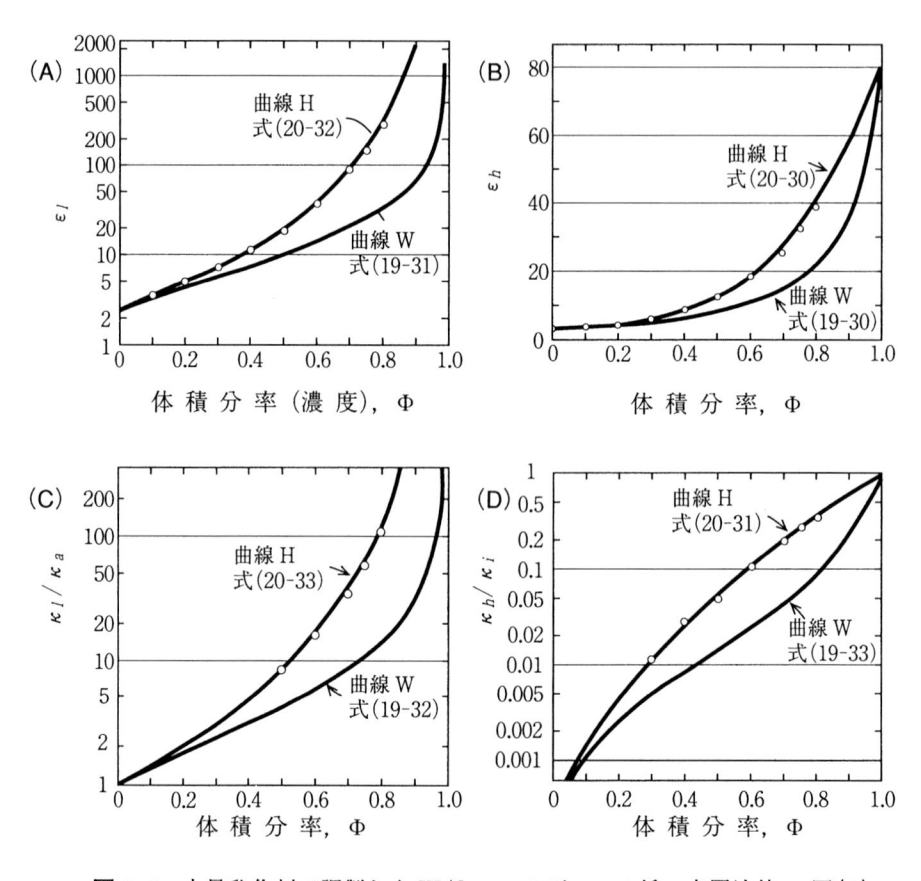

図 8-4 少量乳化剤で調製した W/O エマルションの低・高周波値 ε_l 図(A)，ε_h 図(B)，κ_l/κ_a 図(C)，κ_h/κ_a 図(D)，の体積分率 Φ 依存性．曲線 H, W はそれぞれ花井，Wagner 理論による計算値曲線.

§8・1 油中水滴型エマルション

まず この図 8-3A,B,C から ε_l, ε_h, κ_l, κ_h などを読み取る．これら実測量の体積分率 Φ 依存性を 図8-4 A,B,C,D に ○印で示す．別途に 油相，水相の誘電率と導電率を測る．それらは ε_a, κ_a, ε_i, κ_i である．この値を 花井理論の式(20-30)～(20-33)，および Wagner 理論の式(19-30)～(19-33)などに代入すると，ε_l, ε_h, κ_l/κ_a, κ_h/κ_i などの Φ 依存性の理論計算値曲線が得られる．ここに 式(20-30)とは第20章の式(30) という意味である．図8-4 には この理論計算値曲線と実測値○印とを比較してある．体積分率(濃度)Φの全範囲にわたって ε_l, ε_h, κ_l, κ_h の実測値○印は いずれも Wagner 理論の計算曲線に合わず，花井理論の計算曲線によく合っている．すなわち 少量の乳化剤で調製した W／O エマルションの誘電挙動は，第20章の花井理論で定量的に説明される．

§8・1・4 成分相の定数を算出する方法と実例

エマルション製品の実用面では，W／O エマルションの濃度や分散粒子相の誘電率・導電率などを知りたいことがある．それには次の式を使う．この式は 第20章の式(20-34)～(20-37) の再掲である。

分散粒子(水相)の体積分率(体積割合)　　$\Phi = 1 - \left(\dfrac{\varepsilon_a}{\varepsilon_l}\right)^{\frac{1}{3}},$ 　　(1)

分散粒子(水相)の誘電率　　$\varepsilon_i = \varepsilon_a + \dfrac{\varepsilon_h - \varepsilon_a}{1-\left(\dfrac{\varepsilon_h}{\varepsilon_l}\right)^{\frac{1}{3}}}$ ，　　(2)

分散粒子(水相)の導電率　　$\kappa_i = \kappa_h \dfrac{1 - \dfrac{1}{3}\left(2 + \dfrac{\varepsilon_a}{\varepsilon_h}\right)\left(\dfrac{\varepsilon_h}{\varepsilon_l}\right)^{\frac{1}{3}}}{\left[1-\left(\dfrac{\varepsilon_h}{\varepsilon_l}\right)^{\frac{1}{3}}\right]^2}$ ，　　(3)

外側連続相(油相)の導電率　　$\kappa_a = \kappa_l(1-\Phi)^3,$ 　　(4)

数値計算例：　図 8-3A, B, C などの観測結果から次の値を得ている。

$\varepsilon_l = 121$,　$\varepsilon_h = 30.6$,　$\kappa_l = 1.27$ nS／cm ,

$\kappa_h = 0.700$ μS／cm ,　$\varepsilon_a = 2.23$ （別に油相のみを測った値），

これらの観測値を前記の式(1)〜(4)に順次代入すると，次の値を得る.

$\Phi = 0.736$ [0.75] ,　$\kappa_a = 0.0234$ nS／cm [0.124 nS／cm] ,

$\varepsilon_i = 79.4$ [80.1] ,　$\kappa_i = 2.92$ μS／cm [3.09 μS／cm] ,

$f_0 = 12.0$ kHz （$\Delta\varepsilon/2$ の位置の周波数）[11.3 kHz] ,

比較検討のため，測定後にエマルションを遠心分離して油相・水相に分けて，各相を直接に測った値を [ ] 内に示してある.

　導電率値は，わずかな汚れでもすぐに値が変わってしまうので，[ ] 内の直接測定値とはあまりよく合っていないが，濃度 Φ や誘電率 ε_i は算出値と [ ] 内の値とが良く一致している．このようにして，実測値 ε_l, ε_h, κ_h などから エマルション試料の成分相の濃度や誘電率（間接的には物質の性質変化の判定に役立つ量）が容易に算出できる.

§8・1・5　W／O系ではなぜ誘電緩和が起きるか

　この W／O エマルジョンの誘電緩和発生の仕組みを 図 8-5 に図解する．エマルション試料に電圧をかけると，図 8-5 A のように，絶縁性油の中に浮かんだ水粒子の内部では，可動イオンが 極板充電電荷 ＋，－ による電場に動かされて，油-水の相境界面に 充分な量の可動イオン ⊖，⊕ が溜る．低周波領域では，このようにイオンの界面停留（すなわち界面分極）が充分に進み，これに相当する状態として，図 8-5B のように大きな電気分極 P という現象を引き起こす．すでに §1・3・4 で概算した結果によれば，電気分極 P 発生のために動くイオンの量は 10^8 個／cm^2 くらい であった．したがって 大きく見積もっ

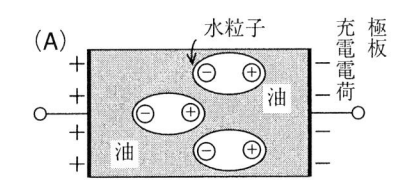

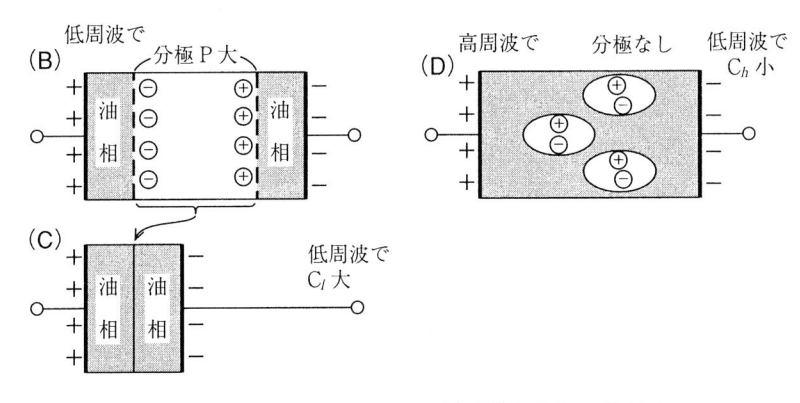

§8・1 油中水滴型エマルション　　　　　　　　　　　　　　　　　　99

図 8-5　W/O エマルジョンの誘電緩和現象の仕組み

ても 10^9 個くらいの可動イオン ⊖, ⊕ が左右に分離することによって，中間の水相内には 左向きの電場が出来る．この電場は 極板充電電荷 ＋，− による右向き電場を打ち消してしまい，総合結果として 水相内部は 電場ゼロになる．したがって 水相中に 10^{13} 個以上もあるイオンは 全く静止してしまうから，電流が無い．すなわち 低周波では 電流が無いので，導電率は小さい値にとどまっている．

このような状態を 電位の分布・勾配の立場から見ると，図 8-5C のように，電場の無い中央水相部分が省略されたように振る舞う．したがって 電気容量 C，コンダクタンス G に寄与する成分は 油相だけということになり，間隔の狭いコンデンサーとして応答する．それは大きな電気容量 C_l，大きな誘電率 ε_l として観測される．また 油相に相当する程度の大変小さい導電率 $\kappa_l \approx 10^{-9}$ S/cm として観測される．

このような仕組みは，第1章 §1・5に詳しく説明してある．

　高周波領域では，図8-5D に図解するように，電極面の充電電荷 ＋，－ による電場が速く変わる（高振動する）ので，水相粒子内の可動イオン ⊖，⊕ は 烈しく振動運動を続ける．それで §1・5・2の(ii)で述べたような仕組みによって 電流が多くなる．これは大きい導電率値 $\kappa_h \approx 10^{-6}$ S／cm を呈することになる．

　図8-5D に図解するように，可動イオン ⊕，⊖ は水相粒子内部で振動するのみであり，油-水界面には到達しない．したがって イオンの界面停留が起きない．すなわち 電気分極を生じないから，電気容量は増大しない．したがって 高周波での $\varepsilon_h = 30.6$ という値は，水粒子の誘電率値 80.1 と油の誘電率値 2.23 との中間値を採っている．

　これらをまとめると，W／O エマルションでは，低周波で水相粒子内の可動イオン ⊕，⊖ が充分に動いて相境界面に停留することにより，電気分極 P が増え，電気容量 C，誘電率 ε が大きくなる．高周波では，水相粒子内の可動イオン ⊕，⊖ は振動するだけであって，相境界面まで移動して停留するには至らない．したがって 相境界面に溜っている感応電荷はほとんど無い．それで誘電率 ε は 小さい値にとどまっている．

§8・2　水中油滴型（O／W）エマルション

§8・2・1　O／W エマルションの調製
　油粒子の浮上をおさえるために，分散粒子相となる油は，流動パラフィンに四塩化炭素を混合して，混合油相の比重を水の値に等しくして

おく．乳化剤は界面活性剤 Span20 (Sorbitan monolaurate) と Tween20 ([(OE)$_7$]$_3$ monolaurate) との等量混合物で，この乳化剤を前記混合油相と蒸留水とにそれぞれ 0.5 重量％混ぜておく．このように調整された水相に油相を少量ずつ加えながら振盪すると，白濁状のO／W エマルションが容易に出来る．粒子直径は 6～20 μm である．

§8・2・2　O／W エマルションの誘電挙動

分散油相の体積分率 $\Phi=0.70$ のO／W エマルションの誘電測定結果を図 8-6 に示す．図中で 1kHz 以下での ε の増大は測定に用いた電極面での分極現象であり，エマルションの特性ではないから，ここでは考察しない．1kHz 以上 10MHz に至るまで周波数 f を変えても，誘電率 ε，導電率 κ は変わらないで，エマルション濃度 Φ に応じた特性値を示し，誘電緩和現象は見られない．エマルション試料を撹拌・流動させてもこれらの ε, κ 値は変わらず，使用乳化剤の濃度にもよらない．

これらO／W エマルションの ε, κ 測定値（図中の○印）の体積分率 Φ 依存性を図 8-7A,B に示す．コンダクタンス量の測定精度を保つために，図 8-7B の実験系列では，使用水相として 0.05N KCl 水溶液を用いた．

O／W 型系の理論展開から得た第 20 章花井理論の式 (20-26)～(20-29) および第 19 章 Wagner 理論の式 (19-25)～(19-29) により算出された理論値曲線を，図 8-7A,B に併せ示してある．体積分率（濃度）Φ の全領域にわたって，実測値○印は ε, κ いずれも花井理論の計算曲線に良く合っている．すなわち O／W エマルションの誘電挙動は第 20 章の花井理論で定量的に説明される．

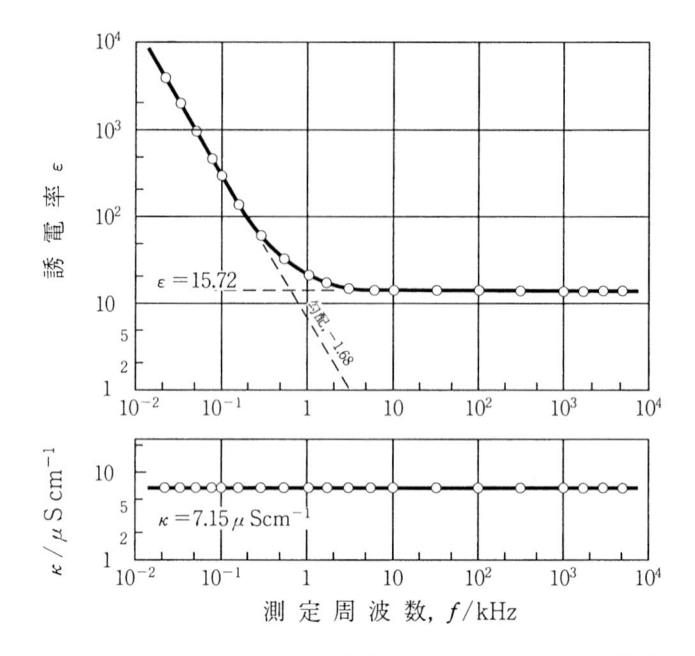

図 8-6 O/W エマルションの誘電率 ε と導電率 κ の周波数変化.
濃度 Φ＝0.7, 温度 30℃

図 8-7 O/W エマルションの誘電率 ε (図(A)) と導電率 (図(B)) との体積分率 Φ 依存性.

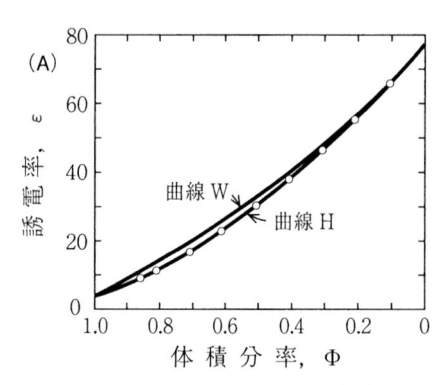

曲線 H は花井理論式(20-26), 曲線 W は Wagner 理論式(19-25)による.

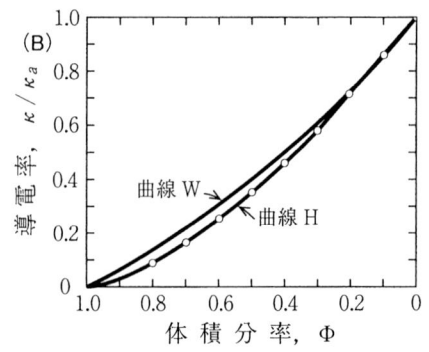

曲線 H は花井理論式(20-29), 曲線 W は Wagner 理論式(19-27)による.

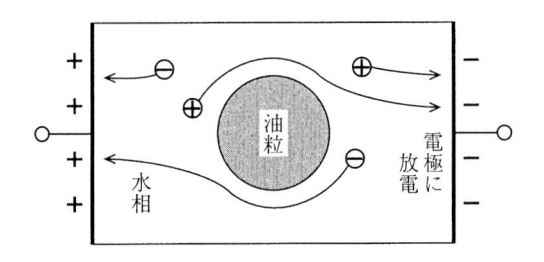

図 8-8　O/Wエマルジョンで誘電緩和を生じない仕組みの説明

§8・2・3　O/W系ではなぜ誘電緩和が起きないか

O/Wエマルジョンで誘電緩和を生じない仕組みを 図8-8に図解する．すなわち このO/Wエマルジョンでは，絶縁性で かつ低誘電率の油粒子の 外側を取り巻く連続水相中に 可動イオンがある．したがって この可動イオンは 絶縁性の油粒子を避け，乗り越えて，両極板に到達する．そこでは イオンは極板に放電してしまうから，電流として観測される．それで 低周波でも高周波でも 同じ程度の高導電率値になる．

この状態では，可動イオンは 油-水境界面に停留することが無いから，電気分極Pにならない．低周波でも 界面分極による電気分極Pの増大が起きないから，誘電率 ε は小さい値にとどまっている．このような事情で誘電緩和が起きない．

§8・2・4　誘電緩和無しについて理論式による数値考察

この O/Wエマルジョンでは 粒子の κ_i ≪ 連続水相の κ_a である．したがって 第20章の花井理論式は次のようになる．これは式 (20-26)〜(20-29)の再掲である．

低周波誘電率　　　　$\varepsilon_l = \dfrac{3}{2}\varepsilon_i + \left(\varepsilon_a - \dfrac{3}{2}\varepsilon_i\right)(1-\Phi)^{\frac{3}{2}}$,　　　　(5)

高周波誘電率　　　　$\left(\dfrac{\varepsilon_h - \varepsilon_i}{\varepsilon_a - \varepsilon_i}\right)\left(\dfrac{\varepsilon_a}{\varepsilon_h}\right)^{\frac{1}{3}} = 1 - \Phi$,　　　　(6)

低周波導電率　　　　$\dfrac{\kappa_l}{\kappa_a} = (1-\phi)^{\frac{3}{2}}$,　　　　(7)

高周波導電率　　　　$\dfrac{\kappa_h}{\kappa_a} = \dfrac{\varepsilon_h(\varepsilon_h - \varepsilon_i)(2\varepsilon_a + \varepsilon_i)}{\varepsilon_a(\varepsilon_a - \varepsilon_i)(2\varepsilon_h + \varepsilon_i)}$,　　　　(8)

なお ε_h の数値算出では，この式(6)を ε_h についての3次式に変形し，3次式の正攻解法で数値算出してもよい．しかし電卓やコンピューターを活用して，ε_h を0から増大して，この式の等号が成り立つときの ε_h 値を探るのが 簡便な方法である。

数値算出例：O／W エマルションの成分相の定数として，次の値を考える．　　油相誘電率 $\varepsilon_i = 2.5$,　　連続水相の誘電率 $\varepsilon_a = 78$,
　　O／W エマルションの体積分率 $\Phi = 0.7$,
この数値を前記の式(5)〜(8) に代入して計算すると，次の値を得る．

$\varepsilon_l = 15.95$,　　$\varepsilon_h = 15.80$,　　$\dfrac{\kappa_l}{\kappa_a} = 0.1643$,　　$\dfrac{\kappa_h}{\kappa_a} = 0.1659$,

したがって，　　$\Delta\varepsilon \equiv \varepsilon_l - \varepsilon_h = 0.15 \ll \varepsilon_h < \varepsilon_l$,

$\dfrac{\Delta\kappa}{\kappa_a} \equiv \dfrac{\kappa_h}{\kappa_a} - \dfrac{\kappa_l}{\kappa_a} = 0.0016 \ll \dfrac{\kappa_l}{\kappa_a} < \dfrac{\kappa_h}{\kappa_a}$,

すなわち誘電緩和は あるけれども，その緩和幅 $\Delta\varepsilon, \Delta\kappa$ は小さくて観測にかからない，ということになる．観測結果でも 誘電緩和は見当たらなかった．

§8・3 水中ニトロベンゼン (N/W) エマルション

§8・3・1 O/W 型ではつねに誘電緩和が起きないか

前節 §8・2では O/W エマルションが誘電緩和を起こさない,という実験結果を得た. さらに 理論式(5)～(8)を用いた数値算出の結果でも, 誘電緩和幅 $\Delta\varepsilon \equiv \varepsilon_l - \varepsilon_h$ の値が小さくて観測にかからない, と解釈された.

ところが この理論式によれば, 絶縁油粒子の誘電率を大きい値にすると, $\Delta\varepsilon \equiv \varepsilon_l - \varepsilon_h$ の値はかなり大きくなる. 例えば 連続水相の誘電率 $\varepsilon_a = 78$, 油粒子の誘電率 $\varepsilon_i = 35$ (ニトロベンゼン値), そして粒子の体積分率 $\Phi = 0.7$ という場合を考え, これらの数値を式(5)～(8)に代入して計算すると, 次のような値になる.

$$\varepsilon_l = 56.69, \quad \varepsilon_h = 45.80, \quad \frac{\kappa_h}{\kappa_a} = 0.2225, \quad \frac{\kappa_l}{\kappa_a} = 0.1643,$$

したがって $\Delta\varepsilon \equiv \varepsilon_l - \varepsilon_h = 10.89 \approx \varepsilon_h, \varepsilon_l$,

$$\frac{\Delta\kappa}{k_a} \equiv \frac{\kappa_h}{\kappa_a} - \frac{\kappa_l}{\kappa_a} = 0.0582 \approx \frac{\kappa_l}{\kappa_a}, \frac{\kappa_h}{\kappa_a},$$

となる. すなわち $\Delta\varepsilon$ は $\varepsilon_l, \varepsilon_h$ と同程度のやや小さい値であり, $\Delta\kappa$ は κ_l, κ_h と同程度の大きさになる. したがって このようなニトロベンゼン/水 (N/W) エマルションは, O/W 型の一種であるけれども, 誘電緩和が観測出来るはずだ, ということになる.

§8・3・2 N/W エマルションの調製

水相: 蒸留水に乳化剤 Tween20 を 2% (重量) 溶かしたもの.
油相: ニトロベンゼンに Tween20 を 2% 溶かしたもの.
水相に油相を少量づつ加えながら, ホモゲナイザーで激しく撹拌する

と，黄白色の N/W エマルションになる．粒子直径は 1～5 μm である．ニトロベンゼンは 比重 1.2 であり，水より重い．したがって $\Phi < 0.5$ の低濃度エマルションでは，分散粒子が沈殿し易くて 不安定なので，誘電測定ができない．

§8・3・3　N/W エマルションの誘電挙動

この N/W エマルションの誘電率 ε，導電率 κ は，撹拌・流動による変化は無く，乳化剤濃度による影響も無い．誘電測定結果の一例を 図 8-9A,B に示す．図に見られるように，前項 §8・3・1 での推定どおりに $f_0 = 100$ kHz 辺りに 確かに誘電緩和が観測された．したがって 分散粒子が絶縁性であっても，その粒子相の誘電率が大きいと，誘電緩和が起きることが 理論・実験の両面から確かめられた．

図 8-9 などの観測結果から読み取った ε_l，ε_h の体積分率 Φ 依存性を 図 8-10 に示す．前項 §8・2・4 の式(5),(6) から算出した理論計算値曲線を 図 8-10 に併せ描いてある．図の結果によれば，高周波誘電率 ε_h 値は Φ の全領域にわたって理論曲線に非常に良く合っている．低周波誘電率 ε_l 値は 理論曲線の周辺にやや散乱している．

§8・3・4　N/W 系ではなぜ誘電緩和が起きるか

さきの O/W 系の図 8-8 では，小さい誘電率・導電率値を持った絶縁粒子を避けてイオンが流れるから 誘電緩和が起きない，と説明した．N/W エマルションでは，この説明がどのように変わるであろうか．油粒子の誘電率が大きくて（$\varepsilon_i = 35$），連続水相の値（$\varepsilon_a = 78$）に近いときには，高周波領域では 図 8-8 に描いたイオンの動く経路曲線の形が変わってくる．低周波では，電場は導電率の大きい相に引き寄せられるような配置になる．ところが高周波では，導電率の分布状態は

§8・3 水中ニトロベンゼンエマルション

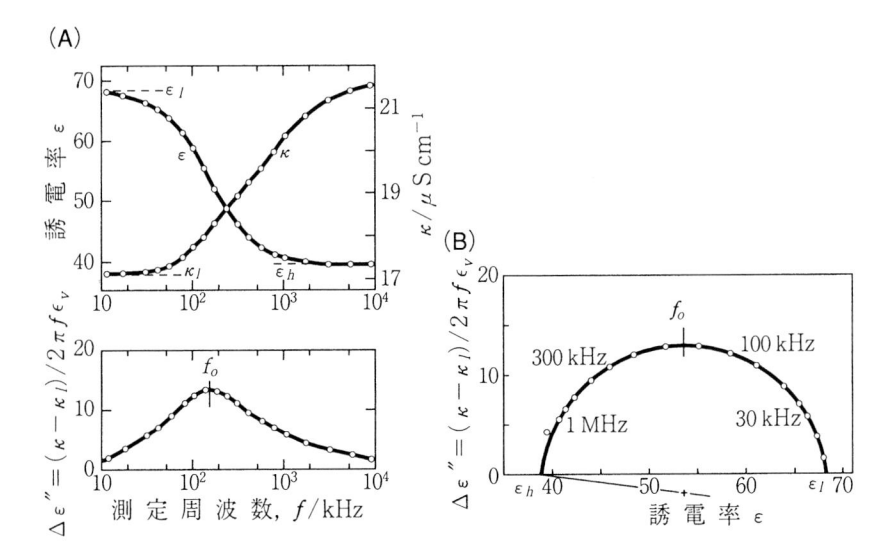

図 8-9 N/W エマルジョンの誘電率 ε, 導電率 κ, 誘電損失 $\Delta\varepsilon'' = (\kappa - \kappa_l)/(2\pi f \epsilon_v)$ の周波数依存性(図(A))と $\varepsilon - \Delta\varepsilon''$ 図(図(B)).
濃度 $\Phi = 0.9$

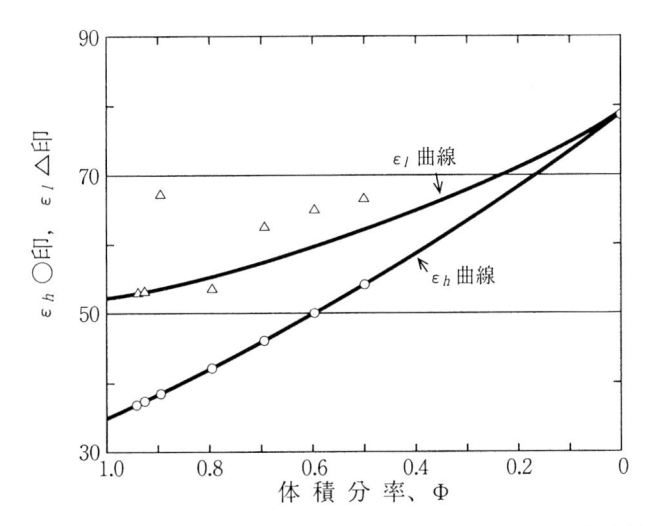

図 8-10 N/W エマルジョンの ε_h, ε_l の体積分率 Φ 依存性.
ε_h 曲線は花井理論式(6)より計算. ε_l 曲線は式(5)より計算.

効かなくなり，電場は誘電率の大きい相（ここではニトロベンゼン粒子相）に引き寄せられるような配置になる．その結果，水相中の ⊕, ⊖ の可動イオンはニトロベンゼン粒子の表面に停留し，界面分極を形成し，大きい誘電率状態を引き起こす．その定量的表現は，第20章の理論構成に含まれている．

§8・3・5　成分相の定数を算出する方法と実例

このN／Wエマルションでは $\kappa_a \approx \kappa_l \gg \kappa_i$ であるから，第20章 花井理論から 次式が導かれている．これは 式(20-38)～(20-41)の再掲である．

分散粒子相の体積分率 Φ，

$$\varepsilon_a + \frac{2(\varepsilon_a - \varepsilon_l)}{1-(1-\Phi)^{\frac{3}{2}}} = \frac{3(\varepsilon_a - \varepsilon_h)}{1-(1-\Phi)\left(\frac{\varepsilon_h}{\varepsilon_a}\right)^{\frac{1}{3}}}, \tag{9}$$

分散粒子の誘電率

$$\varepsilon_i = \varepsilon_a - \frac{(\varepsilon_a - \varepsilon_h)}{1-(1-\Phi)\left(\frac{\varepsilon_h}{\varepsilon_a}\right)^{\frac{1}{3}}}, \tag{10}$$

外側連続相の導電率

$$\kappa_a = \frac{\kappa_l}{(1-\Phi)^{\frac{3}{2}}}, \tag{11}$$

このN／W型系の理論式では，$\kappa_i \fallingdotseq 0$ として式変形を進めているので，κ_i の式は無い．したがって κ_i は求められない．

数値算出例：
$\Phi = 0.80$ のN／Wエマルションの観測結果から 次の値を得ている．
$\varepsilon_l = 55.3$，$\varepsilon_h = 42.3$，$\kappa_l = 34.0~\mu S/cm$，水相値 $\varepsilon_a = 78.0$，これらの観測値を前記の式(9)～(11)に順次代入すると 次の値を得る．

§8・3 水中ニトロベンゼンエマルション

$\Phi = 0.801 [0.80]$, $\varepsilon_i = 35.4 [35.2]$, $\kappa_a = 384\,\mu\mathrm{S/cm} [73\,\mu\mathrm{S/cm}]$,

比較検討のため,調製時の値,あるいは各相を分離して測った値を [ ] 内に示してある.体積分率 Φ や誘電率 ε_i は算出値と [ ] 内の値とが良く一致している.

このような 成分相定数の算出手法は 分散粒子の物質推定や濃度検定に応用出来る.

引用・参考文献:
(1)　T. Hanai, 　N. Koizumi, 　R. Gotoh,
　　　　　　　　　　　　　　Kolloid Z., **167** 41 (1959).
(2)　T. Hanai, 　N. Koizumi, 　T. Sugano, 　R. Gotoh,
　　　　　　　　　　　　　　Kolloid　Z., **171** 20 (1960).
(3)　T. Hanai, 　Kolloid　Z., **177**　57 (1961).
(4)　T. Hanai, 　N. Koizumi, 　T. Sugano, 　R. Gotoh,
　　　　　　　　　　　　　　Kolloid　Z., **184** 143 (1962).
(5)　T. Hanai, 　N. Koizumi, 　R. Gotoh,
　　　　　　Bull. Inst. Chem. Res., 　Kyoto Univ., **40** 240 (1962).
(6)　T. Hanai, 　N. Koizumi,
　　　　　　Bull. Inst. Chem. Res., 　Kyoto Univ., **54** 248 (1976).
(7)　T. Hanai, 　Y. Kita, 　N. Koizumi,
　　　　　　Bull. Inst. Chem. Res., 　Kyoto Univ., **58** 534 (1980).
(8)　T. Hanai, 　N. Koizumi,
　　　　　　 Bull. Inst. Chem. Res., Kyoto Univ., **53** 153 (1975).
(9)　T. Hanai, 　T. Imakita, 　N. Koizumi,
　　　　　　　　　　　　Colloid Polymer Sci., **260** 1029 (1982).
(10)　T. Hanai, 　A. Ishikawa, 　N. Koizumi,
　　　　　　Bull. Inst. Chem. Res., 　Kyoto Univ., **55** 376 (1977).
(11)　T. Hanai, 　K. Sekine, 　N. Koizumi,
　　　　　　Bull. Inst. Chem. Res., Kyoto Univ., **63** 227 (1985).

第9章 イオン交換樹脂粒子サスペンション

Q　イオン交換樹脂粒子といえば，実験室でよく使っている純水製造器の イオン交換カラム(筒)に詰めてある粟粒くらいの粒子だが，あれの何を調べるのかね？

A　あのイオン交換樹脂粒子は，水中では 水でふやけたゲルになっている．陽イオン交換樹脂粒子ならば，粒子内に陽イオンのH^+ イオンを多量に含んでいて，同じ符号の陽イオン，Na^+ や K^+ イオンが来ると，それらを吸い込み，入れ替わりにH^+を吐き出すのだね．陰イオン交換樹脂粒子ならば Cl^-などを吸い込んで，入れ替わりにOH^-を吐き出す．だから イオン交換 というのだが．そうやって水中のNa^+やCl^- を吸い取るから 純水が出来るんだね．このように イオンを多量に含む樹脂粒子の相は 濃い電解質溶液のようなものだから，電導性が高い．そこで この粒子が水中に分散したサスペンションを誘電解析すると，粒子の誘電率，導電率の値がわかる．その値から 粒子に含まれているイオンの種類や濃度を判定できる，というわけだ．この手法は サスペンション製品などの品質検定・管理に応用できるよ．

§9・1　イオン交換樹脂粒子サスペンションの誘電挙動

　一例として 陽イオン交換樹脂粒子の Dextran Gel, Sulfopropyl(SP) Sephadex C-25 を採り上げ，この粒子の水中堆積系（沈澱した状態）の誘電率と導電率を測ろう．この粒子は直径0.1mmくらいで，この材料物質は セルロースを基盤にして，これに Sulfopropyl 基，$-CH_2CH_2CH_2SO_3^-$　という強電離性解離基が付いた高分子である．その解離基の濃度は 0.4 equiv／dm³ である．この値は あの大変塩辛い海水の塩濃度と同程度なのだから，大変濃いといえる．

　この陰荷電化した解離基には，もともと H^+ などの低分子量の陽イオンが付いている．この解離基部分は 電離する傾向が強いから，この樹脂が水を含んでゲル状態になると，付いている H^+ イオンは解き放されて 自由可動イオンとなり，その近傍にただよっている．このイオンを **対イオン** という．この状態のとき，樹脂ゲル粒子の周囲の水相に 同符号で他種類のイオン，たとえば Na^+ イオンが濃厚にあると，H^+ イオンはゲル相外の水相に流出拡散し，外水相中の濃厚な Na^+ イオンは容易にゲル内に浸入して対イオンとなる．すなわち H^+ は Na^+ と位置交換する．それで この物質を **陽イオン交換樹脂** という．

　このようにして 対イオンを Na^+ だけに揃えるように調製したサスペンションの 誘電測定結果を 図9-1 A,B,C に示す．図 A では 周波数10MHz の辺りで誘電緩和が認められる．この測定値の $\varepsilon\text{-}\Delta\varepsilon''$ 関係を図 B に，$\kappa\text{-}\Delta\kappa''$ 関係を図 C に示す．これらの図から誘電率・導電率の低・高周波値 $\varepsilon_l, \varepsilon_h, \kappa_l, \kappa_h$ を読み取り，次項§9・3に述べる計算法を用いると，外水相の導電率 κ_a，水中に分散したイオン交換樹脂粒子の体積分率 Φ，誘電率 ε_i，導電率 κ_i などを容易に算出できる．

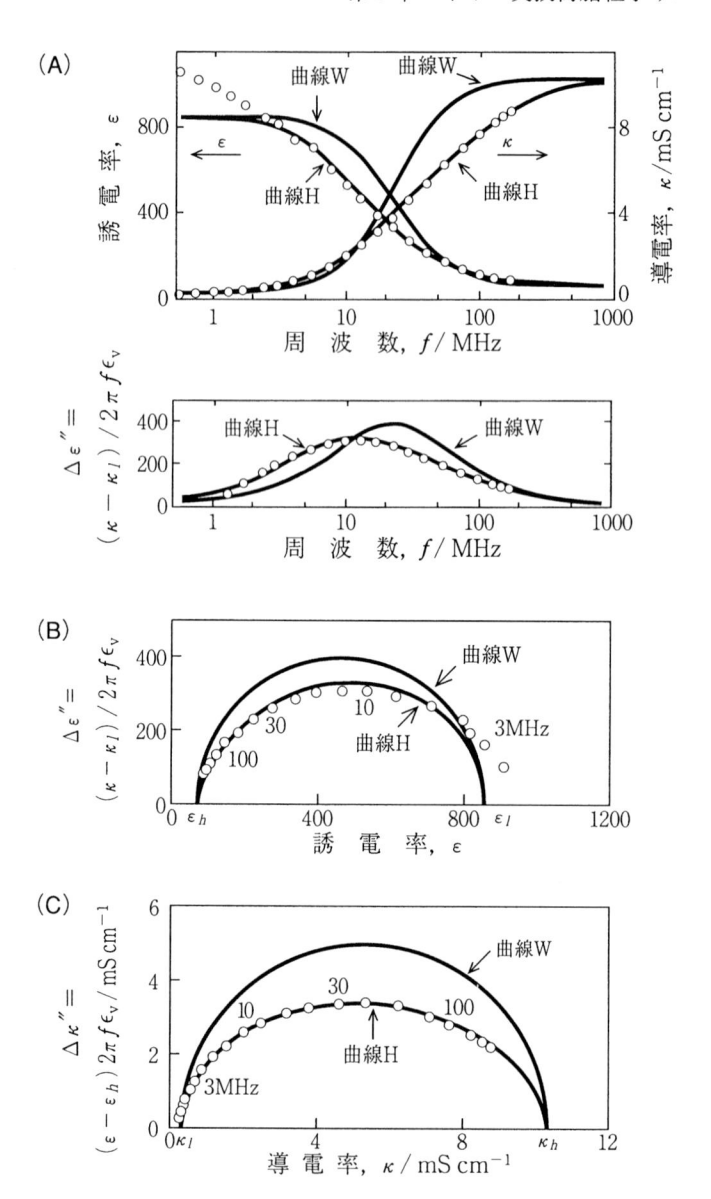

図 9-1 SP Sephadex C-25 樹脂粒子の水中サスペンションの誘電率 ε, 導電率 κ, 誘電損失 $\Delta\varepsilon''$ の周波数依存性(図A), $\varepsilon-\Delta\varepsilon''$ 関係(図B), と $\kappa-\Delta\kappa''$ 関係(図C). 図中の曲線 H は花井理論計算値, 曲線 W は Wagner 理論計算値.

このようにして得た成分相定数値を 第20章の式(20-11) に代入して，サスペンション全体の $\varepsilon(f)$, $\kappa(f)$ の周波数依存性を算出して得た花井理論計算値曲線が，図9-1 A, B, C の曲線 H である． Wagner 理論の場合には，第19章 §19・4・2 の計算法によって κ_a, Φ, ε_i, κ_i を算出し，さらに 第19章の式(19-10)によって計算した Wagner 理論計算値曲線が図9-1の曲線 W である． 周波数依存性の図，ε-$\Delta\varepsilon''$ 図，κ-$\Delta\kappa''$ 図 の全てにおいて花井理論(曲線 H) は 実測結果に良く合っている．

§9・2 ゲル粒子水中サスペンションで誘電緩和の起きる仕組み

この SP Sephadex C-25 粒子が 水を吸ってゲル状になると，対イオン H^+, Na^+ などは解離基部分から解き放されて 自由可動イオンとなる． そして 解離基の $-SO_3^-$ 部分は固定電荷となり，0.4 equiv/dm³ の固定電荷密度の相になる． この固定電荷を持った粒子相は，同じ電荷密度で可動な対イオン H^+, Na^+ などを含むために導電性が高い． いわば 0.4 mol/dm³ という海水程度の濃いイオン溶液のような状態にある． 他方 この粒子の周囲の連続外水相は，蒸留・脱イオン水であるから，導電性はかなり低い． すなわち この粒子堆積系は，W/O 型エマルションに相当する誘電的構造を持つことになる． したがって 図9-1 A のように大きな誘電緩和を生じる． W／O 型の系で誘電緩和が起きる仕組みは 第8章§8・1・5 に解説してある．

ただし このイオン交換樹脂ゲル粒子のサスペンションでは，外側連続相の導電率 κ_a は小さいけれども，油相の値よりはずっと大きいので無視は出来ない． したがって §8・1・4 の W／O エマルションとは異なり，次節に述べるような やや手間のかかる一般解法を用いる．

§9・3　分散・連続両相が導電性を持つ一般の場合の誘電解析式と実例

　一般の場合の解法は 次のようである．これは第20章 §20・4・3の式(20-42)～(20-53)の再掲である．

　測定結果の図9-1から ε_l, ε_h, κ_l, κ_h を読み取る．別に サスペンションの上澄み液（連続媒質）を直接に測って，ε_a の正確な値と κ_a の概略値（後で近似値として計算に使用するために必要）とを知る．これらの値を 次式に順次代入してゆく．

$$R \equiv 3(\varepsilon_l - \varepsilon_h), \tag{1}$$

$$D \equiv \left(\frac{\varepsilon_a \, \kappa_l}{\varepsilon_h \, \kappa_a}\right)^{\frac{1}{3}}, \tag{2}$$

$$P \equiv \left(\frac{\kappa_a}{\kappa_l} + 2\right)\varepsilon_l D - 3\{\varepsilon_h D - \varepsilon_a(D-1)\}D \\ + \left(\frac{\kappa_l}{\kappa_a} - 1\right)\varepsilon_a D, \tag{3}$$

$$Q \equiv 3\{2\varepsilon_h D - \varepsilon_a(D-1)\} - \left[\left(\frac{\kappa_a}{\kappa_l} + 2\right)D + 3\right]\varepsilon_l \\ - \left(\frac{\kappa_l}{\kappa_a} - 1\right)\varepsilon_a D, \tag{4}$$

$$C = \frac{-Q - \sqrt{Q^2 - 4PR}}{2P}, \tag{5}$$

$$J(\kappa_a \text{の関数}) \equiv \kappa_h\left[3 - \left(2 + \frac{\varepsilon_a}{\varepsilon_h}\right)C\right](1 - DC) \\ - 3\{(1-C)\kappa_l + (1-D)C\kappa_a\}(1-C) \\ + \kappa_a\left(1 - \frac{\varepsilon_h}{\varepsilon_a}\right)C(1 - DC) = 0, \tag{6}$$

§9・3 両相が導電性を持つ場合の誘電解析式と実例　　　　　　　　　　115

$$\Phi = 1 - \left(\frac{\varepsilon_a}{\varepsilon_h}\right)^{\frac{1}{3}} C , \tag{7}$$

$$\varepsilon_i = \frac{\varepsilon_h - \varepsilon_a C}{1 - C} , \tag{8}$$

$$\kappa_i = \frac{\kappa_l - \kappa_a D C}{1 - D C} , \tag{9}$$

前記の式は，コンピュータを使って数値計算を行なうときに便利なように書き並べてある．実測量 ε_l, ε_h, κ_l, κ_h, ε_a 値と κ_a の概略値とを得て，図 9-2 に描いたフローチャート（数値計算手順図）に従って計算をすると，$J(\kappa_a) = 0$ を充たす κ_a 値が求まる．次いで Φ, ε_i, κ_i を算出する．

数値計算例：　図 9-1 の SP Sephadex C-25 水中堆積系の実測結果から次の値を読み取る．

$\varepsilon_l = 885.6$, 　$\varepsilon_h = 66.3$, 　$\kappa_l = 0.303$ mS／cm，
$\kappa_h = 10.3$ mS／cm，　$\kappa_a = 2.35$ μS／cm（概略値），
$\varepsilon_a = 76.0$（別に水相のみを測る），

これらの観測値を前記の式(1)〜(9)に順次代入して，図 9-2 の手順で計算すると，花井理論による解析結果として，次の値を得る．

$\Phi = 0.568$, 　$\kappa_a = 25.6$ μS／cm $[2.35$ μS／cm$]$，
$\varepsilon_i = 59.4$, 　$\kappa_i = 16.9$ mS／cm，
$f_0 = 13.8$ MHz $[13.1$ MHz$]$，

前記の観測値を Wagner 理論，第 19 章の式(19-46)〜(19-49)に代入して，成分相定数値を計算すると，次のようになる．

$\Phi = 0.783$, $\kappa_a = 26.3$ μS／cm [2.35 μS／cm],
$\varepsilon_i = 63.8$, $\kappa_i = 12.8$ mS／cm ,
$f_0 = 22.8$ MHz [13.1 MHz],

比較検討のため，κ_a, f_0 について [ ]内に直接測定値を示してある．同一半径の球粒子群の理想的な最密充填の場合には $\Phi = 0.64$ で

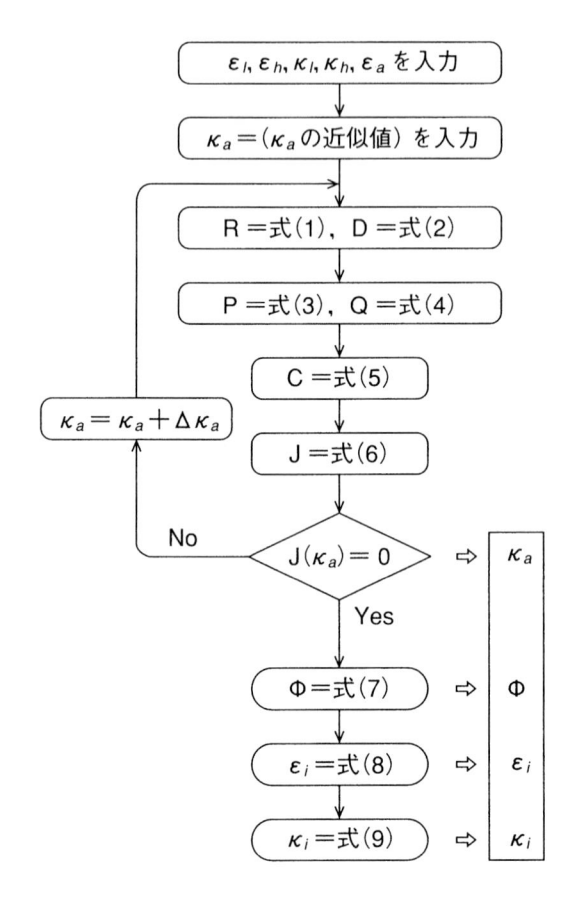

図 9-2　κ_a, κ_i の大小関係に条件を付けない一般の場合の相定数算出の手順図．

あるが，実際には 最密充填まで詰まることはないから，Φ 値は花井理論値の方が妥当である．

§9・4 対イオンの種類による変化など

この SP Sephadex C-25 ゲル粒子相に含まれる対イオン（陽イオン）の種類を H^+, Rb^+, K^+, Na^+, Li^+, Ca^{2+}, Sr^{2+}, Ce^{3+}, La^{3+} というように，いろいろ変えた一連の測定結果を整理すると，次のようになる．

（i）Φ 値は対イオンの種類によらず，$\Phi = 0.562 \pm 0.004$ というよく揃った値である． これは粒子の充填具合が 良く再現している証拠である．

（ii）ε_i 値は対イオンの種類によらず，$\varepsilon_i = 56.9 \pm 2.2$ という互いにほぼ同じ値である． この ε_i 値は，乾燥 Dextran ($\varepsilon \fallingdotseq 7$) が 水($\varepsilon = 78$) を多量に含んでいるために，この二個の値の中間値になっていると考えられる．

（iii）κ_i 値は，$\kappa_i = 90 \sim 9$ mS／cm にわたり，対イオンの種類によって著しく変わっている． 別途に 滴定などの実験から，ゲル粒子内の対イオン濃度値 0.423 equiv／dm を得ている． そこで 水相中で各イオン種がこの濃度にあるときの水溶液導電率 κ[通常水相] をイオン当量導電率（文献値）から計算し，κ_i 対 κ[通常水相] の関係を 図 9-3 に示す．

ゲル粒子内の対イオンが 通常の水相中と同じような移動能力（その目安は移動度である）を発揮するならば．κ_i 対 κ[通常水相] の図上での値は 勾配 1 の直線上に並ぶはずである． 図によれば，この図上の点は すべて勾配 1 の直線よりも下側にあるから，どの対イオン種も水

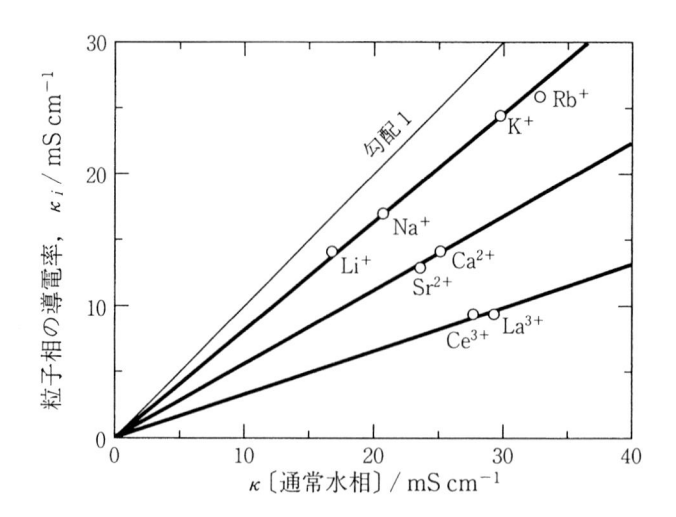

図 9-3 粒子相導電率 κ_i 対 κ（通常水相）の関係.
κ（通常水相）は，粒子相と同濃度のイオンが通常水相に溶けている場合の導電率.

相中に比べてゲル粒子相内では 移動能力（移動度）が低下していると考えられる．そして 実測点は 原子価 +1，+2，+3 各グループ毎に原点を通る直線上に並ぶ．すなわち 各グループ毎に移動度低下の割合が共通している．

さらにゲル相内の解離基の種類，濃度などと 対イオン移動度などとの関係が考察されている．また 他の陽イオン・陰イオン交換樹脂粒子の堆積系もいろいろ誘電解析されている．いずれも 引用文献を参照されたい．

このように サスペンションを そのままで誘電測定し，その結果を解析・考察すると，分散粒子の量やその構成物質を特定したり，粒子内部の性質の時間変化などを検知できる．

引用・参考文献：
(1) A. Ishikawa, T. Hanai, N. Koizumi,
Japanese J. Appl. Phys., **20** 79 (1981).
(2) A. Ishikawa, T. Hanai, N. Koizumi,
Japanese J. Appl. Phys., **21** 1762 (1982).
(3) A. Ishikawa, T. Hanai, N. Koizumi,
Japanese J. Appl. Phys., **22** 942 (1983).
(4) A. Ishikawa, T. Hanai, N. Koizumi,
Colloid Polymer Sci.,, **262** 477 (1984).
(5) A. Ishikawa, T. Hanai, N. Koizumi,
Colloid Polymer Sci.,, **263** 428 (1985).
(6) A. Ishikawa, T. Hanai, N. Koizumi,
Bull. Inst. Chem. Res., Kyoto Univ., **62** 251 (1984).

第10章　マイクロカプセル系

Q　マイクロカプセルは，医薬，農薬，食品，工業製品 などによく利用されているというが，一体どんな物なの？　そして誘電測定で何が分かるのかね？

A　"微小なカプセル"という名の通り，使う目的の物質（固体でも液体でもよい）を0.1mm以下の微小粒にして，その粒表面をゼラチンなどの高分子物質で被った 被膜球状（カプセル）の微小粒子系といえるね．これらの粒子は膜で被われているから，そのままならば ただの固体の粉末だが，潰したり被膜が溶けたりすると，内部の物質が流れ出して効果を示すということが利用されるのだ．ところで，このように内相物質が膜で被われた球殻状構造は，誘電緩和が2個ある という変わった誘電挙動を示す．それで この特徴ある誘電挙動を解析すると，球殻状構造がよく解ってくるし，また時間経過を観測すると，カプセルを壊さずに 球殻内部の物質状態の時間変化がわかる．このような点から，誘電解析は球殻構造の物には広く活用出来そうだよ．この章では実例として，ポリスチレン殻球の中に電解質水溶液を詰めた マイクロカプセルを採り上げ，殻球粒子系の誘電解析技法を紹介しよう．なおマイクロカプセルの簡単な作り方は 引用文献を参照されたい．

§10・1 ポリスチレン・マイクロカプセルの性状と誘電挙動
——複誘電緩和

こゝに採り上げるポリスチレン・マイクロカプセル（略称，PSカプセル）は，図10-1に描くように，ポリスチレンで出来た中空殻球の微粒子である．この球は 直径0.2 mm，球殻の厚さ2 μm 程度で，内部には 任意の組成の水溶液を詰めることが出来る．このPSカプセルの外観と 球殻を割って内部を覗いた写真を，図10-2A, B に紹介する．

この殻球粒子を水中に分散させ，静かに置いて 堆積した系の誘電率 ε と導電率 κ を測ると，図10-3A, B のようになる．図Aでは 誘電率 ε，導電率 κ ともに二段の減少または増加があり，図Bの ε-$\Delta\varepsilon''$ 図では 円弧が2個見られる．すなわち 2個の誘電緩和 が認められる．この二重誘電緩和 または 複誘電緩和について，低周波側の緩和を P緩和，高周波側の緩和を Q緩和 と名付ける．図10-3の曲線 H は，後述の §10・4 で算出した相定数を用い，第22章の花井理論式 (22-2), (22-1) によって計算した ε, κ の周波数依存性の理論曲線である．この理論曲線は いずれも実測値とよく合っている．

§10・2 なぜ複誘電緩和が起きるのか

さきに 第8章W/Oエマルジョンの図8-5で説明したように，低周波側では 導電性のある水相と絶縁性の油相との境界面に 自由可動イオンが溜り，それが電気分極となるので，見掛けの誘電率が大きくなる．高周波側では このようなイオンの相境界面停留が減るので，誘電率は

122   第10章　マイクロカプセル系

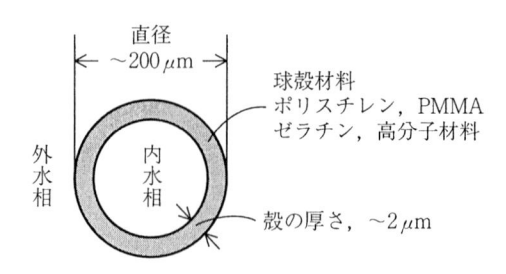

図 10-1　マイクロカプセルの球殻構造

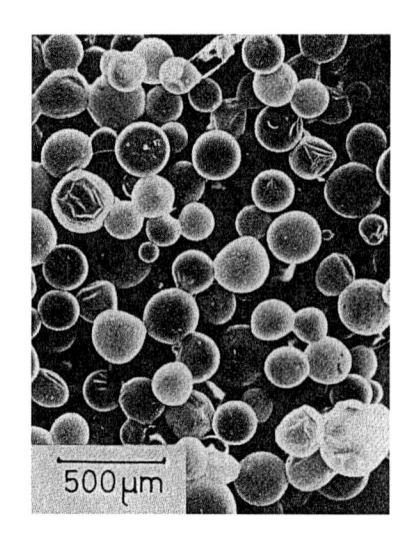

（A）この試料は未精製試料であり，粒子直径，殻の厚さなどは，いろいろの粒が混在して見られる．

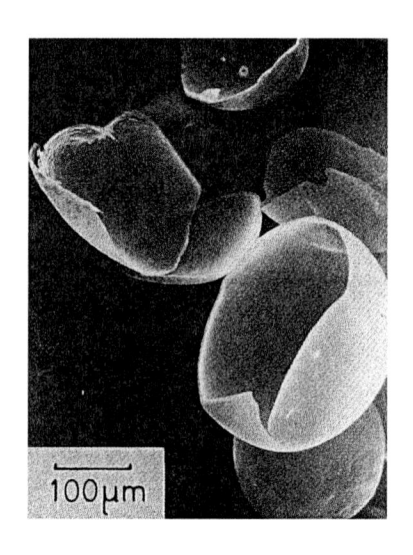

（B）安全カミソリで球殻を割ったところ．殻球直径 300 μm（＝0.3 mm），殻厚さ 3 μm．

図 10-2　ポリスチレン・マイクロカプセルの電子顕微鏡写真

§10・2 なぜ複誘電緩和が起きるのか   123

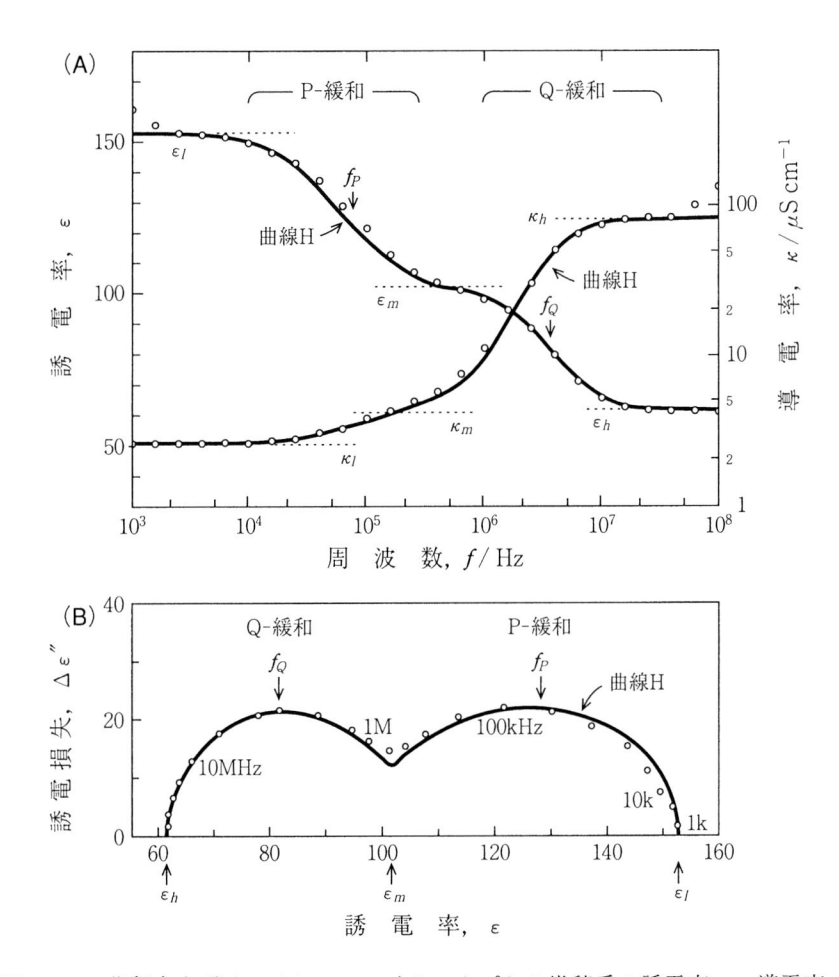

図 10-3 蒸留水中ポリスチレン・マイクロカプセル堆積系の誘電率 ε, 導電率 κ の周波数変化 (図 A) と, ε 対 $\Delta\varepsilon'' = (\kappa - \kappa_l)/(2\pi f \epsilon_v)$ 関係 (図 B).
カプセル内水相は 2mMKCl 液.
曲線 H は, 解析によって得た相定数値を用いた花井理論式 (22-1), (22-2) による理論計算値の曲線.

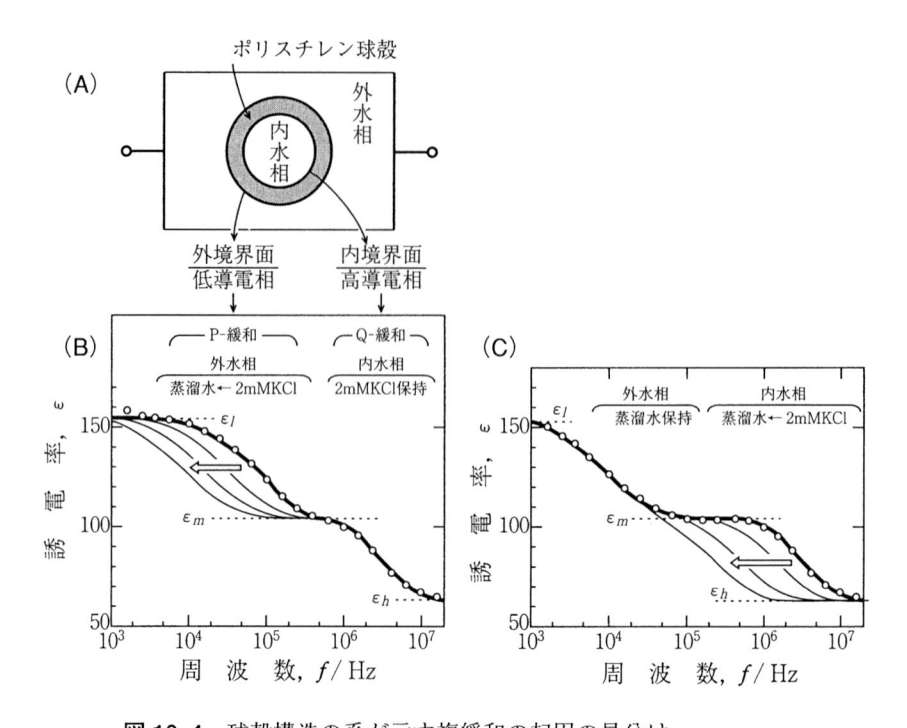

図 10-4 球殻構造の系が示す複緩和の起因の見分け．
(A) 球殻の構造．(B) 外水相の導電率を下げたときの変化．
(C) さらに，内水相の導電率を下げたときの変化．

小さくなる．このような仕組みで 誘電緩和を生じる．それならば，PSカプセルの球殻には 外側と内側という2種類の境界面があるから，これが2個の誘電緩和発生につながるのではなかろうか．

このような推測を確かめるために，水相の電解質濃度を変えてみよう．そのような一連の実験結果を 図10-4A, B, C に示した．はじめに PSカプセルの内・外両水相を2mMKCl水溶液にして，誘電測定をする．次いで PSカプセル試料を蒸留水で洗って 外水相の電解質濃

度を下げると，図BのようにP緩和のみが低周波側に移動し，Q緩和は固定している．さらに内水相のKCl濃度を減らすように試料を調製すると，図CのようにQ緩和が低周波側に移動する．そしてP緩和は動かない．この一連の実験で，濃度の相対的関係は，外水相が低導電相で，内水相は高導電相という関係になっている．この場合，図Aに描くように，P緩和は外境界面での電気分極発生によるものであり，Q緩和は内境界面での分極によるものと考えられる．すなわち2水相のうち，導電率が低い方の水相の境界面がP緩和を形成する．内外両水相のKCl濃度を同じにすると，2個の誘電緩和は 合一して ほぼ1個のように見えてしまう．

§10・3 複誘電緩和の仕組み再考

前節の論旨をよく考えてみると，次のように腑に落ちない点がある．殻の内側境界面は絶縁殻相で取り囲まれているから，W/Oエマルジョンのように可動イオンは境界面に停留出来るであろう．それがQ緩和を引き起こすことは納得出来る．ところが殻の外側境界面はO/Wエマルジョン型の構成であるから，大きいP緩和は生じないはずだが？　という疑問が残る．

この疑問に対して，次のように答えられる．このカプセル球殻の外表面の構成は，O/Wエマルジョンではなくて，N/Wエマルジョンの場合に似ている．Q緩和の低周波側の値 $\varepsilon_m \sim 100$ という大きな値は，連続外水相中に浮かんだ球体が非常に大きい実効誘電率の球体として振舞っていることを示している．この高誘電率の球体というのは薄い球殻と内水相とを一体の相と見なした姿である．この球体は高導電性

の内水相が絶縁性薄殻で包まれるという構造であり，それは体積分率の大きい W/O エマルジョン型である．ゆえに 高周波側（図 10-4B, C では 10^7 Hz 辺り）では 水と油の中間値（$\varepsilon_h = 62$）であるが，低周波側（図 B では 10^5 Hz 辺り）では 水よりも大きい値（$\varepsilon_m = 103$）になっている．

このような高誘電率の球体（殻と内水相とが一体化したもの）が導電性の水相（$\varepsilon_a = 80$）中に浮かんでいる状態であると考えれば，大きい誘電率値のニトロベンゼン N が粒子になった N／W エマルジョンの構成と同じになる．第 8 章 §8・3 の N／W エマルジョンでは，大きい誘電緩和を生じている．それと同様な仕組みで PS カプセル系の P 緩和が 大きい誘電緩和になるのである．

§10・4　構成する相の定数を算出する方法と実例

この PS カプセル系では，水相の導電率 κ_a, κ_i に比べて，絶縁性の球殻相は導電率 κ_s が大変小さく，$\kappa_s \ll \kappa_a, \kappa_i$ の関係が成り立つ．この条件下の理論式は，第 22 章の §22・2・2(iv) に導出整理されているので，参照されたい．得られた結果の式(22-20)～(22-29) を次に再掲しよう．

複誘電緩和の測定結果（図 10-3）から，$\varepsilon_l, \varepsilon_m, \varepsilon_h, \kappa_l, \kappa_m, \kappa_h$ を読み取る．別に 連続外水相の ε_a および ポリスチレン材料の ε_s を測っておく．顕微鏡観察（図 10-2 など）で粒子直径 D を測る．ここでは κ_m 値を用いる Φ 算出方式（§22・3(iii)）を採用しよう．測定結果から読み取った値 ε_m, κ_m などを 次式に代入して，順次計算する．

§10・4 構成する相の定数を算出する方法と実例

$$\frac{\kappa_m}{\kappa_l}(1-\varPhi)^{\frac{1}{2}} = \frac{\varepsilon_m + 2\varepsilon_a - 3\varepsilon_a(1-\varPhi)\left[\frac{\varepsilon_m}{\varepsilon_a}\right]^{\frac{1}{3}}}{3\varepsilon_m - (2\varepsilon_m+\varepsilon_a)(1-\varPhi)\left[\frac{\varepsilon_m}{\varepsilon_a}\right]^{\frac{1}{3}}} \cdot \left[\frac{\varepsilon_m}{\varepsilon_a}\right]^{\frac{4}{3}}, \quad (1)$$

この式は $\varPhi$ について陽に解けない.それで κ_m, ε_m, ε_a, κ_l を代入して,コンピューター計算によって,等号が成り立つような $\varPhi$ 値を探り当てる.このようにして得た $\varPhi$ 値と ε_a, ε_m, κ_l とを次式に代入して ε_l, κ_a,その他の量を算出する.

$$\varepsilon_l = \frac{3}{2}\varepsilon_a - \frac{1}{2}\varepsilon_a(1-\varPhi)^{\frac{3}{2}} + \frac{3}{2}\cdot\frac{(\varepsilon_m-\varepsilon_a)[1-(1-\varPhi)^{\frac{3}{2}}]}{1-(1-\varPhi)\left[\frac{\varepsilon_m}{\varepsilon_a}\right]^{\frac{1}{3}}}, \quad (2)$$

$$\kappa_a = \frac{\kappa_l}{(1-\varPhi)^{\frac{3}{2}}}, \quad (3)$$

球殻と内水相とを一体と見なした均質球体の等価誘電率を ε_q とし,その低周波極限値 ε_{ql} について,

$$\varepsilon_{ql} = \varepsilon_a + \frac{\varepsilon_m - \varepsilon_a}{1-(1-\varPhi)\left[\frac{\varepsilon_m}{\varepsilon_a}\right]^{\frac{1}{3}}}, \quad (4)$$

球全体に対する内水相の体積分率, $\quad v = \dfrac{\varepsilon_{ql}-\varepsilon_s}{\varepsilon_{ql}+2\varepsilon_s}, \quad (5)$

球殻の厚さ, $\quad d = \dfrac{D}{2}(1-v^{\frac{1}{3}}), \quad (6)$

均質球体の等価誘電率の高周波極限値, ε_{qh}

$$\varepsilon_{qh} = \varepsilon_a + \frac{\varepsilon_h - \varepsilon_a}{1-(1-\varPhi)\left[\frac{\varepsilon_h}{\varepsilon_a}\right]^{\frac{1}{3}}}, \quad (7)$$

内水相の誘電率, $\quad \varepsilon_i = \dfrac{\varepsilon_{qh}(\varepsilon_{ql} + \varepsilon_s) - 2\varepsilon_s^2}{\varepsilon_{ql} - \varepsilon_{qh}}$, (8)

均質球体の等価導電率の高周波極限値, κ_{qh}

$$\kappa_{qh} = \dfrac{1}{3(\varepsilon_a - \varepsilon_h)} \times$$

$$\left[(\varepsilon_a - \varepsilon_{qh})(2\varepsilon_h + \varepsilon_{qh})\dfrac{\kappa_h}{\varepsilon_h} - (\varepsilon_h - \varepsilon_{qh})(2\varepsilon_a + \varepsilon_{qh})\dfrac{\kappa_a}{\varepsilon_a}\right] , \quad (9)$$

内水相の導電率, $\kappa_i = \kappa_{qh} \dfrac{(\varepsilon_{ql} + \varepsilon_i + \varepsilon_s)^2}{(\varepsilon_{ql} + 2\varepsilon_s)(\varepsilon_{ql} - \varepsilon_s)}$, (10)

数値計算例:　図10-3のようなPSカプセル　観測結果から次の値を読み取る.

$\varepsilon_l = 156.0$, $\varepsilon_m = 103.6$, $\varepsilon_h = 62.0$,
$\kappa_l = 0.424\ \mu\mathrm{S/cm}$, $\kappa_m = 0.787\ \mu\mathrm{S/cm}$,
$\kappa_h = 79.2\ \mu\mathrm{S/cm}$,

緩和周波数:　P緩和 $f_P = 14\ \mathrm{kHz}$, Q緩和 $f_Q = 3.4\ \mathrm{MHz}$,
カプセルの平均直径, $D = 350\ \mu\mathrm{m}$, (顕微鏡観察による.)
ポリスチレンの誘電率, $\varepsilon_s = 2.65$,　水の誘電率, $\varepsilon_a = 80.0$,

これらの観測値を前記の式(1)～(10)に順次代入すると、次の値を得る.

堆積したカプセルの体積分率, $\Phi = 0.575$,
堆積系全体の低周波誘電率, $\varepsilon_l = 156.7\ [156.0]$,
連続水相の導電率, $\kappa_a = 1.529\ \mu\mathrm{S/cm}$,
内水相の誘電率, $\varepsilon_i = 86.68$,
内水相の導電率, $\kappa_i = 350.7\ \mu\mathrm{S/cm}$,
カプセル球殻の厚さ, $d = 3.66\ \mu\mathrm{m}$,

§10・4 構成する相の定数を算出する方法と実例

このように球殻体の堆積したままで誘電測定をすれば，被測定系を壊さずに球の体積分率，球殻の厚さ，殻内部の水相の誘電率，導電率などを求められる．さらに内水相の電解質濃度，その時間経過状態などを知ることも出来る．PSカプセル1粒子の誘電測定・考察例は引用文献を参照されたい．

引用・参考文献：
(1) H. Zhang, K. Sekine, T. Hanai, N. Koizumi,
　　　　　　Colloid Polymer Sci., **261** 381 (1983).
(2) H. Zhang, K. Sekine, T. Hanai, N. Koizumi,
　　　　　　Colloid Polymer Sci., **262** 513 (1984).
(3) K. Sekine, Colloid Polymer Sci., **264** 943 (1986).
(4) K. Sekine, Colloid Polymer Sci., **265** 1054 (1987).
(5) K. Sekine, T. Hanai, Colloid Polymer Sci., **268** 1059 (1990).
(6) K. Asami, K. S. Zhao, Colloid Polymer Sci., **272** 64 (1994).
　　　　　　　　　　　　1粒子の測定・考察
(7) 花井哲也，張　河哲，関根克尚，浅見耕司，
　　マイクロカプセルとはどんなものか——その誘電率を測ると，何が判るか——　表面，**24** 393 (1986).
(8) 花井哲也，浅見耕司，
　　微小中空ビーズの形態——ポリスチレンおよびエチルセルロースのマイクロカプセル——　高分子加工，**34** 2号 57 (1985).

第11章　リポゾーム系

§11・1　リポゾーム試料の調製と誘電測定の結果

　リポゾームは，図11-1に描くように，リン脂質の一種レシチンとコレステロールの分子混合系が球殻状に並んでいて，その球殻内に 内水相を包み込み，この殻球粒子（球形の殻をもった粒子）が外水相中に浮かんだ構造のサスペンションである．このリポゾームは，次のように転相蒸発法で調製される．（参考文献2,3参照）

　リポゾームの調製：　　リン脂質のエーテル溶液に水を加えて，超音波をかけて撹拌すると，油中水滴 W／O 型エマルションになる．つぎに 減圧にして 連続外油相のエーテルを蒸発させると，このW／Oエマルションは 濃厚になり，ゲル状になる．これを さらに減圧下で，回転撹拌ミキサーで撹拌すると，外油相中のエーテルは 蒸発し切って，その中のリン脂質分子は 内水相粒子の外面によく吸着し，図11-1のように 内水相を充分に覆って球殻状になる．また 一部の内水相粒子は 壊れて転相し，球殻状になった外油相の さらに外側に拡がり，最外側の連続水相を形成する．このようにして W／O／W 型のリポゾームが出来る．　内水相液には ブドウ糖，Ficoll-400（糖の一種）などを加えて，浸透圧や比重を調節できる．

§11・1 リポゾーム試料の調製と誘電測定の結果　　　　　　　　　　　　　　　　131

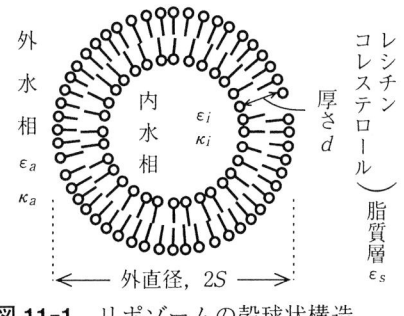

図 11-1 リポゾームの殻球状構造

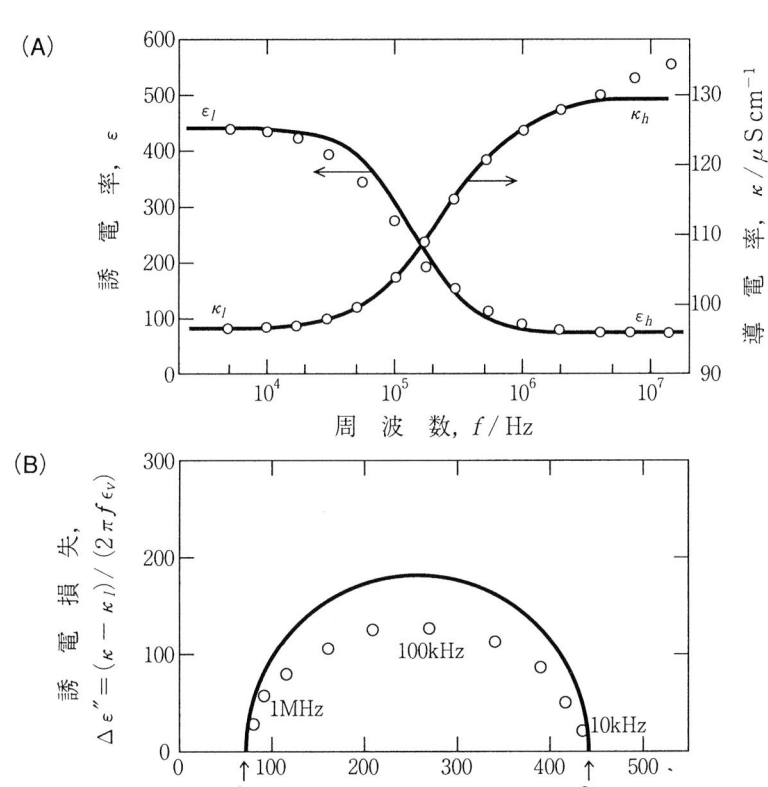

図 11-2 リポゾームの誘電率 ε と導電率 κ
(A) 周波数依存性, (B) 複素誘電率平面図, $\varepsilon - \Delta\varepsilon''$,
内・外両水相を 1mMKCl 液で調製.

内水相, 外水相ともに 1 mM KCl 液で調製したリポゾームを誘電測定する. その誘電率 ε, 導電率 κ の周波数変化 および複素誘電率平面図を 図 11-2 A, B に示す. この結果を見ると, リポゾームは 単一緩和（複素誘電率平面図で半円になる形式）ではなくて, 緩和周波数に分布のあるような誘電緩和を呈している.

§11・2 測定結果の考察

リポゾームは 図 11-1 に示したような殻球構造であるから, さきの第 10 章に解説したマイクロカプセルの殻球構造に似ている. したがって マイクロカプセルと同様に 2 個の誘電緩和（P-緩和と Q-緩和）が予想される. ところが 図 11-2 では, 誘電緩和は一個である. これは どういうことであろうか.

後の章で詳しく述べる殻球粒子の希薄分散系（第 21 章), 濃厚分散系（第 22 章）の理論の説明によれば, 球の外直径 $2S$ に比べて球殻の厚さ d が充分に小さくなると, 高周波側の Q-緩和の大きさは減少する. そして P-緩和だけが残る. その詳細は §21・4, §22・4 などに 理論式によって詳しく解説してある.

したがって 図 11・2 のように リポゾーム系で誘電緩和が一個（P-緩和のみ）であるということは, その球殻が大変薄いことを意味している. 実際には 殻球の外直径 $2S \fallingdotseq 1000$ nm に比べて, 球殻の厚さ $d \fallingdotseq 5$ nm という薄いものである.

§11・3 理論式による構成相定数の算出

殻球粒子濃厚分散系の理論（第 22 章）で, 殻が非常に薄い場合につ

§11・3 理論式による構成相定数の算出

いて，§22・4 に近似式 (22-37)〜(22-40) が導出されている．それを次に引用しょう．

$$\Phi = 1 - \left(\frac{\kappa_l}{\kappa_a}\right)^{\frac{2}{3}}, \tag{1}$$

$$C_M = \frac{\epsilon_v \epsilon_s}{d} = \frac{\epsilon_v}{S} \cdot \frac{2}{3} \left[\varepsilon_l + \frac{\kappa_l(\varepsilon_l - \varepsilon_a)}{\kappa_a - \kappa_l} \right], \tag{2}$$

$$\varepsilon_i = \varepsilon_a - \frac{\varepsilon_a - \varepsilon_h}{1 - (1-\phi)\left(\frac{\varepsilon_h}{\varepsilon_a}\right)^{\frac{1}{3}}}, \tag{3}$$

$$\epsilon_v = 8.8542 \times 10^{-8}\ \mu\mathrm{F/cm},$$

$$\kappa_i = \frac{1}{3(\varepsilon_a - \varepsilon_h)} \times$$

$$\left[(\varepsilon_a - \varepsilon_i)(2\varepsilon_h + \varepsilon_i)\frac{\kappa_h}{\varepsilon_h} - (\varepsilon_h - \varepsilon_i)(2\varepsilon_a + \varepsilon_i)\frac{\kappa_a}{\varepsilon_a} \right], \tag{4}$$

先ず図 11-2 A, B の測定結果から次の値を読み取る．

誘電観測数値： $\varepsilon_l = 445$, $\varepsilon_h = 75.6$, $\kappa_l = 96.5\ \mu\mathrm{S/cm}$,
$\kappa_h = 130\ \mu\mathrm{S/cm}$, 添字 l は低周波値，h は高周波値，別途にこの試料を遠心沈澱して，その上澄み液すなわち外水相を測定し，ε_a, κ_a を得る．

外水相値 $\varepsilon_a = 80.1$, $\kappa_a = 151\ \mu\mathrm{S/cm}$, 殻相値 $\kappa_s = 0$,
電子顕微鏡観察により

殻球の外直径 $2S = 1.0\ \mu\mathrm{m}$, 球殻の厚さ $d = 5\ \mathrm{nm}$,

これらの誘電観測数値を式(1)〜(4)に代入すると，次のような構成相定数の値を得る．

構成相定数値： 体積分率 $\Phi = 0.258$,
　　球殻の単位面積当りの電気容量 $C_M = 1.29\ \mu F/cm^2$,
　　内水相 $\varepsilon_i = 63.6$, $\kappa_i = 76.3\ \mu S/cm$, 球殻 $\varepsilon_s = 7.27$,

　このように算出した相定数値を 第22章 §22・1の式 (22-1)〜(22-7) に代入して，リポゾーム系全体の $\varepsilon(f)$, $\kappa(f)$ の周波数依存性を計算できる．得た結果を 図 11-2 A,B に実曲線で図示してある．

　こゝに得たリポゾーム球殻の電気容量 C_M の値は，赤血球や生物細胞などの膜電気容量に近い値である．リポゾーム球殻相の ε_s 値は材料のレシチン・コレステロールとして妥当な値である．このほか リポゾームの粒子濃度や浸透圧を変えた系について 誘電解析をすれば，内部構造の変化状態がわかる．

　このように 誘電解析手法は，サスペンジョンの濃度や懸濁粒子の内部構造などを判定するのに役立つ．

引用・参考文献：
（1） K. Sekine, T. Hanai, N. Koizumi,
　　　　Bull. Inst. Chem. Res., Kyoto Univ., **61** 299 (1983).
（2） F. Szoka, Jr., D. Papahadjopoulos,
　　　　Proc. Natl. Acad. Sci. USA, **75** 4194 (1978).
（3） F. Szoka, Jr., F. Olson, T. Heath, W. Vail, E. Mayhew,
　　D. Papahadjopoulos, Biochim. Biophys. Acta,, **601** 559 (1980).
（4） K. Asami, A. Irimajiri,
　　　　Biochim. Biophys. Acta., **769** 370 (1984).

第12章　赤血球サスペンション

Q：　赤血球は 血液の主要成分ということだが，それの誘電的考察となると，どんなイメージを描けば良いのかな？

A：　人や哺乳動物の赤い血の主要成分は赤血球だが，この赤血球は図12-1のように，円い餅の中央を 少し押しつぶしたような形であり，他の卵細胞や植物細胞に比べると，その構造は非常に簡単．すなわち 赤血球は脂質二分子層に タンパク質の混じった膜が 袋状になったものであり，その外側には細胞壁が無くて，膜のすぐ外側は血漿という水相になっている．赤血球内部も大きい構造物（かたまりの物）は無くて，次に述べるように 膨らませて球形にすることも出来る．このようにして，赤血球膜は 脂質二分子層だけの絶縁性単純球殻として扱えるので，誘電測定結果も第21,22章にくわしく述べる殻付き球粒子分散系理論で 定量的に考察できる．このような特徴に注目して，赤血球サスペンションの誘電的考察を進めよう．

　赤血球に抗生物質を加えて処理すると，誘電挙動の観測結果から 内部状態の変化がわかって面白いよ．また 赤血球が数珠（じゅず）つなぎに集まると，誘電挙動が大いに変わる．これは，血沈（赤血球沈降速度）テストと関連していて，大変便利で有効な検査法になるね．

§12・1　ヒト赤血球サスペンジョンの調製と誘電測定結果

　ヒトの血液を遠心分離機にかけ，遠心加速度 500×g，10分間の遠心沈澱操作をすると，赤血球だけが沈澱する．この赤血球試料を 濃度 67％のリン酸塩 pH 緩衝溶液に分散させる．この溶液濃度は，赤血球の内相液と浸透圧平衡する外相液濃度 の半分くらいの濃度である．したがって 外水相から球内に向かって水が浸み込み，始めは図 12-1 のように偏平な形であった赤血球が，この液中では膨らんで 完全な球形になる．しかし 赤血球膜の電気容量やイオン不透過の性能は変わらない．

　誘電測定用セルは，平行板コンデンサー型のもので，2枚の円形電極板は 直径 1 cm，両電極間隔 4 mm で，全面に白金黒を付けてある．これで 空の電気容量は 0.174 pF 程度になる．

　前記のように調製したヒト赤血球サスペンションについて，10 kHz 〜300 MHz の周波数にわたって，誘電率 ε，導電率 κ を測った結果を図 12-2 A に示す．図では，周波数 3 MHz あたりに誘電率 ε の減小，導電率 κ の増大，すなわち誘電緩和が 1 個見られる．これは P-緩和であろう．Q-緩和は 小さくて識別出来ない．

　図 12-2 B，2 C に ε 対 $\Delta\varepsilon'' = (\kappa - \kappa_l)/(2\pi f \epsilon_v)$ の図（複素誘電

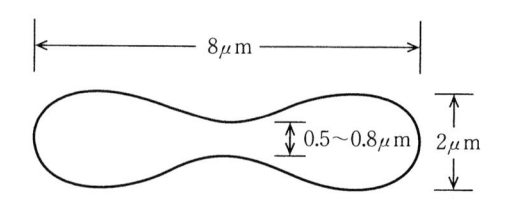

図 12-1　ヒト赤血球の側断面の形

§12·1 ヒト赤血球サスペンジョンの調製と誘電測定結果

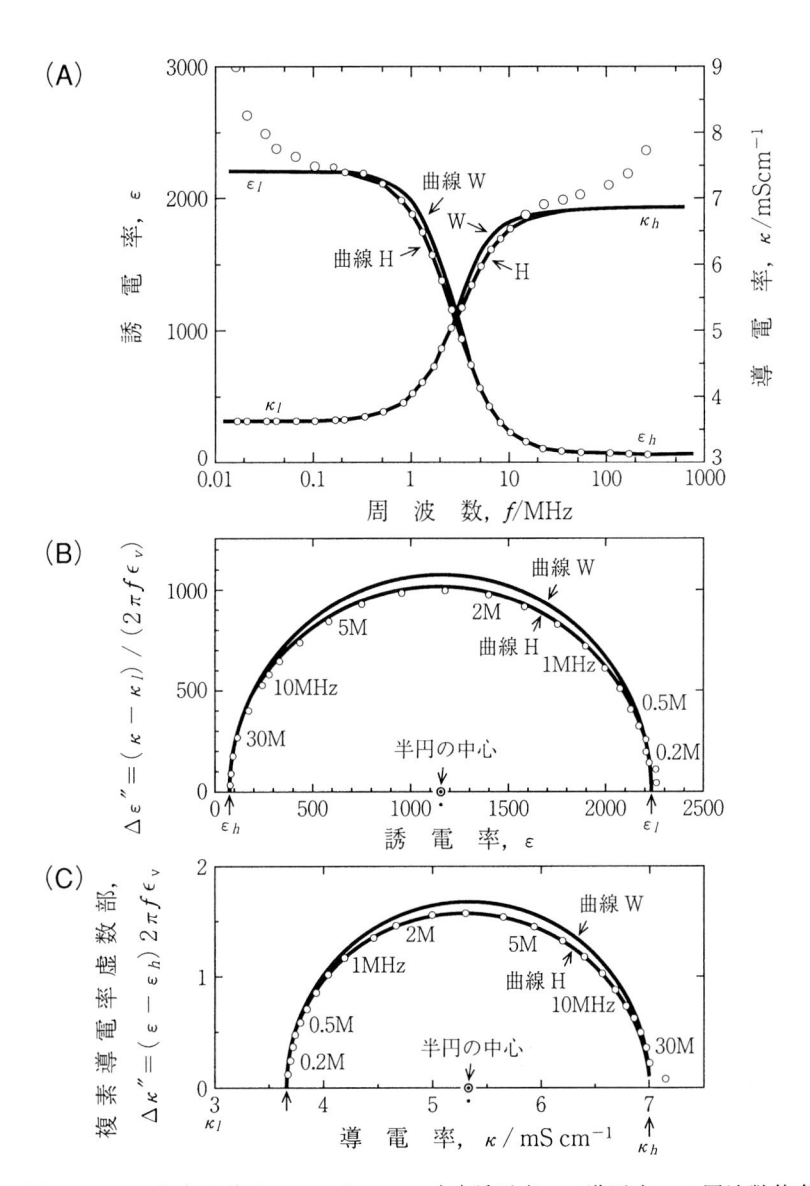

図 12-2 ヒト赤血球サスペンションの(A)誘電率 ε, 導電率 κ の周波数依存性.
(B)複素誘電率 ε-Δε" 図. (C)複素導電率(κ-Δκ")図.
　　曲線 W：希薄系 Wagner 理論式による計算値曲線
　　曲線 H：濃厚系花井理論式による計算値曲線

率図）と，κ 対 $\Delta\kappa''=(\varepsilon-\varepsilon_h)2\pi f\epsilon_v$ の図（複素導電率図）を示す．図 2 B，2 C では，実測点群（○印）は半円よりも少しつぶれた（半円よりも下に外れた）形に並んでいる．

　これらの測定結果の図から，誘電率，導電率の低周波極限値 ε_l，κ_l，高周波極限値 ε_h，κ_h を読み取る．これらの量は 誘電緩和の特徴を表わす量であり，誘電観測定数 という．

§12・2　相定数など算出のための理論式

　このような赤血球サスペンションは 殻付き球粒子希薄系 または濃厚分散系 と見なされ，第21,22章に詳述する理論を適用して解析しよう．そして Q-緩和が見当たらず，P-緩和のみが観測されているようだから，§21・4 や §22・4 の薄殻・薄膜球の場合に該当する．その結果の式で 解析に必要な §21・4 の式(21-79)～(21-82) および §22・4 の式(22-37)～(22-40) を次に引用しよう．

（ⅰ）　薄殻・薄膜球系での Wagner 理論式：

$$\Phi = \frac{2(\kappa_a - \kappa_l)}{2\kappa_a + \kappa_l}, \tag{1}$$

$$C_M = \frac{\epsilon_v \varepsilon_s}{d} = \frac{(2+\Phi)^2}{9\Phi} \cdot \frac{\epsilon_v \varepsilon_l}{S}, \tag{2}$$

ただし　$\epsilon_v = 0.088542$ pF／cm,

$$\varepsilon_i = \varepsilon_a \frac{(2+\Phi)\varepsilon_h - 2(1-\Phi)\varepsilon_a}{(1+2\Phi)\varepsilon_a - (1-\Phi)\varepsilon_h}, \tag{3}$$

$$\kappa_i = \kappa_a \frac{(2+\Phi)\kappa_h - 2(1-\Phi)\kappa_a}{(1+2\Phi)\kappa_a - (1-\Phi)\kappa_h} \tag{4}$$

(ii) 薄殻・薄膜球系での花井理論式：

$$\Phi = 1 - \left(\frac{\kappa_l}{\kappa_a}\right)^{\frac{2}{3}} \tag{5}$$

$$C_M = \frac{\epsilon_v \epsilon_s}{d} = \frac{\epsilon_v}{S} \cdot \frac{2}{3}\left[\varepsilon_l + \frac{\kappa_l(\varepsilon_l - \varepsilon_a)}{\kappa_a - \kappa_l}\right], \tag{6}$$

$$\varepsilon_i = \varepsilon_a - \frac{\varepsilon_a - \varepsilon_h}{1 - (1 - \Phi)\left(\frac{\varepsilon_h}{\varepsilon_a}\right)^{\frac{1}{3}}}, \tag{7}$$

$$\kappa_i = \frac{1}{3(\varepsilon_a - \varepsilon_h)} \times$$
$$\left[(\varepsilon_a - \varepsilon_i)(2\varepsilon_h + \varepsilon_i)\frac{\kappa_h}{\varepsilon_h} - (\varepsilon_h - \varepsilon_i)(2\varepsilon_a + \varepsilon_i)\frac{\kappa_a}{\varepsilon_a}\right], \tag{8}$$

§12・3　殻付き球粒子分散系理論式による解析

　図 12-2 A, 2 B, 2 C の実測結果から読み取った ε_l, ε_h, κ_l, κ_h の値，および別途に測定した外水相の ε_a, κ_a, 球粒子の半径 S を前節の式(1)～(8) などに代入すると，赤血球の体積分率(濃度) Φ, 細胞膜の電気容量 C_M, 赤血球内水相の誘電率 ε_i, 導電率 κ_i などを計算できる．算出された数値を，後程の表 12-1 の最上段，試料番号 L1 の欄に挙げてある．

　ここに得た構成相定数 Φ, C_M, ε_i, κ_i の数値を，希薄系 Wagner 理論では §21・1・2 の式(21-16) に代入する．濃厚系花井理論では §22・1 の式(22-1), (22-2) に代入する．花井理論式の数値計算法は §20・5 に解説してある．数値計算に必要な ε_s 値については，赤血球膜の厚さ $d = 8\,\text{nm}$ として，前記の式(2), (6)により ε_s を算定す

る．膜が薄いので このd値は 最後の結果には殆んど影響しないから，概略値でよい．v値については，$v = 1 - 3(d/S)$ により算定する．

このようにして算出された ε, κ 値の周波数 f 依存性や ε-$\Delta\varepsilon''$ 図などの計算値曲線を描くと，図 12-2 A, 2 B, 2 C の実曲線 W, H のようになる．これらの図すべてに見られるように，希薄系 Wagner 理論曲線 W よりも濃厚系花井理論曲線 H の方が 実測点群によく合っている．

§12・4　赤血球に及ぼす抗生物質の効果

§12・4・1　抗生物質による赤血球処理と調製

　赤血球の抽出　　ヒツジの血液を 遠心加速度 500×g, 10 分間の遠心沈殿操作にかけて，沈殿した赤血球を得る．これを 10 mM NaCl-ブドウ糖水溶液（285 mOsm／kg H$_2$O, これを分散液と略称する）で3回洗う．これを 同種の少し薄い液（230 mOsm／kg H$_2$O）に分散させると，赤血球は ほぼ球形にふくらむ．

　抗生物質溶液の調製　　Gramicidin S, Polymyxin B は 上記の分散液に溶かす．Valinomycin, Gramicidin D, Amphotericin B, Nystatin, Nonactin は 水に難溶なので，まずエタノールに溶かして，そのエタノール溶液を 5倍量の前記分散液に溶かす．

　赤血球の抗生物質処理　　これらの抗生物質を含む溶液 4.5 ml と赤血球濃厚サスペンション 0.5 ml とを混ぜ合わせる．この段階で 抗生物質が赤血球膜に作用する．この混合試料を 室温で30分放置ののち，遠心沈殿操作によって 抗生物質を含む上澄み均質水溶液部分を除き，赤血球分画を 前記の分散液に分散させて，誘電測定をする．

§12・4 赤血球に及ぼす抗生物質の効果

§12・4・2 誘電測定結果と理論式による解析

ヒツジ赤血球未処理の試料（図と表の試料番号 M1），これにエタノールだけの処理をした試料（M2），さらに Valinomycin・エタノールの処理をした試料（M3）について，誘電測定の結果を 図12-3 に示す．この図からすぐわかるように，赤血球系の誘電緩和は1個であり，エタノール処理（M2）では M1 と殆んど変わらないが，Valinomycin・エタノール処理（M3）をすると 誘電緩和が低周波に移動している．

図 12-3 に見られる処理効果に対応した 赤血球サスペンション内部の変化状態を知るために，構成相定数を算出しよう．さきに §12・2 と §12・3 とで使った計算法を用いる．さきに §12・1 で用いた方法によって，図 12-3 および その複素誘電率図，複素導電率図 などから測定点の並び具合を低・高周波側に外挿して読み取った ε_l, ε_h, κ_l, κ_h

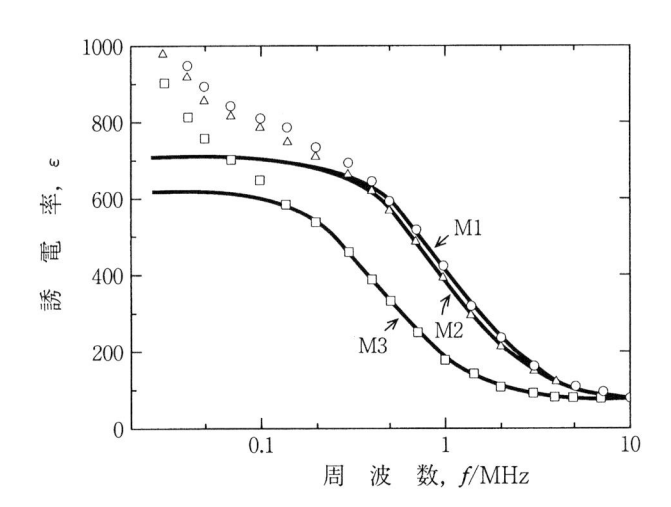

図 12-3 ヒツジ赤血球サスペンションの誘電率 ε の周波数依存性．
　　図中の M1：未処理試料，M2：エタノール処理試料，
　　M3：Valinomycin・エタノール処理試料．
　　実曲線は濃厚系花井理論式による計算値曲線．

表 12-1 赤血球サスペンションの誘電緩和を表わす誘電観測定数値と理論式により算出した構成相定数値

試料番号	試料と処理	抗生物質濃度 μg/ml	エタノール濃度 %	ε_l	ε_h	κ_l mS/cm	κ_h mS/cm
L1	ヒト赤血球 未処理	—	—	2230	67.0	3.65	7.0
M1	ヒツジ赤血球 未処理	0	0	710	78.1	0.747	1.23
M2	エタノール処理		15	709	77.9	0.771	1.19
M3	Valinomycin	16.7	15	629	77.6	0.823	0.984
M4	Gramicidin S	204	—	620	77.9	0.791	1.18
M5	Polymyxin B	180	—	640	77.8	0.804	1.20

試料番号	半径 S μm	ε_a	κ_a mS/cm	Φ	C_M μF/cm²	ε_i	κ_i mS/cm
L1	3.39	78.0	8.57	0.434	0.666	54.2	5.22
L1	希薄系理論式による値 →			0.473	0.836	55.9	5.47
M1	1.48	79.2	1.05	0.205	0.896	74.1	1.89
M2	1.48	77.4	1.05	0.184	0.990	79.8	1.81
M3	1.48	78.0	1.05	0.151	1.044	75.4	0.613
M4	1.48	78.3	1.05	0.170	0.919	76.3	1.84
M5	1.48	78.9	1.05	0.165	0.975	72.1	1.87

「L1 希薄系理論式による値」の欄は 殻球希薄系 Wagner 理論式 (1)〜(4) による計算値. それ以外は, 殻球濃厚系花井理論式 (5)〜(8) による計算値.
赤血球膜の厚さ $d = 8\,\mathrm{nm}$ 使用.

§12・4 赤血球に及ぼす抗生物質の効果　143

の値，および 別途に測った外水相の ε_a, κ_a, 球粒子の半径 S を薄膜球濃厚系の式 (5)～(8) に代入すると，赤血球の体積分率（濃度）Φ, 細胞膜の電気容量 C_M, 赤血球内水相の誘電率 ε_i, 導電率 κ_i などを計算できる．算出された数値を 表 12-1 に挙げてある．

得られた相定数 C_M, ε_i, κ_i, Φ の数値を，濃厚系花井理論の §22・1の式 (22-1)，(22-2) に代入して計算した系全体の $\varepsilon(f)$, $\kappa(f)$ 値の周波数 f 依存性を 図 12-3 に実曲線で描いてある．100 kHz 以下の低周波領域で，測定点が理論実曲線から外れて増加しているのは，電極面分極効果であり 試料の特性ではないから，ここでは考察しない．

§12・4・3　抗生物質の効果

図 12-3 によれば，ヒツジ赤血球の無処理試料 (M1) は 1.3 MHz 辺りで1個の誘電緩和を生じており，理論式による実曲線と実測点群とがよく一致している．ゆえに，表 12-1 に挙げた誘電緩和を特徴付ける構成相定数は 信用できる．

エタノール処理 (M2) しても 誘電緩和の位置や相定数は ほとんど変わらない．Valinomycin 処理 (M3) の試料では，誘電緩和の位置が 0.52 MHz に移動した．すると この誘電理論によれば κ_i 値が減少するはずである．事実，内水相の導電率 κ_i は 1.89 mS／cm から 0.613 mS／cm に減少している．Valinomycin は イオンが赤血球膜を通りやすくなるように作用しているので，イオンが洩れ出して，内水相のイオン濃度が減少したのであろう．Gramicidin S (M4) と Polymyxin B (M5) は，大腸菌細胞膜の K^+ イオン透過率を高めることが知られているが，表 12-1 の M4, M5 の算出定数値では，κ_i 値は M1 の値と変わっていない．

このような誘電測定処理の結果では，ヒト赤血球での実験結果も合わ

せて，Valinomycin, Gramicidin D, Amphotericin B, Nonactin は赤血球系の誘電緩和を 低周波側に移動させる．したがって内水相の κ_i は減少し，赤血球内部のイオン濃度を減らすことが認められる．Gramicidin S, Polymyxin B, Nistatin は そのようなイオン流出の変化を起こさなかった．

このように誘電緩和の位置や κ_i, Φ, C_M などの算出値の変化を考察すると，抗生物質の細胞膜への効果，イオン洩れ出しの程度 などを容易に推定できる．

§12・5　赤血球の連銭現象と誘電挙動

血液を長さ約 20 cm のガラス細管に詰めて 立てておくと，1時間後には赤血球（赤色部分）が沈澱して，血液の上部分は黄色味を帯びた半透明の上澄みになる．この上澄み部分の長さが 5〜10 mm くらいならば正常だが，20〜30 mm にもなると 異常と診断される．このようなテストは，赤血球沈降速度法（血沈テスト）といって，有用な臨床検査法である．

この赤血球沈降の原因は，赤血球が凝集して 沈澱しやすくなるためである．図 12-1 に描いたように，自然の赤血球は 球形でなくて，平円板の銭（ぜに）のような形である．それがつながる状態になることを **連銭（rouleaux）形成** という．そして この連銭が形成されると，誘電率の低周波極限値 ε_l が非常に大きくなる．それで 赤沈法と同様に誘電測定法が威力を発揮することになる．

§12・5・1　全血試料の誘電挙動

ヒトの血液を採り，凝固を防ぐために heparin を加える．この処理

§12・5 赤血球の連銭現象と誘電挙動 145

後の試料を全血試料という．つぎに 全血のうち，有形成分以外の液体部分，すなわち血漿 plasma を除くために，5分間 1000×g の遠心沈澱操作によって，赤血球のみを沈澱させて取り出す．別途に 全血試料の血漿と同じ pH値，浸透圧値，導電率値 になるように，リン酸pH緩衝溶液，食塩，ブドウ糖，ウシ血清アルブミン などを含んだ人工の分散液を調製する．したがって この液には 血漿タンパクが含まれていないので，赤血球の連銭形成機能は無い．

そこで 連銭形成状態と 誘電挙動との関係を調べるために，3種類の赤血球分散試料を調製する．まず この人工の分散水相(血漿なし)にさきの沈積赤血球を混ぜて分散させたものを 0%-血漿試料という．さらに この 0%-血漿 の試料と 全血試料(分散媒質は血漿) とを等量に混合したものを 50%-血漿試料という．

図 12-4 には，全血試料（100%-血漿 相当）を流動撹乱状態（測定点△），および静置状態（測定点○）で測った誘電率 ε, 導電率 κ の周波数変化を示す．比較のために 赤血球なしの分散水相のみの誘電率 ε_a, 導電率 κ_a の測定値を 図中に点線（••••）で示してある．この ε_a, κ_a の挙動と照らし合わせると，赤血球分散試料は 明らかに誘電緩和の挙動を呈している．流動試料（△印）では，誘電緩和の低周波極限値 ε_l は 30k～300 kHz で $\varepsilon_l \approx 2800$ であり，流動を止めた3分後（○印）には 30k～100 kHz で $\varepsilon_l \approx 7800$ に増加している．高周波極限値 ε_h は 両曲線ともに 水よりも小さい値 50 程度になっている．

導電率については，△，○印は 互いに近い値を示しており，低周波側 $\kappa_l \approx 4$ mS／cm，高周波側 $\kappa_h \approx 8$ mS／cm 程度である．このように ε_l 値は，流動撹乱と静置とで非常に違っていて，血液流動に伴う細胞の並び方の変化が すぐにわかる顕著な目安になる．

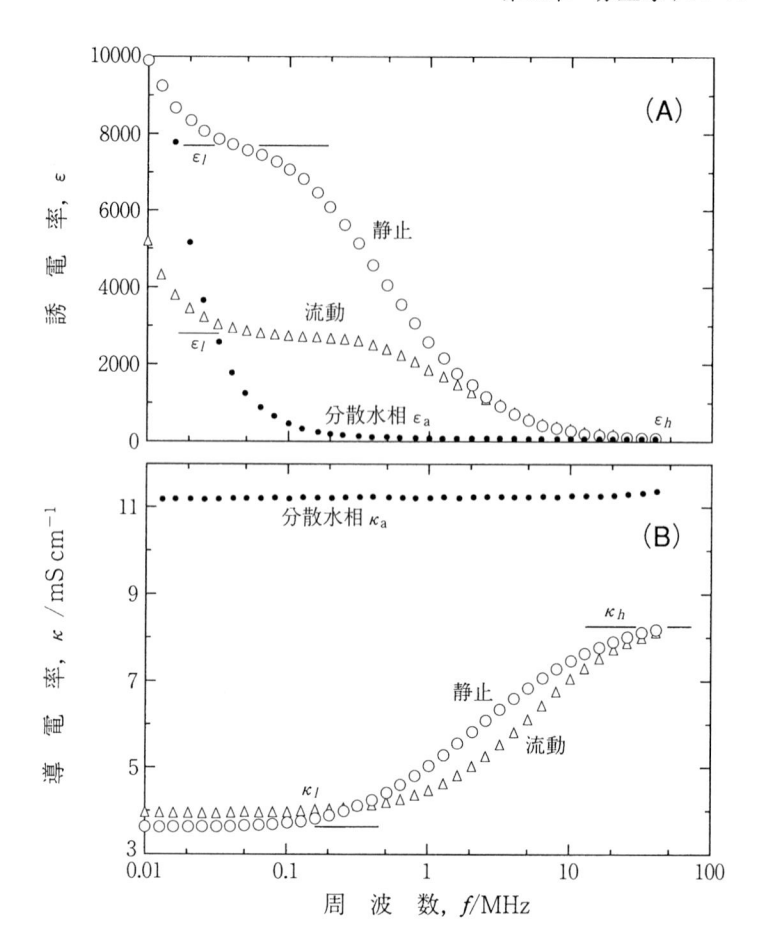

図 12-4 全血試料の(A)誘電率 ε (B)導電率 κ の周波数変化.
△印：攪拌流動しながら測定, ○印：静置3分後に測定,
点線(‥‥)：赤血球を除いた血漿のみの ε_a, κ_a 測定値.

§12・5・2 誘電率と連銭形成

赤血球の低周波極限値 ε_l に著しい変化が見られるので，この ε_l 値に注目して 流動停止後の時間変化と 血漿含有量との関連性を調べよう.

§12・5 赤血球の連銭現象と誘電挙動

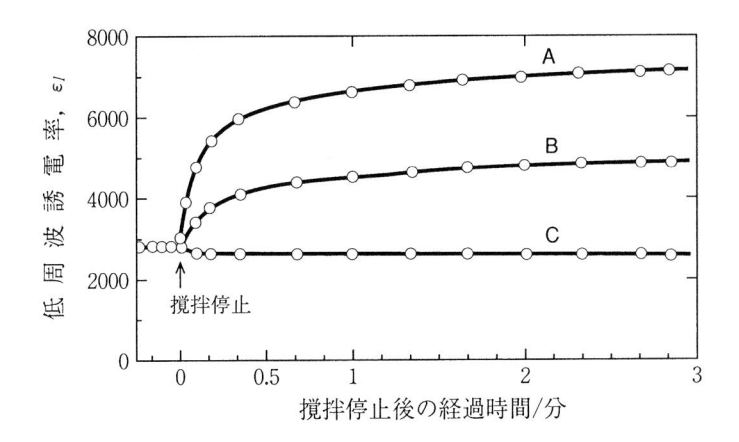

図 12-5 赤血球分散試料 3 種類について，撹拌停止後の静置時間経過に伴なう誘電率 ε の変化.
　　　　曲線 A：全血，血漿 100％試料，63kHz の値.
　　　　曲線 B：血漿 50％試料，100kHz の値.
　　　　曲線 C：血漿 0％試料，100kHz の値.

　図 12-5 には，全血試料 63 kHz での ε 値（曲線 A），50％-血漿試料 100 kHz 値（曲線 B），0％-血漿試料 100 kHz 値（曲線 C），のそれぞれの流動停止後の時間変化の様子を示す．この各周波数での ε 値は ε_l と見なしてよい．

　3 種類の試料は，いずれも 流動撹乱の状態では $\varepsilon_l \approx 2800$ であるが，流動停止後の ε_l は血漿の濃度に応じて非常に変わる．全血試料（100％-血漿 相当，曲線 A）では，ε_l は急激に増加して，3 分後には 7500 に達している．50％-血漿試料（曲線 B）では，$\varepsilon_l \approx 5000$ に増加する．これに較べて，0％-血漿試料（曲線 C）では，ε_l は変化せず，$\varepsilon_l \approx 2800$ という小さい値に止まっている．すなわち 生体血液の血漿があると，静置 3 分後には ε_l が著しく増加する．

　図 12-5 の測定に用いた血液試料のビデオ顕微鏡写真を 図 12-6 に示す．全血 100％-血漿試料（写真 A）では，3 分静置後には このよう

に赤血球が連銭状態を形成している． 50％-血漿試料（写真Ｂ）では，銭つなぎの程度は少なくて，ばらばらの赤血球も多く見られる．0％-血漿試料（写真Ｃ）では，連銭状態は全く見られず，すべて１個づつばらばらに散在している．

これらの結果をまとめると，3種類の試料は いずれも流動撹乱状態では，赤血球は散在し，誘電率低周波極限値 ε_l は 殻球粒子が分散したときの小さい値 約2800 である．ところが 流動を止めて 3分ほど静置すると，生体血液の血漿が充分に含まれている試料では，赤血球は銭つなぎに集まり，ε_l 値は著しく大きくなる．そして このように連銭が形成された試料では，赤血球の沈降速度が大きい．したがって 赤沈法での沈降速度と 誘電測定による ε_l との間には 確かな相関関係がある．しかも 誘電測定は，濃厚な全血を薄めずにそのままで，連銭形成の状態を壊さずに，8秒以内という短時間で 定量的に測定できる．それでこの関連性は 臨床検査法として，今後 大いに活用されることが望ましい．

なお 家兎角膜，ネズミ肝臓 などにも このような誘電解析手法が応用されて，細胞や組織の性質変化の検出に活用されつつある．詳しくは 文献(10),(11),(12)を参照されたい．

第8章 §8・1・2で述べたように，W/Oエマルションでも 撹拌・流動すると，低周波値 ε_l は小さい値になり，静止すると，ε_l 値は非常に大きくなる．このようなW/O系での静止による ε_l 増大の現象は，赤血球の連銭現象と同類のものであり，興味深い．

§12・5　赤血球の連銭現象と誘電挙動　　　　　　　　　　　　　　　　149

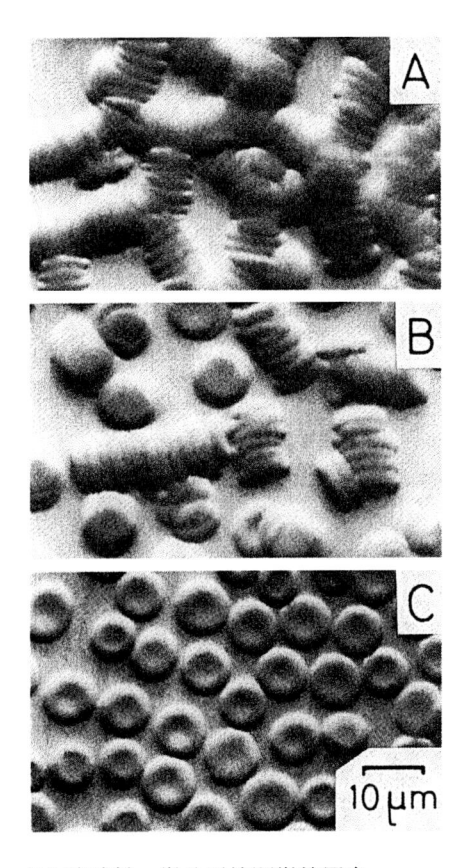

図 12-6　赤血球試料　微分干渉顕微鏡写真.
(A) 全血, 血漿100%試料, (B) 血漿50%に分散の試料.
(C) 血漿0%試料, 血漿タンパクを含まない等張塩溶液に分散の試料.

引用・参考文献：
（1）　T. Hanai,　N. Koizumi,　A. Irimajiri,
　　　　　　　　Biophys. Struct. Mech., **1**　285（1975）.
（2）　T. Hanai,　K. Asami,　N. Koizumi,
　　　　　Bull. Inst. Chem. Res., Kyoto Univ., **57**　297（1979）.

(3)　K. Asami, 　T. Hanai, 　N. Koizumi,
　　　　　　　　Japanese J. Appl. Phys., **19**　359（1980）.
(4)　S. Takashima, 　K. Asami, 　Y. Takahashi,
　　　　　　　　Biophys. J., **54**　995（1988）.
(5)　K. Asami, 　Y. Takahashi, 　S. Takashima,
　　　　　　　　Biochim. Biophys. Acta, **1010** 49（1989）.
(6)　K. Asami, 　Y. Takahashi, 　S. Takashima,
　　　　　　　　Biophys. J., **58**　143（1990）.
(7)　A. Irimajiri, 　M. Ando, 　R. Matsuoka, 　T. Ichinowatari,
　　　S. Takeuchi, 　Biochim. Biophys. Acta, **1290**　207（1996）.
(8)　H. Kaneko, 　K. Asami, 　T. Hanai,
　　　　　　　　Colloid Polymer Sci., **269**　1039（1991）.
(9)　H. Kaneko, 　K. Asami, 　T. Hanai,
　　　　　　　　Bull. Inst. Chem. Res., Kyoto Univ., **69**　399（1991）.
(10)　目白康子, 　渡辺牧夫, 　安藤元紀, 　上野脩幸,
　　　　　　　　日本眼科学会雑誌, **98**　No.3 215（1994）.
(11)　V. Raicu, 　T. Saibara, 　A. Irimajiri,
　　　Bioelectrochemistry and Bioenergetics, **47**　325（1998）.
(12)　V. Raicu, 　T. Saibara, 　H. Enzan, 　A. Irimajiri,
　　　Bioelectrochemistry and Bioenergetics, **47**　333（1998）.

第13章　メダカの卵，蛙の卵

§13・1　メダカの卵の誘電測定とその結果

　メダカの卵は，水相に比べて充分に絶縁性のある細胞膜が，外周膜として球形の袋状になった構造である．すでに前の章で解説した マイクロカプセル（粒子の直径 約 0.3 mm），リポゾーム（約 1 μm），赤血球（約 8 μm）などの殻・膜球粒子分散系と比べると，このメダカの卵（約 1.2 mm）は大変大きい粒である．後に出る式(2)でもわかるように，同程度の濃度 Φ, 膜厚 d, 膜相（膜物質）の誘電率 ε_s のときには，誘電率の低周波極限値 ε_l は あらまし膜球の直径 $2S$ に比例すると考えられる．したがって メダカ卵のように大きな膜球粒子では，大きな誘電緩和が予想される．

　さらに 誘電測定機器の進歩によって，直径 1 mm という小さい粒子 1 個を 3～5 分程度で誘電測定出来るようになった．また メダカ卵 1 個の系には，薄膜球希薄系の §21・4 の Pauly-Schwan の理論式を使える という利点もあり，解析のための計算がしやすい．

　メダカの卵 1 個を 10％メダカ用生理食塩水中に保ち，受精直後から時間が経つにつれて成長するときのあらましの構造変化を 図 13-1 に示す．この各生長段階で誘電測定した結果を図 13-2 に示す．

　この図 13-2 によれば，測定周波数を上げてゆくと，20 kHz 辺りで

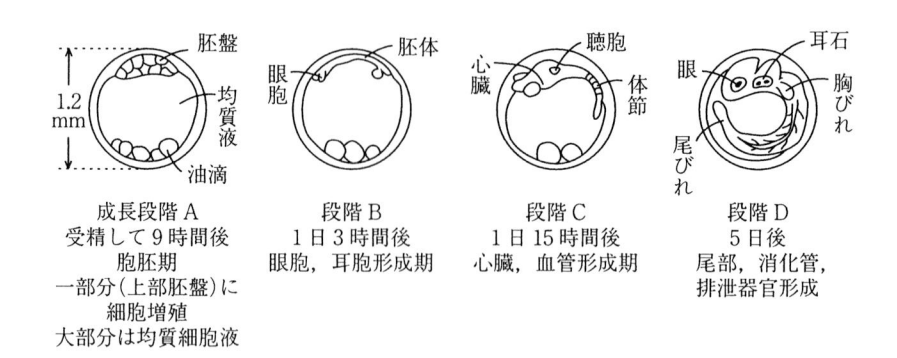

図 13-1 受精メダカ卵の成長段階での構造変化
図 13-2 の曲線 A, B, C, D に対応する．

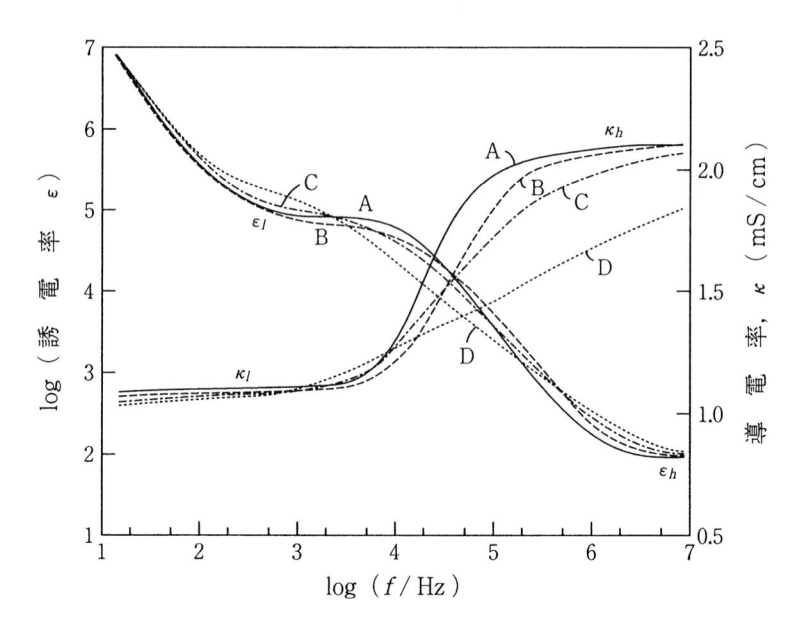

成長段階 A
受精して 9 時間後
胞胚期
一部分（上部胚盤）に
細胞増殖
大部分は均質細胞液

段階 B
1 日 3 時間後
眼胞，耳胞形成期

段階 C
1 日 15 時間後
心臓，血管形成期

段階 D
5 日後
尾部，消化管，
排泄器官形成

図 13-2 メダカ卵 1 個の受精後生育過程での誘電緩和挙動．
図中の曲線 A, B, C, D は図 13-1 の成長各段階に対応．

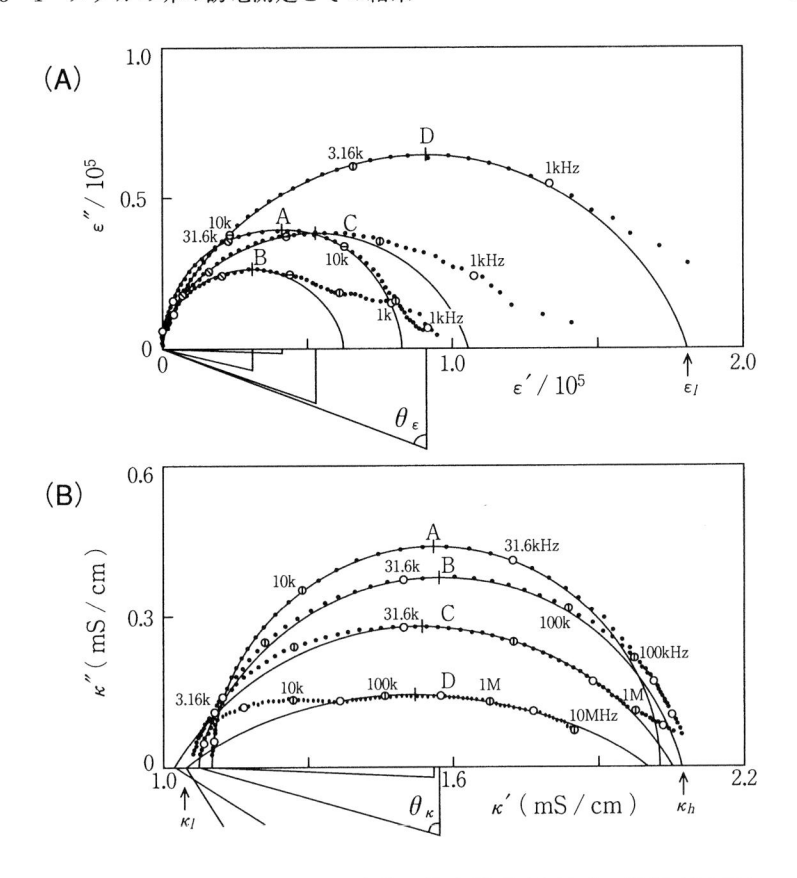

§13・1 メダカの卵の誘電測定とその結果　　　　　　　　　　　　　153

図 13-3　メダカ卵の図 13-2 測定値の複素誘電率図(A), 導電率図(B).
図中の曲線 A, B, C, D は図 13-1 の成長各段階に対応.

誘電率 ε の減少と導電率 κ の増加, すなわち誘電緩和 1 個を生じている. 200 Hz 以下の低周波側では, 電極面分極の効果により誘電率 ε が増大するので, 卵自体の誘電挙動の特徴を確かめにくい. それでこれらの測定値を複素誘電率図, 図 13-3 A (Cole-Cole プロットという), および複素導電率図, 図 13-3 B などに書き換える. これらの図を見ると, あらまし 1 つの円弧(すなわち 1 個の誘電緩和)が認められ, 低周波極限値 ε_l, κ_l, 高周波極限値 ε_h, κ_h, などを読み取りやすい.

§13・2　測定結果の解析

　膜球粒子希薄分散系で 誘電緩和1個の場合には，第21章の近似式 (21-79)～(21-82) が成り立つので，それを次に再掲し，これを用いて測定結果を解析してみよう．

薄殻・薄膜球粒子希薄分散系の Wagner, Pauly-Schwan 理論式：

$$\text{体積分率}\ \Phi = \frac{2(\kappa_a - \kappa_l)}{2\kappa_a + \kappa_l}, \tag{1}$$

$$\text{膜電気容量}\ C_M \equiv \frac{\epsilon_v \varepsilon_s}{d} = \frac{(2+\Phi)^2}{9\Phi} \cdot \frac{\epsilon_v \varepsilon_l}{S}, \tag{2}$$

$$\epsilon_v = 0.088542\ \text{pF}/\text{cm},$$

$$\text{内水相}\ \varepsilon_i = \varepsilon_a \frac{(2+\Phi)\varepsilon_h - 2(1-\Phi)\varepsilon_a}{(1+2\Phi)\varepsilon_a - (1-\Phi)\varepsilon_h}, \tag{3}$$

$$\text{内水相}\ \kappa_i = \kappa_a \frac{(2+\Phi)\kappa_h - 2(1-\Phi)\kappa_a}{(1+2\Phi)\kappa_a - (1-\Phi)\kappa_h}, \tag{4}$$

ここに ε_S は膜相の誘電率である．κ_S は膜相の導電率であり，$\kappa_S \ll \kappa_i, \kappa_a$ である．

　直径 $2S$ のメダカ卵球1個だけの系では，体積分率 Φ は 卵球1個の体積 $4\pi S^3/3$ に比例する．したがって 成長初期の基準試料 A の 卵球半径 S_A（直接観測する），体積分率 Φ_A（式(1)により求める）を知れば，他の試料 B，C，D については，式(1)による Φ 値を用いて，次式により 半径 S が求められる．

$$\text{卵球半径}\ S = S_A \left(\frac{\Phi}{\Phi_A}\right)^{\frac{1}{3}} \tag{5}$$

この S 値を式(2)に代入すると，C_M を算出できる．

§13・2 測定結果の解析

この誘電理論の成り立ちを省りみると，式(1)は，内部構造状態には関係なく，絶縁殻球の大きさだけに関係するので，卵球内部の構造が変わっても 式(1)から算出される Φ 値は正しい．しかし 図13-1 に見られるように，生長段階 B，C，D に進むにつれて，卵球内部に細かい構造物が出来ると，殻球理論式(2)～(4)は 定量的には成り立たなくなる．しかし これらの理論式による数値算出は容易なので，一応単純構造の殻球粒子に対応する量として，成分相定数の値を求めてみよう．さらに 卵球内部に構造物が出来ると，誘電挙動，誘電観測定数値や構成相定数値 がどのように変わるか，などにも注目しよう．

図 13-2，-3 A，-3 B の実測結果から読み取った ε_l，ε_h，κ_l，κ_h の値，および別途に測定した外水相の ε_a，κ_a，球粒子の半径 S を前記の式(1)～(5) に代入すると，卵の体積分率(濃度) Φ，卵外周膜の電気容

表 13-1 メダカ受精卵の誘電緩和の観測定数値と 膜球粒子希薄分散系の Pauly-Schwan 理論式により算出した構成相定数値

試料名	誘電観測定数				算出した構成相定数					角度	
	ε_l	ε_h	κ_l mS/cm	κ_h mS/cm	Φ	直径 2S mm	C_M $\mu F/cm^2$	ε_i	κ_i mS/cm	θ_ε degree	θ_κ degree
A	82400	77	1.10	2.03	0.217	1.20	0.306	73.5	4.96	88	88
B	63000	77	1.07	2.07	0.233	1.23	0.216	73.8	5.02	78	75
C	106000	77	1.03	2.06	0.256	1.27	0.326	74.1	4.35	71	58
D	182000	77	1.05	2.00	0.242	1.25	0.596	73.9	4.15	70	33

別途の測定値： 連続外水相 $\varepsilon_a = 78$，　$\kappa_a = 1.56$，
　　　　　　　試料 A の卵球直径 $2 S_A = 1.2$ mm，
　　　　　　　θ_ε，θ_κ/degree： 円弧のつぶれ程度を示す角度．
　　　　　　　図 13-3 A，3 B 参照．

量 C_M，卵球内水相の誘電率 ε_i，導電率 κ_i などを計算できる． 実測結果から読み取った値，および算出された数値を 表13-1 に並べてある．

§13・3 算出定数値の考察

表 13-1 の結果を通覧すると，次のような事柄を読み取り，あるいは推論できる．

(1)　Φ の式(1)の理論的導出は 膜球内部の構造によらないので，内部構造が複雑になっても 表13-1 の Φ，S 値 は正しい． この表を通覧すると，試料 A～D は，いずれも Φ 値は あまり変わらない． したがって 膜球の直径 $2S$ は 1.25 mm 程度で，球の大きさは変わっていない．

(2)　試料 A～D いずれも ε_i 値は，この章の始めに予想したように，10^5 程度の大きな値である． これは卵球膜の絶縁性のある層が リポゾームや赤血球の膜厚 d（約 10 nm）と同程度の薄い膜であること を示している． ε_i 値は，A→B に進むと減少し，さらに →C→D に至ると 約3倍に増加している．

(3)　試料 A では，図 13-3 A，3 B いずれもほぼ半円である． 円弧のつぶれ程度を示す角度 θ_ε，θ_κ は 90°（直角）に近い． これは 殻球系理論の結果とも一致していて，理論構成で採用した単純な構造，すなわち 球状膜の内部は均質であるという構造が成り立っていて，電気的には 絶縁外周膜球だけの簡単な構造だ といえる． したがって 算出された ε_i，κ_i 値は 内部均質液の値と見なせる．

(4)　ところが 図 13-1 でわかるように，段階 B→C→D と生長が進

むにつれて，卵球内部に 構造物が多くなっている． これに伴って 図 13-3 A，3 B では 円弧が次第につぶれてゆく． また 表 13-1 の角度 $\theta\varepsilon$，$\theta\kappa$ の値は，半円の 90° から減少して，小さい値になっている． 誘電理論の別途の考察によれば，多層殻球の構造になると，すなわち内部に構造物（導電性にむらを生じるような構造）が出来てくると，この円弧がだんだんつぶれることがわかっている． その知識を念頭に置いて考えると，B→C→D に至るにつれて 膜球内部は，一個の均質な内相ではなくなり，複雑な構造が形成されて，電導・不電導のむらが多くなる． その結果，図 13-3 A，3 B の円弧のつぶれ程度が烈しくなったものと想像される． したがって 単純な殻球構造に基ずく C_M，ε_i，κ_i の算出値は 段階 A の値と変わりなく見えるが，角度 $\theta\varepsilon$，$\theta\kappa$ の著しい減少に注目すると，内部構造に変化があることを容易に想像できる．

このような段階になると，誘電測定だけでは 内部構造の推定はむつかしくなり，他の観察事実を併せて考察することが必要である．

人体の胸部・腹部の X 線透視診断でも，黒い影や明るい部分の発生はすぐにわかる． しかし その影が食物，異物呑み込み，腫瘍 などの何れによるかなどの判断には，他の検査知見が要る． これと似ていて誘電測定は，物質の不均質集合状態の他面からの観察知見と併せて考察すれば，対象を壊さずに 生きたままで，もっと具体的な判定や推論を進めることが出来る．

§13・4　蛙の卵の誘電測定結果

メダカの卵（直径約 1.2 mm）は 大粒だから誘電緩和が大きいとい

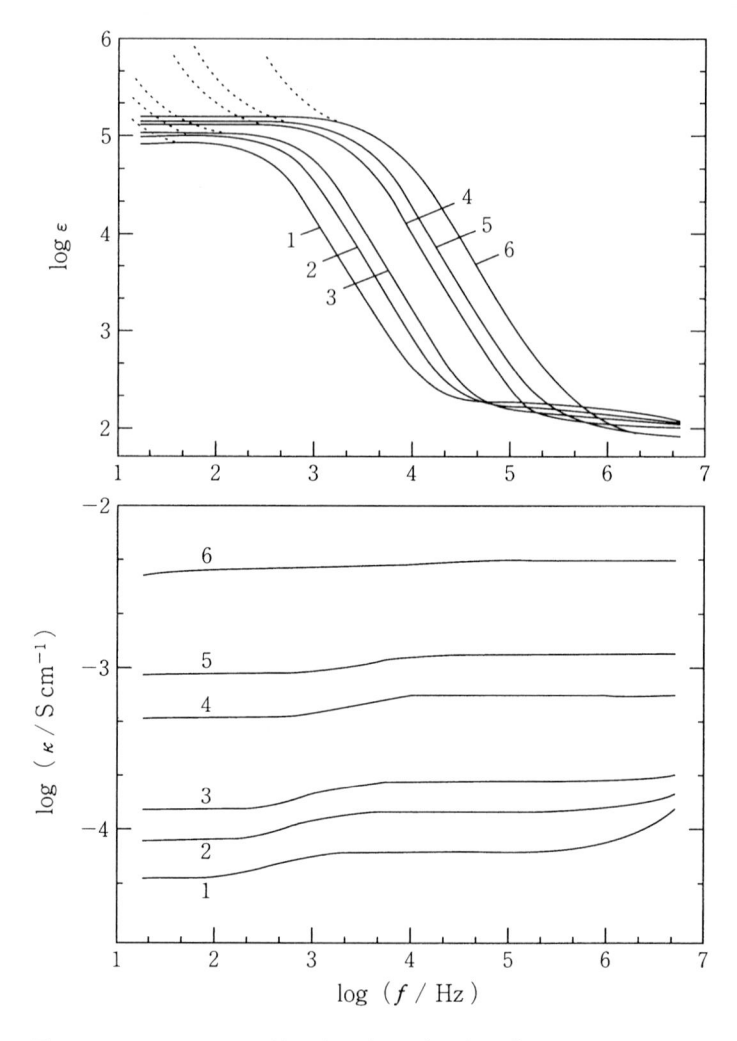

図 13-4 アフリカツメ蛙の卵 1 個の誘電率と導電率の周波数変化. 図中の曲線番号は表 13-2 の試料番号.

§13・4 蛙の卵の誘電測定結果

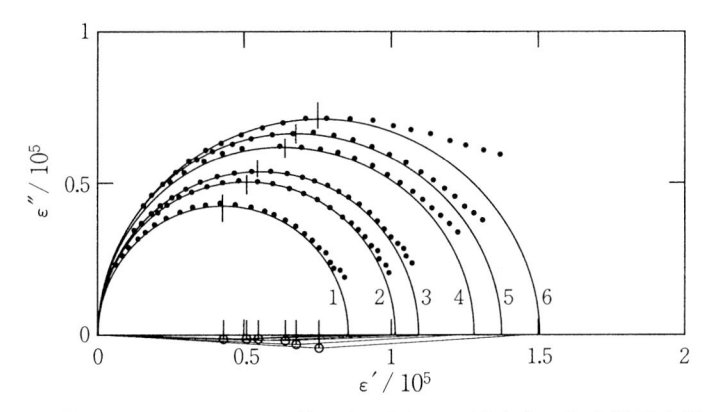

図 13-5 アフリカツメ蛙の卵の図 13-4 測定値の複素誘電率図.
図中の曲線番号は表 13-2 の試料番号.

うことならば，それと似たような蛙の卵（約 1.6 mm）も大粒だから，大きな誘電緩和が期待される.

そこで アフリカツメ蛙 Xenopus の卵 1 個を いろいろな濃度の NaCl 水溶液中に浮かべて 誘電測定した. 浅見耕司博士の研究の未発表資料を ここに引用する. その結果によれば，図 13-4 に示すように $\varepsilon_l \approx 10^5$ 程度の 非常に大きな誘電緩和が観測された. この測定値群を ε-$\Delta\varepsilon''$ 図上に示すと，図 13-5 のように ほぼ半円になる. この半円という結果から見て, メダカ卵と同様に 蛙の卵は球形であり, 薄い卵膜は水溶液に比べて導電率が充分に低く, 卵膜球の内は 導電率が一様な水溶液である と推察される.

図 13-4 によれば，誘電緩和は 低周波側の緩和 すなわち P-緩和が $\varepsilon_l \approx 10^5$, $\Delta\varepsilon_P \approx 10^5$ の大きさで はっきりと認められる. したがって 前記の式(1)～(4) を適用出来るように見える. しかし この蛙の卵を顕微鏡で観察してみると, 図 13-6 に示すように, 細胞膜球の外面は, 外水相よりも導電性の高いゲル状の細胞壁で覆われている. した

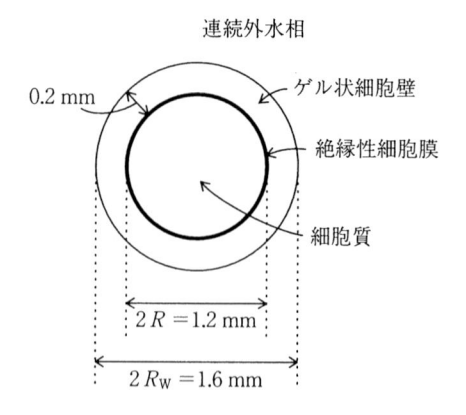

図 13-6 蛙の卵の構造図式

がって 連続外水相—細胞壁球殻—細胞膜球殻—内相細胞質 という 2 層球殻構造 4 相系の誘電理論式によって解析しなければならない．この理論構成は かなり複雑であり，コンピューター計算に依存するので，こゝでは 理論の説明を省略する．その 4 相系理論式により，図 13-4, 5 の測定値を処理して得られた計算結果を 表 13-2 に示す．

　この処理結果によれば，外水相の NaCl 濃度を 0.1 mM から 50 mM まで，500 倍に増加したとき，次のような諸量の変化特性が認められる．
（ⅰ）　ゲル状細胞壁球の体積分率 Φ_W と半径 R_W は減少し，細胞壁は縮まるようである．
（ⅱ）　細胞膜の電気容量 C_M は増加している．
（ⅲ）　細胞壁の導電率 κ_W は 55 倍になる．内部細胞質の導電率 κ_i は 11 倍程度にとどまっている．全般に 外界変化に対して，内部変化の程度は少ない．

§13・4 蛙の卵の誘電測定結果   161

表13-2 アフリカツメ蛙の卵1個の誘電測定結果と
4相構成の理論による計算処理結果

試料番号	外水相 NaCl mM	誘電観測定数					
		κ_a mS/cm	κ_l mS/cm	κ_m mS/cm	ε_l 10^5	f_p kHz	β
1	0.1	0.051	0.049	0.072	0.86	0.46	0.98
2	0.5	0.095	0.084	0.128	1.02	0.72	0.99
3	1	0.150	0.129	0.196	1.10	1.08	0.98
4	5	0.580	0.479	0.685	1.28	2.75	0.98
5	10	1.103	0.900	1.217	1.37	3.89	0.98
6	50	4.97	4.03	4.65	1.50	6.53	0.96

試料番号	外水相 NaCl mM	算出した構成相定数				
		Φ_w	R_w mm	κ_w mS/cm	κ_i mS/cm	C_M $\mu F/cm^2$
1	0.1	0.277	0.808	0.127	0.189	0.50
2	0.5	0.268	0.799	0.180	0.317	0.52
3	1	0.263	0.794	0.243	0.518	0.54
4	5	0.247	0.778	0.827	1.172	0.60
5	10	0.241	0.771	1.501	1.537	0.63
6	50	0.225	0.753	6.96	2.19	0.69

κ_a: 外水相の導電率, κ_l, ε_l: 誘電緩和の低周波極限値,
κ_m: 低周波P-緩和の高周波極限値, P-, Q-緩和の中間の平坦値,
f_p: P-緩和の緩和周波数, Φ_w: ゲル状細胞壁球の体積分率,
β: 円弧の特性パラメーター, 半円なら1.0,
R_w: ゲル状細胞壁球殻の外半径, κ_w: ゲル状細胞壁の導電率,
κ_i: 内相細胞質の導電率, C_M: 細胞膜の電気容量,
細胞膜球は大きさが変わらないので, 他の知見をも取り入れて, 全試料に共通で, 次の値を用いている.

　　　細胞膜球:　半径 $R = 0.665$ mm,　　球体積 $= 1.233$ mm^3,
　　　　　　　　体積分率 $\Phi = 0.154$,

このような内部の構成相定数の変化から 生体の構造や機能の変化を推定するには，併せて 他の面から観察した知見が必要である． そこまで立ち入らなくても，ε_l 値は細胞膜の健全度の目安になるし，β 値の変化は 内部細胞質の相での構造物形成の程度を反映する． このように誘電緩和の形や誘電観測定数値に注目すると，細胞の状態変化が 手軽に判定出来て，応用にも役立つ．

引用・参考文献：
（1）　K. Asami,　A. Irimajiri,　T. Hanai,
　　　　　Bull. Inst. Chem. Res., Kyoto Univ., **64**　339（1986）．
（2）　浅見耕司，アフリカツメ蛙の卵，誘電測定と考察，未発表資料．

第14章 イースト細胞の培養と
ビールの醱酵

Q: イースト培養といえば，パンやビールなど 日常の発酵食品でお馴染みだが，これらが誘電率にどう関係するのかな？
A: 生きた細胞は水相中に分散しているから，容易に誘電測定ができる．そして 観測した誘電緩和の大きさは 細胞の量に比例している．だから ビールの発酵度合いを 刻々に知って，培養工程の制御・促進にとても役立つ．そんな問題を解説しよう．

§14・1 イースト細胞の誘電測定

（i）細胞の培養　　イースト細胞は水相中で増殖するが，静置するとすぐ沈澱する．そして堆積すると 増殖の能率が低下するので，長時間まばらに分散するように，イースト細胞を アルギン酸カルシウムのゲル内に固定する（ゲル中に混ぜ込む）という調製操作をする．すなわち ポリペプトン，ブドウ糖 などを含む培養液で増殖した細胞を，アルギン酸ナトリウム 2％水溶液に混ぜ込む．注射器で，この混合液を塩化カルシウム 0.1 M 液に 静かに滴下すると，Ca^{2+} イオンは アルギン酸に結合してゲル化し，直径 1.1 mm 程度の粒状ゲル（ビーズ beads と呼ぶ）になる．このビーズのゲル相内には 培養液も充分に含まれているので，散在したイースト細胞は 28℃ で増殖を続ける．

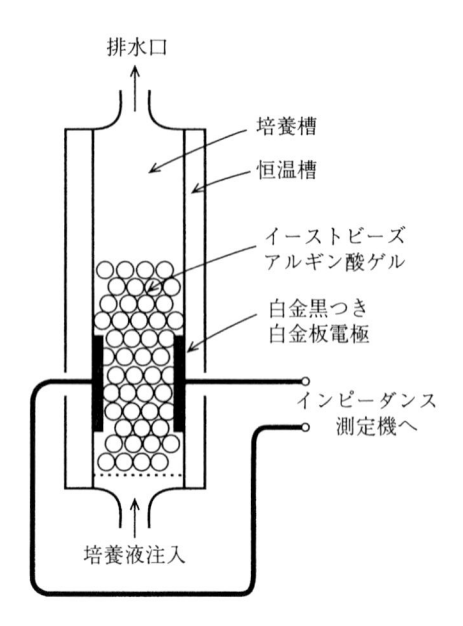

図 14-1 イースト細胞培養の時間経過を誘電観測する培養槽と電極

（ii）細胞の誘電測定　　このイーストビーズ系を 図14-1 の培養槽に詰め，数 10 時間にわたって培養を続け，槽内に取り付けた平行板コンデンサー型白金板電極で 電気容量 C とコンダクタンス G を測定する．このセル定数は $0.08\,\mathrm{pF} \sim 0.13\,\mathrm{pF}$ である．イースト細胞の増殖につれて イーストビーズは膨張する． 図14-1 の培養槽内に物差しを取り付けて，イーストビーズの縦向きの容積増加を測定する．

（iii）細胞濃度の直接測定　　電気容量 C，コンダクタンス G を測ったのち，イーストビーズを エチレンジアミンテトラ酢酸の 0.1 ％液に入れると，ビーズのゲル化の状態が解けて，イースト細胞は 水相

中に解放される．これを蒸留水で洗い，105℃で重量が一定に落ち着くまでイースト細胞を乾燥する．このようにして，増殖したイースト細胞の量を直接に測る．このような細胞量検知法は，大変面倒であり，また培養工程を中断して測定するので不便である．それで以下に述べるように，細胞を痛めずに，細胞の量を簡易に，連続的に測定できる誘電的検知法を開発しようとする．

§14・2 イースト細胞増殖の誘電測定結果

（i）細胞による誘電緩和　　イースト細胞を含むビーズとイースト細胞を含まないビーズとについて，1 kHz～13 MHz の周波数範囲にわたる誘電測定の結果を図 14-2 に示す．コンダクタンス G も同時に測定されているが，ここには省略する．100 kHz～10 MHz の範囲に注目すると，イースト細胞を含まないアルギン酸カルシウムだけのビーズの結果（‥‥○‥‥）は $C \sim 8\,\mathrm{pF}$ くらいで一定である．

これに対して，イースト細胞を含むビーズでは（──●──），周波数が増加するにつれて電気容量 C（同時に誘電率も）は 90 pF から 8 pF くらいに減少している．これはイースト細胞による誘電緩和現象であり，第 12 章に述べる殻球粒子（イースト細胞に対応する粒形）の P-緩和である．30 kHz 以下に見られる電気容量 C の急激な上昇は電極分極による現象であり，ここでは考察しない．

（ii）誘電率と細胞濃度との関係　　培養槽内の細胞増殖の度合い検知器（モニター monitor）として，簡易で有用な使用法を確立するためには，図 14-2 の誘電緩和の低周波極限値 C_l を求めるよりも，電極分極の影響が無視出来る周波数 100 kHz，300 kHz，1 MHz の 3 点で

図 14-2 アルギン酸カルシウムゲル粒子(ビーズ)内に取り込んだイースト細胞の電気容量 C の周波数 f 依存性
　　　　　―●―印, イースト細胞を含むビーズ
　　　　　…○…印, イースト細胞なしのビーズ

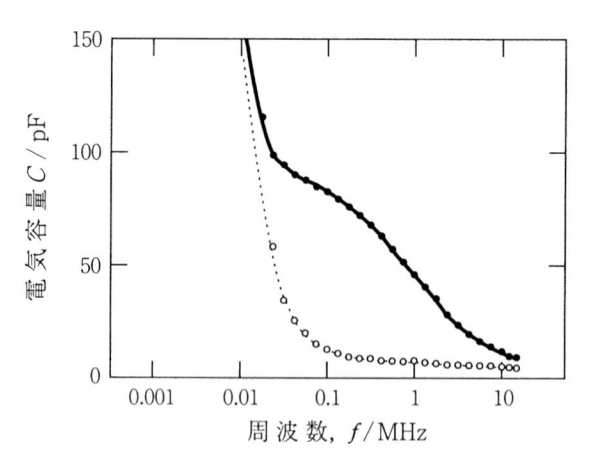

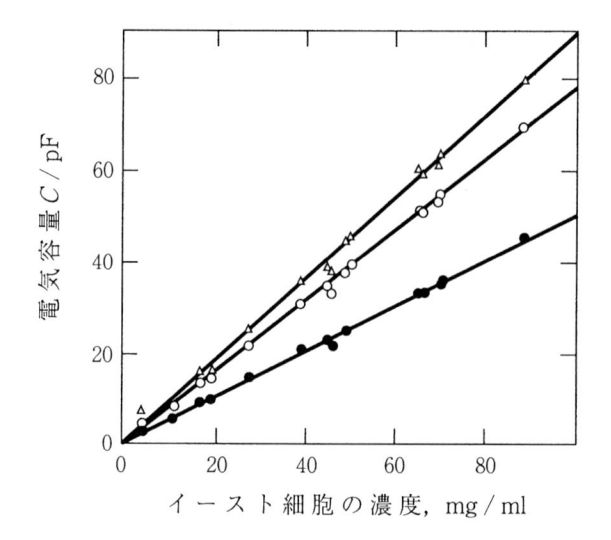

図 14-3 アルギン酸カルシウムゲル粒子(ビーズ)内に固定したイースト細胞の濃度と電気容量 C との関係.
　　　　　―△― 100kHz, ―○― 300kHz, ―●― 1MHz での電気容量値. 細胞濃度の直接測定は, §14-1の(iii)による.

§14・2 イースト細胞増殖の誘電測定結果　　167

の測定値を そのまま検知目安量として使いこなす方式が実際に使い易い．

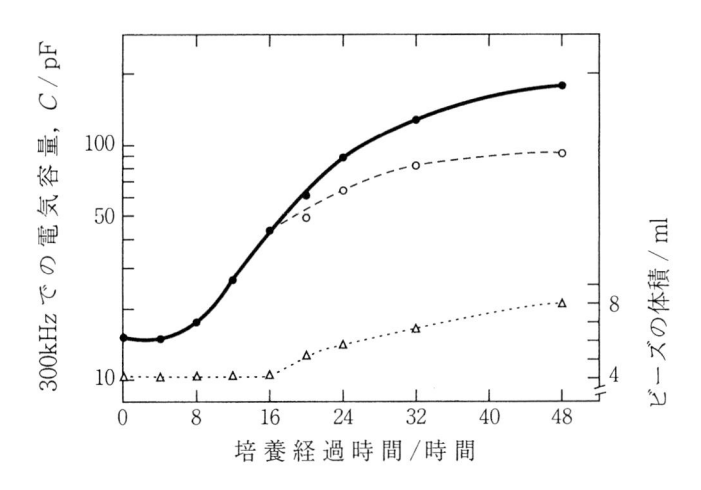

　いろいろなイースト濃度のイーストビーズを 100 kHz，300 kHz，1 MHz の3点で測った電気容量 C と，それぞれの試料の細胞濃度の直接測定値 ［§14・1の(iii)］ との関係を 図14-3に示す． 3種類の周波数いずれでも，電気容量 C と細胞濃度の直接測定値とは 極めて良い直線関係，すなわち正しい比例関係，になっている． したがって，あらかじめ この直線関係の較正直線を作っておけば，以後は簡易，迅速，かつ長時間継続可能な電気容量測定によって，培養過程での刻々の細胞濃度を正確に知ることが出来る． また 試料が濃くなって濁ったり，色がついても誘電測定は確実に進められる．

図 14-4　ゲル中に固定したイースト細胞の連続培養過程での電気容量の時間変化，および ビーズの体積変化．
　　　--○--・300kHzでの電気容量値．
　　　―●―ビーズの体積膨張割合を採り入れて補正した電気容量値．
　　　下側の図：…△…ビーズの体積の直接測定値

(iii) 培養過程全域にわたる電気容量変化　　長時間にわたる培養過程全域での電気容量変化を 図14-4 に示す．あわせて，測ったイーストビーズの容積増加の観測結果を 図14-4 の下部に示してある．300 kHz での電気容量 C は 初め 15 pF くらいであり，培養8時間くらいから増加しはじめ，30時間以上経つと 90 pF にまで増加する（‥‥○‥‥）．

　さきの図14-3 で確かめられた直線性を ここに当てはめると，細胞の量は6倍に増殖していることがわかる．この培養過程では，図14-4 の下部に見られるように，イーストビーズの容積は16時間までは一定であるが，それ以後は 徐々に増加し，48時間経つと約2倍にまで増加している．ところが 図14-1 の電極配置からわかるように，電気容量 C に寄与する試料部分は，対向二電極板の間にあるイーストビーズだけに限られている．したがって はじめのビーズ容積を V_0，時刻 t でのビーズ容積を V_t とするならば，$C \times (V_t/V_0)$ は増殖した細胞全量に対応する電気容量値といえる．このような補正をした電気容量 C の曲線を 図14-4 に図示（━━●━━）してある．このように補正すると，C 値およびそれに比例する細胞の量は 一層多くなることがわかる．

　このような誘電的検知法は，細胞が大きいほど容易になる．直径7 μm 程度のイースト細胞では，10^7 個/ml 以上の細胞濃度ならば，このようにして 培養増加量を定量的に検知できる．

§14・3　ビール醸造イーストの増殖挙動

　ビール醸造に使うイーストの培養増殖の過程を 誘電的に検知する実例を紹介しよう．誘電測定セルは，一辺6 mm の四角板で 間隔4 mm

§14・3 ビール醸造イーストの増殖挙動　　　169

図14-5 ビール醸造イースト醗酵の増殖期での　誘電率 $\delta\varepsilon = \varepsilon - \varepsilon(t=0)$ と　導電率 $\delta\kappa - \delta\kappa_l (t=0)$ の周波数変化.
醗酵開始後 2, 4, 6, 8, 10 時間での測定値群.

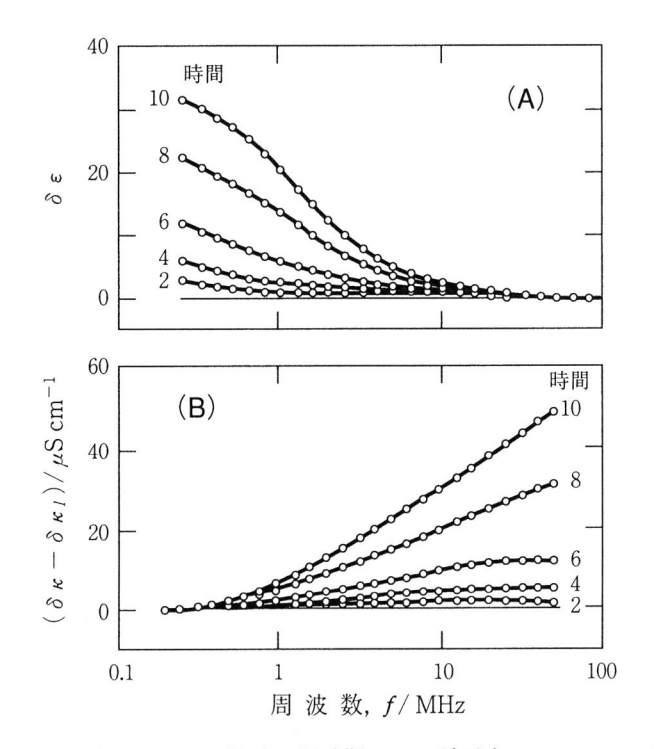

の平行板コンデンサーより成り，これを培養槽の液中に挿入し，つねに撹拌して イースト細胞が一様に分散した状態を測る． イースト抽出液2％，ペプトン2％，ブドウ糖2％ の27℃の液に イースト細胞を入れて培養を始める．

誘電率 ε，導電率 κ の 0.1 M〜100 MHz にわたる周波数変化は 図14-5のようになる． 簡単化のために，培養経過時刻 t での $\varepsilon(f, t)$，$\kappa(f, t)$ 値から それぞれの初期値（$t=0$ での値）を差し引いた値を増加分 $\delta\varepsilon \equiv \varepsilon - \varepsilon(t=0)$，$\delta\kappa - \delta\kappa_l$ と記し，これを図示してある．

図14-5 によれば，培養時間 2→10 時間の経過につれて，誘電緩和

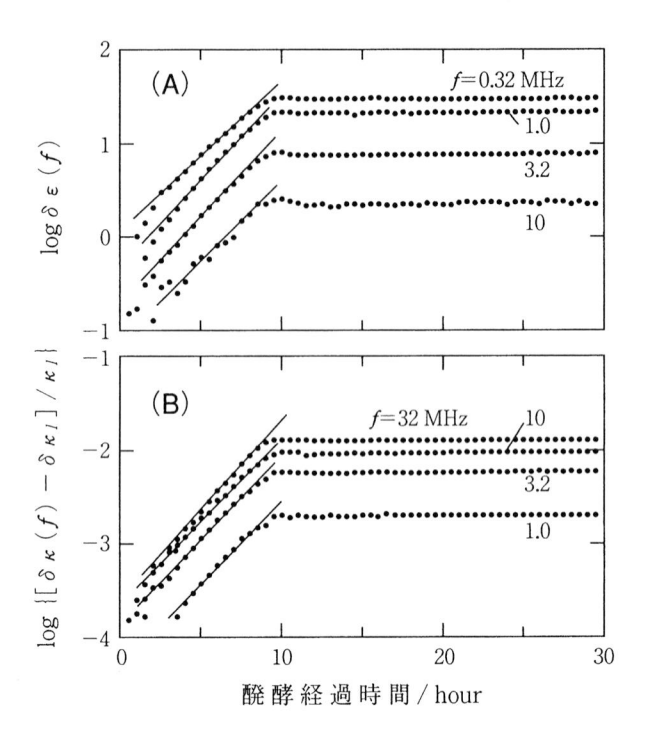

図14-6 イースト醗酵過程での 誘電率 $\delta\varepsilon = \varepsilon - \varepsilon(t=0)$, 導電率 $[\delta\kappa - \delta\kappa_l(t=0)]/\kappa_l$ の時間経過

が著しく増大している．これはイースト細胞の濃度増加によるものである．この培養をさらに30時間にわたり観測すると，図14-6のようになる．縦軸が対数尺度で採ってあることに留意すると，細胞の増殖過程が進行と停止の二段階になっていることがわかる．すなわち 初めの10時間は増殖を続け，$\log(\delta\varepsilon)$-対-培養時間 t が直線になっている．これは $\varepsilon = Ae^{Bt}$ のように 時間 t の指数関数的に ε が増加することである．細胞増加分が，その時の細胞量と経過時間 Δt とに比例するならば，細胞量は誘電率 ε に比例するとして，$\Delta\varepsilon = D \cdot \varepsilon \cdot \Delta t$ となる．したがって これを積分すれば，前記の指数関数型の時間変化にな

る．10時間以降は 細胞増殖が止まって，ε, κ は一定値に留まっている．このように ε, κ の知見が 容易に，かつ長時間にわたり 刻々に得られるので，培養工程では ε, κ の値に注目して，細胞の増殖具合に応じた迅速・適切な処置を進めることが出来る．

§14・4　ウイスキー醱酵過程の誘電観測

　ウイスキー醸造のイースト培養過程では，イーストの少し変わった増殖挙動が 誘電的検知法によって 見いだされている．

　測定法は，前節のビール醸造での培養形式と似ているので，説明を省略する．測定された誘電率 ε の時間経過を 図14-7Aに示す．誘電率 ε は 20時間までは増加する．その後は減少して，40時間後には元の80程度の値まで減少する．その理由は 細胞の死滅によると思われる．細胞が死ぬと，細胞膜は イオンが通りやすくなり，絶縁性でなくなる．したがって 絶縁性殻球粒子の呈する誘電緩和が消えてしまい，誘電率は 水相値の80くらいになると考えられる．

　別の方法で 生細胞と死細胞の数を調べてみると，図14-7Bのようである．すなわち 誘電率が減少する段階では，生細胞が減り，死細胞が増える．そして，40時間後には ほぼ全部が死細胞になっている．

　このようにして，誘電率の測定によって，生細胞の量は 簡易・迅速・正確に 時間変化まで知ることが出来る．

(A), (B), (C) のグラフ

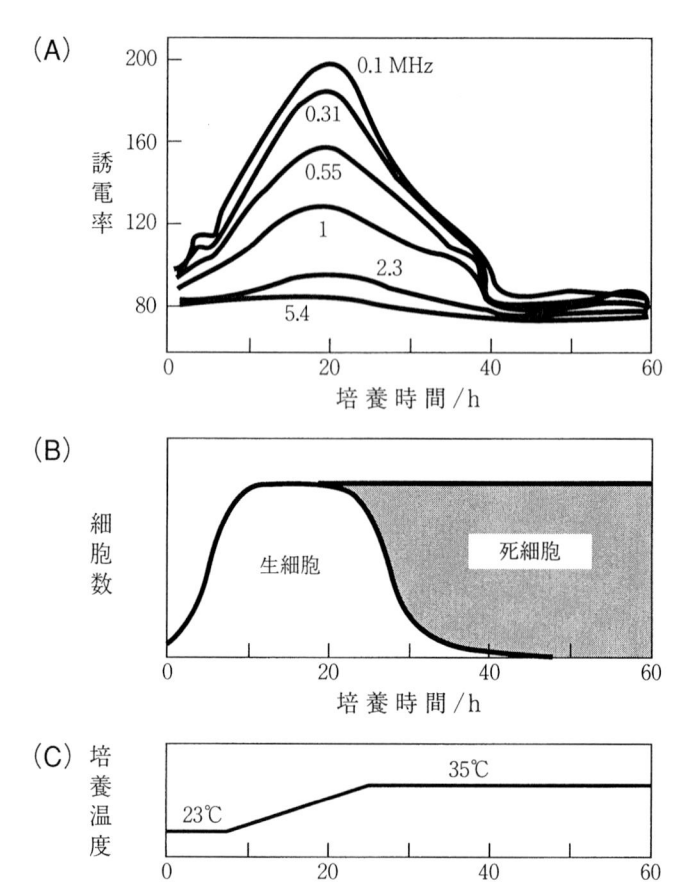

図 14-7 ウイスキー醸造イースト醗酵過程の誘電率，細胞数，培養温度 などの時間経過．

§14・4 ウイスキー醗酵過程の誘電観測

引用・参考文献：
(1) K. Mishima, A. Mimura, Y. Takahara, K. Asami, T. Hanai,
J. Ferment. Bioeng., **72** 291 (1991).
(2) K. Asami, T. Yonezawa,
Biochim. Biophys. Acta, **1245** 99 (1995).
(3) K. Asami, T. Yonezawa,
Biochim. Biophys. Acta, **1245** 317 (1995).
(4) K. Asami, T. Yonezawa, Biophys. J., **71** 2192 (1996).
(5) K. Asami, T. Hanai, N. Koizumi,
J. Membrane Biol., **28** 169 (1976).
(6) K. Asami, T. Hanai, N. Koizumi,
J. Membrane Biol., **34** 145 (1977).
(7) K. Asami,
Bull. Inst. Chem. Res., Kyoto Univ., **55** 394 (1977).
(8) K. Asami,
Bull. Inst. Chem. Res., Kyoto Univ., **55** 283 (1977).
(9) K. Asami, T. Hanai, Collid Polymer Sci., **270** 78 (1992).

第15章　パン練り粉の膨れ上がり

Q：　ドーナッツ（輪形のドウ）でお馴染みの dough は，小麦粉を堅い目に練り上げた軟らかい餅のような粘体で，練り粉，生パン などというが，これの誘電率なんて どういう意味を持つのかな？

A：　その練り粉 dough は練って1～2時間経つと，混ぜこんだイーストの醱酵作用で，炭酸ガスを発生して膨れ上がる．この膨れ具合の適当なところで焼くと，ふっくらと膨れたパンになる．この練り粉の膨れ具合は 誘電率を測ると簡単に検知できる，というわけだ．

§15・1　パン練り粉の調製，誘電測定，および処理計算式

　パン練り粉，生パン dough は，小麦粉 100（重量）に対して，イースト 2.4，食塩 0.2，に水 57 程度を混ぜて 練り合わせたものである．この練り粉試料を，調製後すぐに 図 15-1 A, B のような誘電測定用セルに詰めて，27℃に保ち，測定周波数 0.32 M, 3.2 M, 32 MHz で，10分ごとに 電気容量 C，コンダクタンス G を測る．

　発生した炭酸ガスの気泡（気体で絶縁性．油粒子に対応する．）が 練り粉（食塩が溶けた電導性のある水相）の中に分散した構造は，水中油滴 O／W 型のエマルジョンに相当する．時間が経つにつれて 気泡が増えて 練り粉が膨れ上がることは，分散相粒子（気泡）の体積分率 ϕ

§15・1 パン練り粉の調製、誘電測定、および処理計算式

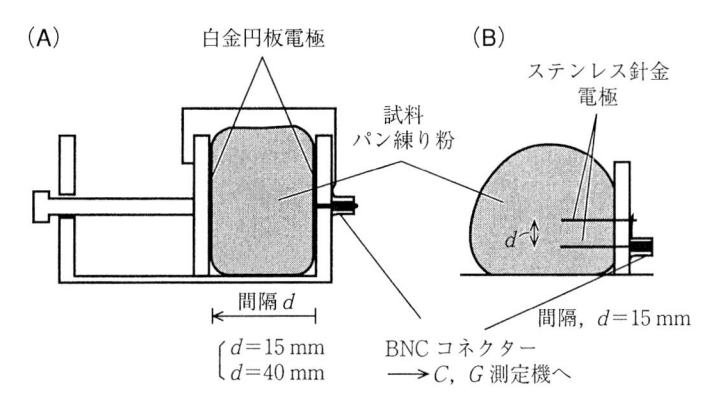

図 15-1 パン練り粉の誘電測定用セル

(A) 円板型電極のセル．直径 40 mm の白金円板 1 対．電極板間隔 $d=0〜50$ mm 可変．$d=15$ mm，および $d=40$ mm で測定
(B) 針金型電極のセル．直径 0.8 mm，長さ 25 mm のステンレス鋼針金 1 対．針金の間隔 $d=15$ mm

が増加することに相当する．O／W 系の実験結果は第 8 章 §8・2 に，その理論解説は第 20 章 §20・2・3 に述べられている．それらをこの 炭酸ガス気泡／練り粉生地 の系に適用すると 次のようになる．

(i) この O／W 型の分散系では，誘電緩和（C, G の周波数依存性）は起きない．

(ii) 観測される C, G 値の気泡濃度依存性は，第 20 章の式(20-26)〜(20-29) に従う．

ここで実用的な式を導出しよう．練り粉生地（連続媒質）の誘電率を ε_a とし，導電率を κ_a S／cm とする．この ε_a, κ_a は酸酵中もずっと変わらないものとする．炭酸ガス気泡（分散相粒子）の誘電率 $\varepsilon_i \fallingdotseq 1 \ll \varepsilon_a$，気泡の導電率 $\kappa_i \fallingdotseq 0 \ll \kappa_a$，という関係を適用すると，§20・2・3 の式(20-26)〜(20-29) は，簡単な次の 2 式になる．膨れ上がった練り粉全体に対する炭酸ガス気泡の体積分率を Φ とする．

$$\varepsilon/\varepsilon_a = (1-\varPhi)^{\frac{3}{2}}, \qquad \kappa/\kappa_a = (1-\varPhi)^{\frac{3}{2}}, \qquad (1),(2)$$

醗酵開始のとき（時刻 $t=0$ で気泡無し，$\varPhi=0$ のときの量を添え字 $_0$ 付きにする．）に測った練り粉の $\varepsilon,\ \kappa$ 値を $\varepsilon_0,\ \kappa_0$ とすると，式(1),(2)により 次の関係になる．

$$\varepsilon_0 = \varepsilon(t=0) = \varepsilon(\varPhi=0) = \varepsilon_a,\ \kappa_0 = \kappa(t=0) = \kappa(\varPhi=0) = \kappa_a,$$

したがって 観測できる初期値 $\varepsilon_0,\ \kappa_0$ を用いて表わすと，式(1),(2)は次式になる．

$$\varepsilon/\varepsilon_0 = (1-\varPhi)^{\frac{3}{2}}, \qquad \kappa/\kappa_0 = (1-\varPhi)^{\frac{3}{2}}, \qquad (3),(4)$$

刻々に観測される 電気容量 C，コンダクタンス G，およびそれらの初期値（$t=0$ での値）$C_0,\ G_0$ を用いて $\varepsilon,\ \kappa$ を表わすと，

$$\text{比}\quad \varepsilon/\varepsilon_0 = C/C_0, \qquad \kappa/\kappa_0 = G/G_0,$$

である．これらを式(3),(4)に代入すると，次のように $\varPhi$ について C/C_0 による算出値 $\varPhi_C$ および G/G_0 による算出値 $\varPhi_G$ の式を得る．

$$\varPhi_C = 1-(C/C_0)^{\frac{2}{3}}, \qquad \varPhi_G = 1-(G/G_0)^{\frac{2}{3}}, \qquad (5),(6)$$

また，練り粉と気泡を含む系全体（体積 V）に対する気泡（その体積 $=V-V_0$）の体積分率 $\varPhi_V \equiv (V-V_0)/V$ より次式を得る．V_0 は膨れる前の V の初期（$t=0$）値である．

$$V/V_0 = 1/(1-\varPhi_V), \qquad (7)$$

§15・2　誘電測定結果と考察

図 15-1 A の円板型電極セルによる測定値 $C/C_0,\ G/G_0$ の時間経過を 図 15-2 A，B に示す．C_0, G_0 は C, G の初期（$t=0$）値である．

測定値は，周波数による変化が無くて，誘電緩和の無いことを示している． C/C_0, G/G_0 はいずれも同じような時間変化の傾向を呈し，初期（$t=0$）には1であり，時間が経つにつれて減少し，90分でほぼ下限値に落ちつく．

この測定値 C/C_0, G/G_0 を 式(5), (6)に代入して得た発生炭酸ガスの体積分率 Φ_C, Φ_G の時間変化を 図15-3に示す．別途に 練り粉の体積 V を 30分ごとに測定し，式(7)によって求めた V/V_0 値を 図15-3に点線で示してある．この図でも Φ_C と Φ_G とは ほとんど同値になっており，別途に測った V/V_0 の点線値 Φ_V とも ほぼ一致している．

C/C_0, G/G_0, V/V_0 のいずれの測定結果も 同じ時間変化の傾向を示し，この醱酵過程では，60分で［90分で］ $C/C_0 \fallingdotseq G/G_0 = 0.3$ ［0.25］, $\Phi = 0.55$ ［0.60］, $V/V_0 = 2.2$ ［2.5］になっている．

このようにして，醱酵によるガス発生で練り粉が膨れ上がる程度は，手間のかかる体積測定をしなくても，簡便な誘電測定によって刻々容易に知ることが出来る．

§15・3　実用的測定セルの選択

図15-1 A の円板型電極セルは，練り粉試料を 約13 cm² という広い面積の円板電極2枚で挟むような構造である．そして 電極板間隔 $d = 15$ mm で測定した結果では，図15-2, 3 に見られるように，測定精度は良い．しかし 試料が膨れるとかなり押しつぶすことになり，醱酵工程での検知用にはあまり望ましくない．そこで この電極板間隔を $d = 40$ mm に広げたセル，および 図15-1 B に示した針金型電極セルを試用した．それらの結果を 図15-4 A, B に示してある．

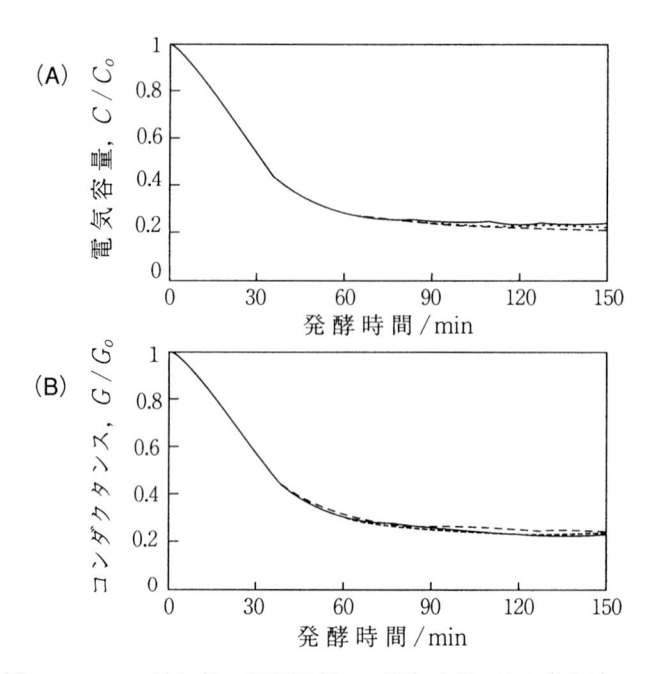

図 15-2 パン練り粉の発酵過程での電気容量 C/C_o（図 A），コンダクタンス G/G_o（図 B），の時間変化

C_o, G_o は発酵開始時の C, G 値．二円板電極型のセルにて測定．間隔 $d=15$ mm.
実線 ―― 0.32MHz, 破線 --- 3.2MHz, 点線 …… 32MHz での測定値．

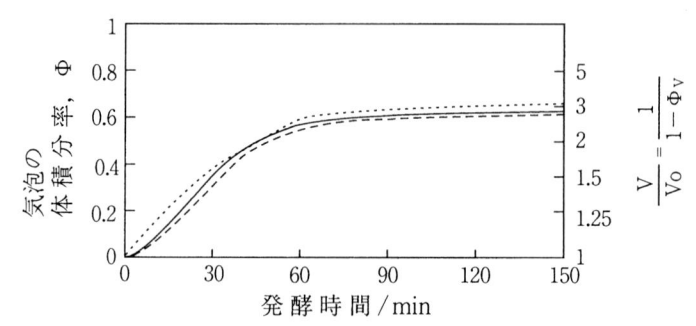

図 15-3 パン練り粉の発酵過程で，炭酸ガス気泡の体積分率 Φ の時間変化

実線 ―― 図 15-2 の G/G_o 値より算出した値．Φ_G
破線 …… C/C_o 値より算出した値．Φ_C
点線 --- 練り粉の体積膨張の実測値．Φ_V

§15・3 実用的測定セルの選択 179

(A)

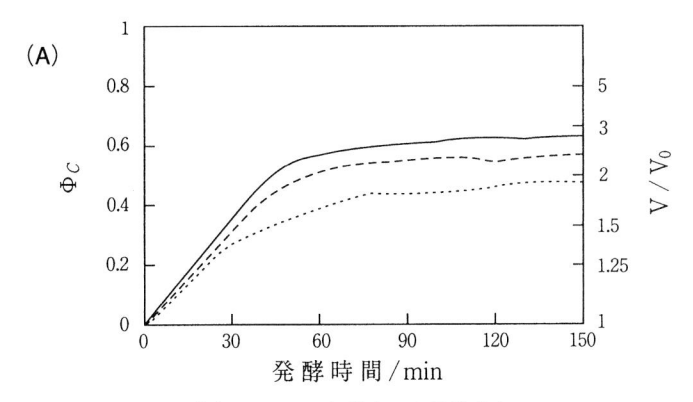

図(A), C/Coより算出した体積分率Φ_C,

(B)

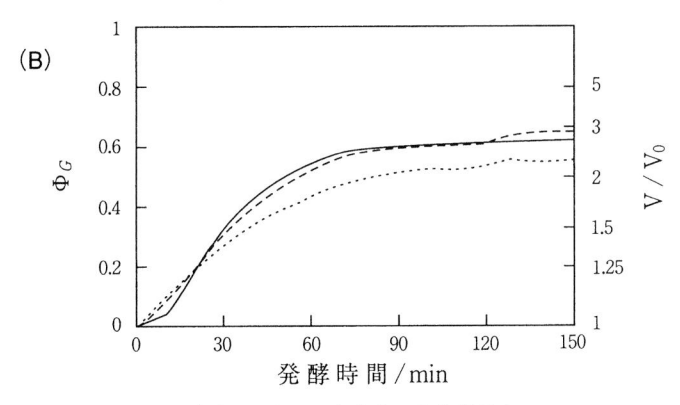

図(B), G/Goより算出した体積分率Φ_G

図 15-4 電極の型による算出体積分率値の比較.
実線 —— 円板型電極セル, d=15 mm,
破線 --- 円板型電極セル, d=40 mm,
点線 ···· 針金型電極セル, d=15 mm

　この図の結果によると，円板型電極セルでは 測定 G による $Φ_G$ 値は，電極板間隔 d (15 mm と 40 mm と) にかかわらずほぼ同じ値になった．C による $Φ_C$ 値は，d = 15 mm（狭い間隔）に比べて d = 40 mm（広い間隔）の場合には，少し小さくなっている． 針金型電極セルでは，$Φ_C$, $Φ_G$ はいずれも円板型電極セルの値に比べて，かなり小さくなって

いる．他方 針金型電極セルは，練り粉を押しつぶすこともなく，自然な膨れ上がりが進み，測定値について再現性がある． また測定値について補正処理をすれば 正確な膨れ上がり量の検知には充分に役立つ．したがって この針金型電極セルは，醱酵工程中の刻々のモニターとして使い易い．

図 15-4 の図 A と図 B とを較べて分かるように，Φ_C よりも Φ_G の方が電極型による違いが少ない． したがって，電気インピーダンス測定機に比べて，もっと入手し易く，使い易い 電気伝導度測定機 によるコンダクタンス G の測定だけでも 醱酵進行程度のモニターとして充分に役に立つ．

引用・参考文献：
（1） M. Ito, S. Yoshikawa, K. Asami, T. Hanai,
　　　　　　　　　　　Cereal Chemistry, **69** 325（1992）．

第16章　イオン交換膜面上の濃度分極系

Q：　イオン交換膜ってどんな膜なのかな？
A：　見たところは，食品の包装紙などに使っている 透明なセロファン紙のようなものだ．ところがこのイオン交換膜は，水に浸すと少し膨れて，水や中性物質を通すけれど，イオンは通さない．あるいは 水中でこの膜面に垂直に直流電圧（バイアス電圧という）をかけると，陽イオンだけ，または陰イオンだけを通す，という「イオンふるい」の役目をする．この特性を活用すると，食塩を採るための海水の濃縮，汚れた水道水からのイオン除去，ジュースなどの酸味除去などが出来る．このように 食品製造などの工業分野で 広く応用出来るんだね．
Q：　だけど そのイオン交換膜系の誘電率を測って 何の役に立つのかね？
A：　陽イオンだけ，または陰イオンだけを通そうとして，膜面に垂直に直流電圧をかけると，その直後にはイオンが良く通るけど，10分くらい経つと イオンが通らなくなる．これは膜の表面に接している水相内の 厚さ1mm くらいの薄層部分でイオン濃度が大変淡くなる．これを 濃度分極層 という．水相を撹拌すると，この濃度分極層は 掻き乱されて消えてしまうので，イオンは膜透過を続けられる．そこで誘電解析によって，この濃度分極層の厚さや 濃度減少の程度を調べようというわけだ．

§16・1 直流電圧下での 水相-イオン交換膜-水相系 の誘電挙動

図 16-1 に示すように，測定セルの平行二電極板の中間部に 旭ガラス社製セレミオン CMV という陽イオン交換膜を取り付け，膜の両側の各電極との間に蒸留水を満たす．陽イオン交換膜は，電圧をかけると陽イオンのみを通し，陰イオンを通さないという特性を持っている．直流バイアス電圧 11 volt を両電極板間にかけて 15 分ほど経つと，測定値は安定し，時間変化しなくなる．ここで バイアス電圧をかけたまま 100 Hz － 10 MHz の周波数範囲にわたって 電気容量 C，コンダクタンス G を測る．その結果を 図 16-2 に示す．また 図 16-3 A, B には，これら測定値の複素電気容量平面図（図A），複素コンダクタン

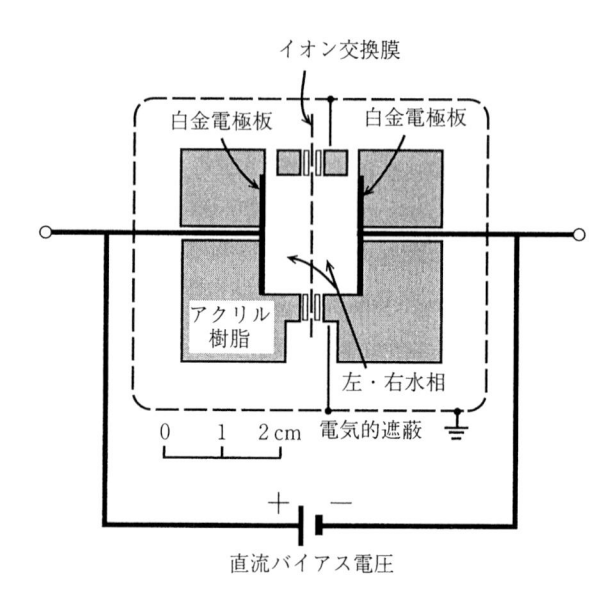

図 16-1　濃度分極形成の水相－膜－水相の誘電測定セル系

§16・1 直流電圧下での 水相-イオン交換膜-水相系 の誘電挙動　　　183

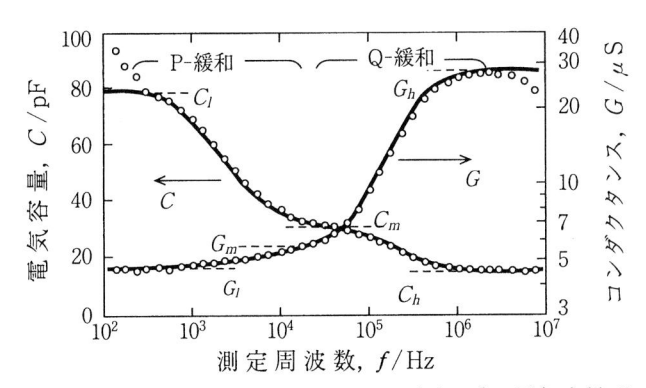

図 16-2 水相－陽イオン交換膜 CMV－水相 系の電気容量 C, コンダクタンス G の測定周波数依存性.

直流バイアス電圧 11 volt. 図中の実曲線は, 誘電測定定数より算出した C, G の理論式計算値曲線

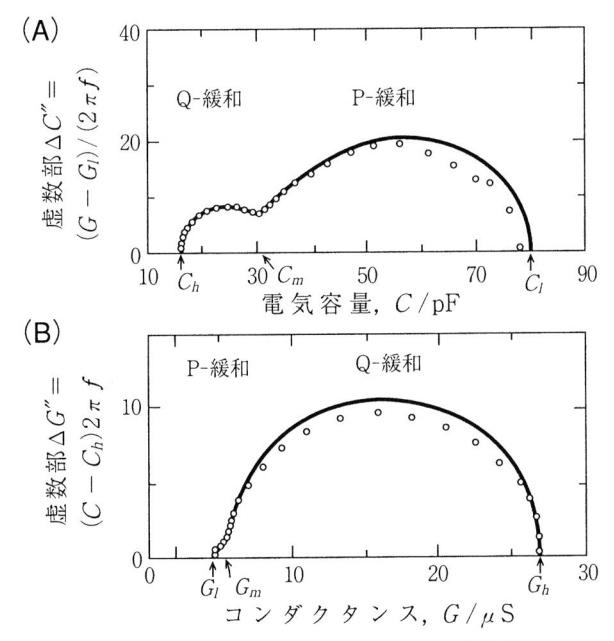

図 16-3 バイアス電圧 11 volt 下の水相－陽イオン交換膜 CMV－水相 系の C, G 値(図 16-2)の **(A)** C 対 $\Delta C'' = (G - G_l)/(2\pi f)$ 図, **(B)** G 対 $\Delta G'' = (C - C_h)2\pi f$ 図

図中の実曲線は理論式による計算値曲線

ス平面図（図B）を示す．これらの結果は明らかに2個の誘電緩和を呈している．この低周波側の緩和を P-緩和，高周波側を Q-緩和 と名付ける．

直流バイアス電圧をかける前に 誘電測定してみると，この P-, Q-緩和は全く無い．バイアス電圧をかけると，図 16-2 のように P-, Q-緩和が観測される．その後，バイアス電圧を除くと，P-緩和は消えてしまう．また 図 16-1 の測定セル系で 膜の左側水相を撹拌すると，P-緩和は消えてしまう．しかし 右水相を撹拌しても，P-, Q-緩和は変わらず残っている．このような観察事実により，バイアス電圧がかかっているときだけ 左水相の膜接触面にイオン濃度の変化した部分（濃度分極層）を生じていることが確かめられる．

§16・2　濃度分極系の構造

図 16-1 の 左水相-膜-右水相 の系に 直流バイアス電圧をかけると，図 16-4 A に絵解きしたような イオン濃度分布の構造になる．左水相は膜に接する部分において イオン濃度が低くなる．これが濃度分極層である．図 16-4 B には 各場所のイオン濃度に応じた導電率の分布状態を図解してある．この図の縦軸は 各場所の導電率を表わす．左水槽内の厚さ d 部分内では，イオン濃度が一様であり，それに応ずる導電率値 κ_β も一様の値である．ここを 水相 z と名付ける．膜の近傍では，厚さ t にわたって イオン濃度が連続的に減少し，これに応じて導電率は κ_β から κ_α まで低下する．この厚さ t の薄層を 濃度分極層 p と名付けよう．左端面(左電極面)からこの κ_α の位置までが，左水相の全厚さ $D = d + t$ である．

§16・2 濃度分極系の構造

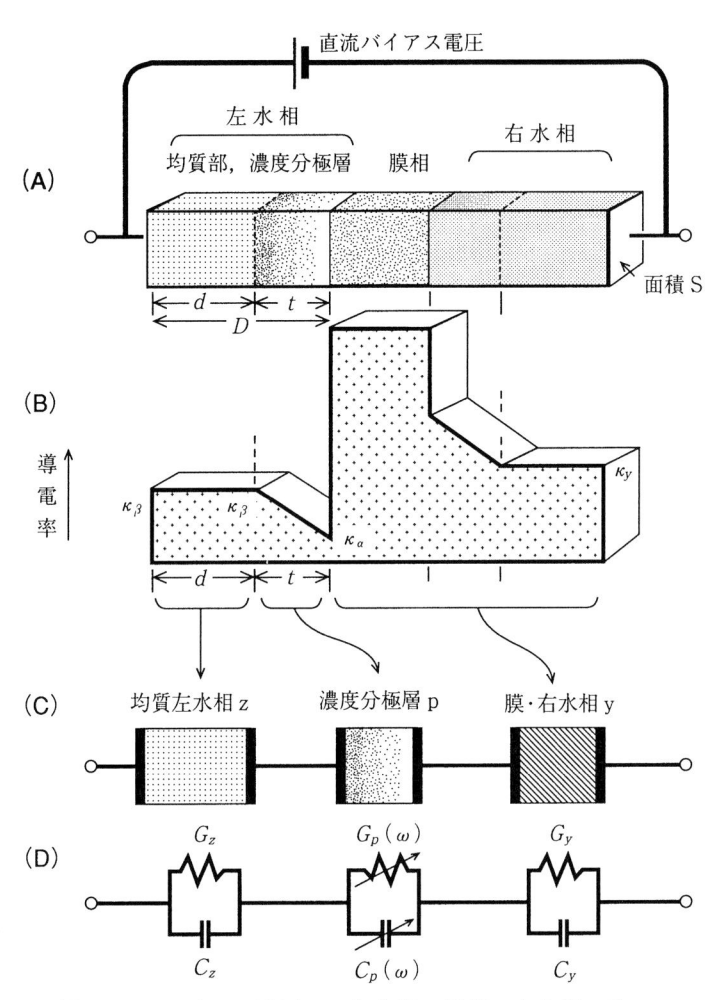

図 16-4 バイアス電圧下の左水相－膜相－右水相の系の
(A) 測定セル内の配置状態，(B) この系の導電率の分布状態，
(C) 対応するコンデンサー配置，(D) 対応する等価電気回路図

つぎに 膜相内では $1\,\mathrm{mol}/\ell$ という非常に濃い固定陰電荷があるので，それと等量の対イオン，すなわち 自由可動の陽イオンがある．この多量の可動イオンが動くので，膜相の導電率は大変大きい．膜相に隣接する右水相では，膜相との接触面でイオン濃度が増加しており，導電率は大きいが，膜から遠ざかるにつれて 減少して κ_y になる．

図 16-4 C，D には，さきの 図 A，B の直列につながる各相を それぞれに対応する等価コンデンサー z, p, y の直列結合形式に表わしたもの，および 各等価コンデンサーのコンダクタンス G_z, G_p, G_y と電気容量 C_z, C_p, C_y による等価電気回路表現図 を描いてある．

初心者にも あらすじを把握出来るようにと考えて，本章では 濃度分極の特徴ある実験事実と 誘電解析で得られる明確な結果だけを 手短かに説明している．バイアス電圧をかけると なぜ濃度分極を生じるか，という仕組みや 緻密な誘電理論構成 および 使いやすい理論式の導出などは，第 23 章に詳しく解説してある．本章を読んだ後には，第 23 章を読むことが望ましい．

§16・3　誘電緩和測定結果の解析

こゝで 濃度分極層 p の構造を特徴付ける定数としての 導電率 κ_β, κ_α, 濃度分極層の厚さ t, 左水相の厚さ D などを求めよう．第 23 章 §23・4 には，濃度分極構造の特性定数を算出する式と 手順が簡単にまとめてある．

まず 図 16-3 の複円弧の測定点群の並び具合や 図 16-2 の周波数依存性の傾向などに注意して，低周波，高周波 および中間周波 での値

§16・3 誘電緩和測定結果の解析

C_l, C_m, C_h, G_l, G_m, G_h (誘電観測定数と呼ぶ) を読みとる. つぎに これらの値を 第23章の式(23-62)〜(23-84) に順次代入し, 計算すると, C_y, G_y, D, d, t, C_z, G_z, κ_β, κ_α など (構成相定数と呼ぶ) を 容易に算出できる.

直流バイアス電圧を 4〜14 volt にわたり変えて得た誘電観測定数値を 表16-1A に示す. さらに これらの誘電観測定数値を用いて, この計算法によって算出した構成相定数を 表16-1B に並べてある.

このような理論式による計算処理の信頼性を確かめるために, 算出した構成相定数を使って 系全体の複素電気容量 $C^*(\omega)$ を計算してみよう. 図16-4 C, D によれば, $C^*(\omega)$ は3個の複素電気容量 C_z^*, C_p^*, C_y^* の直列結合であるから, 次式になる. C^* の意味は §1・7 参照.

$$\frac{1}{C^*} = \frac{1}{C_z^*} + \frac{1}{C_p^*} + \frac{1}{C_y^*}, \tag{1}$$

ただし, 各複素電気容量は次式で表わされる. ここに $\omega = 2\pi f$ である.

$$C^* = C(\omega) + \frac{1}{j\omega}G(\omega), \quad C_p^* = C_p(\omega) + \frac{1}{j\omega}G_p(\omega), \tag{2}, (3)$$

$$C_z^* = C_z + \frac{1}{j\omega}G_z, \qquad C_y^* = C_y + \frac{1}{j\omega}G_y, \tag{4}, (5)$$

式(3) の $C_p(\omega)$, $G_p(\omega)$ は少し長々しい式であり, 第23章 式(23-12)〜(23-18) に詳しく記してあるので, ここでは省略する.

表16-1B に挙げたバイアス電圧 11volt での相定数値を 前記の式(1)〜(6)に代入すれば, 理論式による系全体の値 $C(\omega)$, $G(\omega)$ を得る. この値の曲線を 図16-2, 3A, 3B に実曲線で描いてある.

周波数両極限値 C_l, G_l, C_h, G_h などについて計算値実曲線と測定点(〇印)とが合うのは当然のことであるが，周波数変化している途中でも両者が良く合っている．このような良い一致は，使っている理論体系と算出した相定数などが信頼できることを示している．

表 16-1 水中陽イオン交換膜セレミオンＣＭＶの濃度分極形成と特性量

表 16-1 A 濃度分極形成による複誘電緩和の観測定数

バイアス電圧 volt	C_l pF	C_m pF	C_h pF	G_l μS	G_m μS	G_h μS
4	58.9	21.2	16.00	3.31	3.87	6.06
5	74.7	23.7	16.10	3.74	4.55	8.38
8	83.3	29.2	16.08	4.33	5.38	16.92
11	79.7	31.6	16.00	4.70	5.63	27.0
14	71.2	33.4	16.07	4.75	5.72	39.5

表 16-1 B 濃度分極の理論式により計算した構成相定数

バイアス電圧 volt	C_z pF	G_z μS	C_y pF	G_y μS	κ_β μS/cm	κ_α μS/cm	t mm	D mm
4	32.4	5.43	35.4	22.9	1.166	0.0334	0.739	7.49
5	37.8	6.70	31.5	27.1	1.232	0.0345	0.857	6.64
8	42.3	7.57	29.0	51.2	1.246	0.0428	0.888	6.06
11	41.0	7.24	28.7	83.0	1.228	0.0450	0.704	6.03
14	42.8	7.51	28.6	121.7	1.221	0.0648	0.854	5.96

§16・4　濃度分極形成の構造・相定数の考察

　表 16-1 B に示された理論式による計算結果の数値を考察しよう．
バイアス電圧：　濃度分極形成は 4 volt では 未だ不充分のようであるが，5〜14 volt の範囲では，バイアス電圧の値に関係なく 大体同じ相定数値が出ているから，濃度分極形成が完成して，定常状態にある と考えられる．
C_z, C_y, D 値：　いずれも バイアス電圧値によって変化せず，左水相 z，膜相 ＋ 右水相 y の値として 妥当な数値である．
G_z 値：　バイアス電圧値によって変化せず，左水相 z の蒸留水として妥当な値である．
G_y 値：　バイアス電圧をかけると，右水相にイオンが流れ込み，溜まる．電圧が高いほど，かける時間が長いほど，G_y 値は増加する．これは イオン選択透過の仕組みによるものであり，第 23 章 §23・1・1 に解説してある．
κ_β 値：　普通の蒸留水の導電率は 1.5 μS／cm 程度である．したがって この表の κ_β 値は，左水相 z の蒸留水として 妥当な値である．
κ_α 値：　中性 pH 7 の超純水について，イオン積から計算した導電率は 0.055 μS／cm である．したがって この表の κ_α は超純水の値に近いものであり，水以外のイオンは完全に除去されていることを示している．
濃度分極相の厚さ t：　バイアス電圧値に関係なく $t \fallingdotseq 0.83$ mm の値になっている．この値は 他の検定(引用・参考文献 7, 8) による値 0.25〜0.4 mm と合理的な関係にある．他の検定法では，濃度分極層部分内では 一様な減少濃度値を仮定しているから，この図 16-4 の t 値の 1/2 くらいになる．したがって 互いによい一致といえる．

このような結果から，濃度分極相の構造について，厚さ約 0.8 mm にわたって 左水相のイオンが 濃度ゼロ（超純水の状態）まで 一様に減少していることがわかる．

引用・参考文献：
（1） T. Hanai,　K. Zhao,　K. Asaka,　K. Asami,
　　　　　　　　　　　　　　J. Membrane Sci., **64** 153 (1991).
（2） K. Zhao,　Y. Matsubara,　K. Asaka,　K. Asami,　T. Hanai,
　　　　　　　　　　　　　　J. Membrane Sci., **64** 163 (1991).
（3） K. Zhao,　T. Hanai,
　　　　　　Bull. Inst. Chem. Res., Kyoto Univ., **69** 358 (1991).
（4） K. Zhao,　K. Asaka,　K. Asami,　T. Hanai,
　　　　　　　　　　　J. Colloid Interface Sci., **153** 562 (1992).
（5） T. Hanai,　K. Zhao,　K. Asaka,　K. Asami,
　　　　　　　　　　　Colloid Polymer Sci., **271** 766 (1993).
（6） C. Forgacs,　J. Leibovitz,　R. N. O'Brien,　K. S. Spiegler,
　　　　　　　　　　　Electrochimica Acta, **20** 555 (1975).
（7） G. Tiravanti,　R. Passino,　J. Membrane Sci., **13** 349 (1983).
（8） Y. Tanaka,　J. Membrane Sci., **57** 217 (1991).

第Ⅲ篇　誘電測定結果の解析に必要な理論

Question　この篇は どの章もむつかしい理論式ばかり並んでいるようだが，大体どんなことが書いてあるのかな？
Answer　この篇では，前の第Ⅱ篇実例解析の各章で使っている理論式を，基本から判りやすく導出している．したがって 第Ⅱ篇の実例解析で使っている 理論式の基礎を確かめたいと思うようになったら，それに関連するこの篇の章だけを読めばよい．

第17章　平面層状二相構造の系

　図 17-1A に示すように，均質な相が 2 個直列につながった系全体の電気容量 C, コンダクタンス G を測ると，大抵 図 17-1B のような周波数依存性，すなわち誘電緩和を呈する．それで この観測結果の低周波極限値 C_l, G_l および高周波極限値 C_h, G_h を読み取り，この 4 量から構成成分相，a 相，b 相の 特性量 C_a, G_a, C_b, G_b および $\varepsilon_a, \kappa_a, \varepsilon_b, \kappa_b$ などを算出するような理論式を導出しよう．

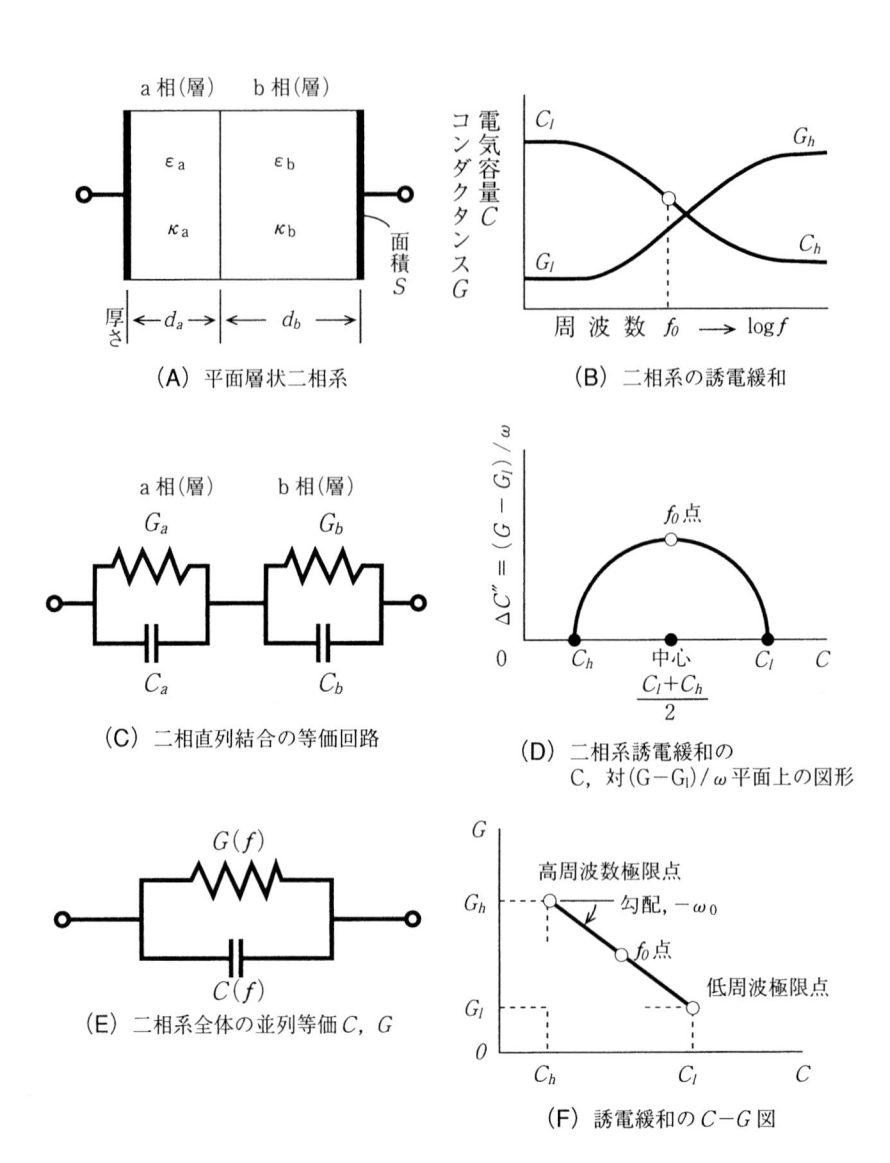

図 17-1 平面層状二相が電極板に対して直列に並んだ系の誘電挙動と対応等価回路

(A) 平面層状二相系
(B) 二相系の誘電緩和
(C) 二相直列結合の等価回路
(D) 二相系誘電緩和の C_r 対 $(G-G_l)/\omega$ 平面上の図形
(E) 二相系全体の並列等価 C, G
(F) 誘電緩和の $C-G$ 図

§17・1 構成成分層の量より結合系全体の C, G 導出

　図 17-1A の平面層二相 a, b の直列結合系において，各相の誘電率 ε_a, ε_b, 導電率 κ_a, κ_b などは 測定周波数に依存しない 相特性量である．各相の厚さを d_a, d_b, 共通面積を S とする．

　第1章 §1・1〜§1・5 で説明した式表現によれば，図 17-1A の平面層状の誘電物質について，集中電気容量 (lumped capacitance) C_a, C_b および集中コンダクタンス (lumped conductance) G_a, G_b は次式で表わされる．

$$C_a = \epsilon_v \varepsilon_a \frac{S}{d_a}, \quad G_a = \kappa_a \frac{S}{d_a}, \tag{1)(2}$$

$$C_b = \epsilon_v \varepsilon_b \frac{S}{d_a}, \quad G_a = \kappa_b \frac{S}{d_a}, \tag{3)(4}$$

　ここで使い易い単位としては，$C[\mathrm{pF}]$, $G[\mathrm{mS}]$, $\kappa[\mathrm{mS/cm}]$, $S[\mathrm{cm}^2]$, $d[\mathrm{cm}]$, そして $\epsilon_v = 0.088542\ \mathrm{pF/cm}$ である．

　二相系全体の電気回路図表現は，図 17-1C のように〔C_a, G_a 並列結合〕と〔C_b, G_b 並列結合〕との 直列結合 になる．

　他方 図Aの系全体を測るということは，図Eに示すような 並列配置に相当する 電気容量 $C(f)$ と コンダクタンス $G(f)$ とを測ることである．したがって この量 $C(f), G(f)$ は測定周波数 f の関数である．系全体の誘電率 ε, 導電率 κ は 次式で表わされる．

$$\varepsilon = C\frac{d_a + d_b}{\epsilon_v S}, \quad \kappa = G\frac{d_a + d_b}{S}, \tag{5)(6}$$

§17・1 構成成分層の量 C_a, G_a, C_b, G_b より 結合系全体の電気容量 $C(f)$, コンダクタンス $G(f)$ の導出

　第1章 §1・6〜§1・7 の考察によれば，均質 a 層，b 層の複素電

気容量 C_a^*, C_b^* および複素コンダクタンス G_a^*, G_b^* は 次式で表わされる.

$$C_a^* = \frac{G_a^*}{j\omega} = C_a + \frac{G_a}{j\omega}, \tag{7}$$

$$C_b^* = \frac{G_b^*}{j\omega} = C_b + \frac{G_b}{j\omega}, \tag{8}$$

$$G_a^* = j\omega C_a^* = G_a + j\omega C_a, \tag{9}$$

$$G_b^* = j\omega C_b^* = G_b + j\omega C_b, \tag{10}$$

図 C, E に対応して, C_a^*, C_b^* が直列結合した系全体の複素電気容量 C^* は

$$\frac{1}{C^*} = \frac{1}{C_a^*} + \frac{1}{C_b^*} = \frac{C_a^* + C_b^*}{C_a^* C_b^*}, \tag{11}$$

ゆえに,

$$\begin{aligned}
C^* &= C + \frac{G}{j\omega} = \frac{C_a^* C_b^*}{C_a^* + C_b^*} \\
&= \frac{\left[C_a + \dfrac{G_a}{j\omega}\right]\left[C_b + \dfrac{G_b}{j\omega}\right]}{C_a + \dfrac{G_a}{j\omega} + C_b + \dfrac{G_b}{j\omega}}, \\
&= \frac{G_a G_b + j\omega(C_a G_b + C_b G_a) + (j\omega)^2 C_a C_b}{(G_a + G_b) j\omega \left[1 + j\omega \dfrac{C_a + C_b}{G_a + G_b}\right]}, \tag{12}
\end{aligned}$$

この式は分母, 分子ともに $j\omega$ について二次式である. 分母の因数 $j\omega$ および $1 + j\omega(C_a + C_b)/(G_a + G_b)$ に注目して, 部分分数分解法により 式変形を進め, 適宜 置き換えをすると, 次式のようになる.

§17・1 構成成分層の量より結合系全体の C, G 導出

$$C^* = C_h + \frac{C_l - C_h}{1 + j\omega/\omega_0} + \frac{1}{j\omega} G_l, \tag{13}$$

同様にして, G_a^*, G_b^* の直列結合系全体の複素コンダクタンス G^* は 次のように表わされる.

$$\frac{1}{G^*} = \frac{1}{G_a^*} + \frac{1}{G_b^*} = \frac{G_a^* + G_b^*}{G_a^* G_b^*}, \tag{14}$$

$$G^* = G + j\omega C = \frac{G_a^* G_b^*}{G_a^* + G_b^*},$$

$$= \frac{(G_a + j\omega C_a)(G_b + j\omega C_b)}{G_a + j\omega C_a + G_b + j\omega C_b}$$

$$= G_l + \frac{(G_h - G_l)j\omega/\omega_0}{1 + j\omega/\omega_0} + j\omega C_h, \tag{15}$$

これらの各式において 実数部, 虚数部を分離すると, 次のようになる.

$$C = C^*\text{の実数部 } C' = C_h + \frac{C_l - C_h}{1 + (\omega/\omega_0)^2}, \tag{16}$$

$$C'' = C^*\text{の負の虚数部} = \frac{G}{\omega} = \frac{G_l}{\omega} + \frac{(C_l - C_h)\omega/\omega_0}{1 + (\omega/\omega_0)^2}, \tag{17}$$

$$G = G^*\text{の実数部 } G' = G_l + \frac{(G_h - G_l)(\omega/\omega_0)^2}{1 + (\omega/\omega_0)^2}, \tag{18}$$

$$G'' = G^*\text{の虚数部 } \omega C = C_h \omega + \frac{(G_h - G_l)\omega/\omega_0}{1 - (\omega/\omega_0)^2}, \tag{19}$$

ここに 置き換えた量は, 次のような内容である.

$$C_h = \frac{C_a C_b}{C_a + C_b}, \tag{20}$$

$$C_l = \frac{C_a G_b^2 + C_b G_a^2}{(G_a + G_b)^2}, \tag{21}$$

$$C_l - C_h = \frac{(C_a G_b - C_b G_a)^2}{(C_a + C_b)(G_a + G_b)^2} , \quad (22)$$

$$G_l = \frac{G_a G_b}{G_a + G_b} , \quad (23)$$

$$G_h = \frac{G_a C_b{}^2 + G_b C_a{}^2}{(C_a + C_b)^2} , \quad (24)$$

$$G_h - G_l = \frac{(C_a G_b - C_b G_a)^2}{(G_a + G_b)(C_a + C_b)^2} , \quad (25)$$

$$\omega_0 = 2\pi f_0 = \frac{1}{\tau} = \frac{G_a + G_b}{C_a + C_b} = \frac{G_h - G_l}{C_l - C_h} , \quad (26)$$

ω は角周波数といい,通常の交流電圧の周波数 f（=振動数,1秒当たりの振動回数,単位は Hz, cycle/sec）に対して, $\omega = 2\pi f$ である. ω_0 は緩和角周波数といい,式簡単化のための置き換え量である. 緩和周波数 f_0 は,図 17-1B で電気容量 C が $(C_l + C_h)/2$ になる（半減する）ときの周波数 f であるが,そのとき式(26)が成り立っている. τ は図 17-1B の緩和現象の**緩和時間** (relaxation time) という.

§17・2　$C - \Delta C''$ 図上の半円の式

図 17-1B のような C, G の規則性のある周波数変化,すなわち誘電緩和をもっと定量的に確かめる手段として,図 17-1D, 1F を描く方法がある. 式(17)に定義した C'' から G_l の寄与を引いた量 $\Delta C''$ を新しく定義する.

$$\Delta C'' \equiv C'' - \frac{G_l}{\omega} = \frac{G - G_l}{\omega} = \frac{G - G_l}{2\pi f} ,$$

$$= \frac{(C_l - C_h)\omega/\omega_0}{1+(\omega/\omega_0)^2}, \tag{27}$$

式(27)を2乗し，これに 式(16)による $(\omega/\omega_0)^2$ を代入，消去し整理すると，次式になる．

$$\left[C - \frac{C_l + C_h}{2}\right]^2 + (\Delta C'')^2 = \left[\frac{C_l - C_h}{2}\right]^2, \tag{28}$$

この式(28)を C 対 $\Delta C''$ 〔$=(G-G_l)/\omega$〕の図に描くと，図17-1D のような半円になる．横 C 軸上の $(C_l + C_h)/2$ に中心があり，半径が $(C_l - C_h)/2$ の円弧が 横 C 軸と C_l, C_h にて 交差している．

測定結果を処理して，図 D 上で 半円またはそれに近い円弧になれば，図 B が 誘電緩和挙動であるという有力な確かめになる．測定周波数範囲が狭いとき，または 測定点が散って，図 B の上で C_l, C_h, G_l, G_h を確認，確定しにくいときなどには，図 D の半円図を作って 円弧を外挿すると，合理的で精度のある極限値 C_l, C_h を容易に推定できる．

§17・3　C-G 図上の直線の式

式(18)を変形すると，

$$\left(\frac{\omega}{\omega_0}\right)^2 = \frac{G - G_l}{G_h - G}, \tag{29}$$

となる．この式(29)を 式(16)に代入して，ω を消去し 変形整理すると，次の二式になる．

$$G = -\omega_0 C + \omega_0 C_l + G_l, \tag{30}$$

$$G = -\omega_0 C + \omega_0 C_h + G_h, \tag{31}$$

この式(30), (31)は，図17-1F に示すように，C-G図上で 勾配が $-\omega_0$ の直線になる．この直線性成立の程度によって，誘電緩和としての実測値群の精度が 厳しく確かめられる．この式(30), (31)の直線特性は，後に出る図17-2 に わかりやすく図示してある．

以上に導いた関係式を用いれば，図 C の構成成分 a 相，b 相の特性量 C_a, G_a, C_b, G_b を知って，図 B の誘電緩和現象の特性量 C_l, C_h, G_l, G_h を算出できる．ところが 応用面での必要性としては，まず 誘電緩和現象の図 B を観測して，C_l, C_h, G_l, G_h を得る．そして これらの観測値を使って，二層の特性量，あるいは内部構造の特性値 C_a, G_a, C_b, G_b などを算出したい．そのような計算法を 次の節で説明しよう．

§17・4　構造特性量 C_a, G_a などを求める方法 I ── 最も粗い近似式 ──

近似条件として，

$$C_a \gg C_b, \qquad G_a \ll G_b, \tag{32)(33}$$

を採用すると，式(20), (21), (23), (24) などは簡単な次式になる．

$$C_b = C_h, \qquad C_a = C_l, \tag{34)(35}$$
$$G_a = G_l, \qquad G_b = G_h, \tag{36)(37}$$

§17・5　C_a, G_a などを求める方法 II ── 少し厳密な近似式 ──

近似条件として，

§17・6 C_a, G_a などを求める方法Ⅲ —— 一般解法 ——

$$C_a \gg C_b , \quad G_a, G_b \text{ は互いに同じ程度の大きさ,} \tag{38}$$

を採用すると，式(20)(24)より次式を得る．

$$C_b = C_h , \qquad G_b = G_h , \tag{39}(40)$$

この式(40)を式(23)に代入すると，次式を得る．

$$G_a = G_l \frac{G_h}{G_h - G_l} , \tag{41}$$

式(38)(40)(41)を 式(21)に代入すると，次式を得る．

$$C_a = C_l \left(\frac{G_h}{G_h - G_l} \right)^2 , \tag{42}$$

§17・6 C_a , G_a などを求める方法Ⅲ —— 一般解法 ——

C_a, C_b, G_a, G_b などは 未知な内部構造の特性量であるから，それらの相互大小関係は 計算してみないとわからないことが多い．そのような場合の一般解法を導出しよう．得られる結果の式は 大変簡単であり，四則計算用の電卓で数値計算が出来る．

一般解法導出の手順： C_a, G_a などの量を解く前に，まず（ⅰ）$\alpha = G_a/C_a, \beta = G_b/C_b$ という量を求める．その次に（ⅱ）この α, β を使って，C_a, G_a などを求める．

§17・6・1 $\alpha = G_a/C_a , \beta = G_b/C_b$ の解法

平面層状二相系は，図 17-1B に示すような誘電緩和を呈し，図 17-1F に示したように C-G 図上では 勾配 $-\omega_0$ の直線になる．これを 改めて図 17-2 に図示してある．測定値群は 直線上に並び，図上での縦・横軸位置の特徴を記入してある．実際上の一般性を失わず

に，ただ一組の数値解を得るために，

$$\alpha = \frac{G_a}{C_a} < \frac{G_b}{C_b} = \beta , \tag{43}$$

と仮定する．

縦 G 軸の切片 $\overline{\mathrm{HO}}$ を表わす式に，式(20)(24)(26)を代入して $G_a/C_a = \alpha$，$G_b/C_b = \beta$ だけが残るように，次のように変形してゆく．

縦 G 軸の切片, $\overline{\mathrm{HO}} = C_h \omega_0 + G_h$,

$$= \frac{C_a C_b}{C_a + C_b} \cdot \frac{G_a + G_b}{C_a + C_b} + \frac{G_a C_b^2 + G_b C_a^2}{(C_a + C_b)^2} ,$$

$$= \frac{(C_a G_b + C_b G_a)(C_a + C_b)}{(C_a + C_b)(C_a + C_b)} ,$$

$$= \frac{C_a C_b}{C_a + C_b} \left(\frac{G_a}{C_a} + \frac{G_b}{C_b} \right) = C_h (\alpha + \beta) , \tag{44}$$

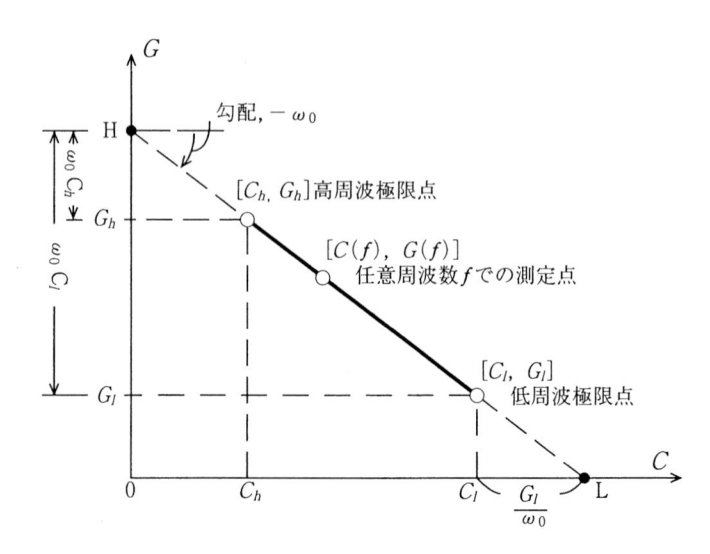

図 17-2 平面層状二相系 C, G の周波数変化の C-G 図上表示

§17・6 C_a, G_a などを求める方法Ⅲ — 一般解法 —

したがって この式より 次式を得る.

$$\alpha + \beta = \omega_0 + \frac{G_h}{C_h} \equiv \mathrm{B}, \tag{45}$$

と置く.

図17-2 で, $\overline{\mathrm{HO}}/\overline{\mathrm{LO}} = -(\text{勾配}) = \omega_0$ であり, 横C軸の切片 $\overline{\mathrm{LO}}$ は, 次式のように表わされる. 式(21),(23),(26)を代入して, $G_a/C_a = \alpha$, $G_b/C_b = \beta$ だけが残るように 順次変形してゆく.

$$\frac{\overline{\mathrm{HO}}}{\omega_0} = \overline{\mathrm{LO}} = \frac{G_l}{\omega_0} + C_l,$$

$$= \frac{G_a G_b}{G_a + G_b} \cdot \frac{C_a + C_b}{G_a + G_b} + \frac{C_a G_b^2 + C_b G_a^2}{(G_a + G_b)^2},$$

$$= \frac{(C_a G_b + C_b G_a)(G_a + G_b)}{(G_a + G_b)(G_a + G_b)},$$

$$= \frac{G_a G_b}{G_a + G_b}\left(\frac{C_a}{G_a} + \frac{C_b}{G_b}\right) = G_l\frac{\alpha + \beta}{\alpha\beta}, \tag{46}$$

この式(46)に $\overline{\mathrm{HO}}$ の式(44)を代入すると, $\alpha\beta$ は次式になる.

$$\alpha\beta = \frac{G_l}{C_h}\omega_0 \equiv \mathrm{D}, \tag{47}$$

と置く.

これで $\alpha + \beta$ と $\alpha\beta$ が得られたので, α, β を解こう. 式(45)の β を式(47)に代入して β を消去すると,

$$\alpha^2 - \mathrm{B}\alpha + \mathrm{D} = 0, \tag{48}$$

この α についての2次方程式の根は

$$\alpha = \frac{\mathrm{B} - \sqrt{\mathrm{B}^2 - 4\mathrm{D}}}{2}, \tag{49}$$

もう一つの根 $\alpha = (B + \sqrt{B^2 - 4D})/2$ を採ると，数値として β と入れ替わる形になり，実際上 同一内容の α, β 二組が出ることになる． したがって 式(43)の条件を置いて $\alpha < \beta$ に限定すると，唯一組の α, β 値が出るようになる． 式(45)により

$$\beta = B - \alpha = \frac{B + \sqrt{B^2 - 4D}}{2}, \tag{50}$$

§17・6・2 C_a, G_a などの解法

C_a, C_b, G_a, G_b の4未知数を求めるには，なるべく簡単な条件式4個を連立させて解けばよい． その条件式として，式(43)の2式 および式(20), (26)を採用しよう． 式(43)は，$G_a = \alpha C_a$，$G_b = \beta C_b$ となる． これを式(26)に代入して G_a, G_b を消去すると，次式を得る．

$$C_b = C_a \frac{\omega_0 - \alpha}{\beta - \omega_0}, \tag{51}$$

これを式(20)に代入して C_b を消去すると，次式を得る．

$$C_a = C_h \frac{\beta - \alpha}{\omega_0 - \alpha} = C_h \frac{\sqrt{B^2 - 4D}}{\omega_0 - \alpha}, \tag{52}$$

この C_a を式(51)に代入すると，次式になる．

$$C_b = C_h \frac{\beta - \alpha}{\beta - \omega_0} = C_h \frac{\sqrt{B^2 - 4D}}{\beta - \omega_0}, \tag{53}$$

したがって 式(43)により，

$$G_a = \alpha C_a, \qquad G_b = \beta C_b, \tag{54}(55)$$

§17・6・3 一般解法のまとめ

実際には，次の順序に並べた式に 数値を代入して，計算を順次進める．

§17・6　C_a, G_a などを求める方法Ⅲ ── 一般解法 ──

（1）実測した $C(f)$, $G(f)$ の周波数変化のデータを整理して，C_l, C_h, G_l, G_h，実測値 f_0（この実測 f_0 値は計算には不要）などを得る．

（2）計算値，$\omega_0 = \dfrac{G_h - G_l}{C_l - C_h}$, $\qquad f_0 = \dfrac{\omega_0}{2\pi}$, $\qquad$ (56)(57)

この f_0 値と（1）項の実測値 f_0 とを比較できる．

（3）$B = \omega_0 + \dfrac{G_h}{C_h}$, $\quad \left(= \alpha + \beta = \dfrac{G_a}{C_a} + \dfrac{G_b}{C_b}\right)$, $\qquad$ (58)

$\quad\;\; D = \dfrac{G_l \omega_0}{C_h}$, $\quad \left(= \alpha\beta = \dfrac{G_a}{C_a}\cdot\dfrac{G_b}{C_b} = \dfrac{G_l}{C_h}\cdot\dfrac{G_h - G_l}{C_l - C_h}\right)$, $\qquad$ (59)

（4）$E = \sqrt{B^2 - 4D}$, $\alpha = \dfrac{B - E}{2}$, $\beta = B - \alpha$, $\qquad$ (60)(61)(62)

これらの式により，必ず $\alpha < \beta$ となる．

（5）$C_a = C_h \dfrac{E}{\omega_0 - \alpha}$, $\quad C_b = C_h \dfrac{E}{\beta - \omega_0}$, $\qquad$ (63)(64)

$\quad\;\; G_a = \alpha C_a$, $\qquad G_b = \beta C_b$, $\qquad$ (65)(66)

なお 文献(2),(3)に示した計算法よりも，本法の方が簡単である．

引用・参考文献：
（1）T. Hanai, D. A. Haydon, J. L. Taylor,
　　　　　　Proc. Roy. Soc., A**281** 377 (1964).
（2）H. Z. Zhang, T. Hanai, N. Koizumi,
　　　　　　Bull. Inst. Chem. Res. Kyoto Univ., **61** 265 (1983).
（3）H. Z. Zhang, K. Sekine, T. Hanai, N. Koizumi,
　　　　　　Membrane, **8** 249 (1983).
（4）K. S. Zhao, K. Asaka, K. Sekine, T. Hanai,
　　　　　　Bull. Inst. Chem. Res. Kyoto Univ., **66** 540 (1988).
（5）K. Asaka, J. Membrane Sci., **50** 71 (1990).

第18章　平面層状三相構造の系

　平面三相が並んだ系の扱いは，前章で説明した平面二相系の扱いと同じような筋道で展開される．実際の式変形の計算は，丁寧に書いて説明したので，かなり永々とした複雑なものになる．実測して得た数値から いろいろな C, G を算出するには，§18・4・6の 解法のまとめに並べた式を活用すればよい．

§18・1　平面層状三相系の誘電緩和形式のあらまし

　図 18-1A に示すように，均質な a 層，b 層，c 層が 3 個直列に隣接する系の 全体の電気容量 C，コンダクタンス G を測ると，図 18-1B のような周波数依存性が観測される．第 17 章の二相系の結果を参考にして 考えてみると，この図 B には 誘電緩和が 2 個あるようである．それで この周波数依存性の形式を **複誘電緩和** といい，低周波側を **P-緩和**，高周波側を **Q-緩和** と名付ける．

　この観測値群を C-G 図に描くと，図 18-1F のように，ゆるく折れ曲った 2 本の直線になる．また C 対 $(G-G_1)/\omega$ の図を描くと，図 18-1D のように，2 個の半円が少し重なったような図形になる．

　数式表現としては，各相および系全体の集中電気容量 C，コンダク

§18・1　平面層状三相系の誘電緩和形式のあらまし

タンス G, および各相の量（添字 a, b, c を付ける）について, 次の式が成り立つ.

系全体: $C = \epsilon_v \varepsilon \dfrac{S}{d_a + d_b + d_c}$, $G = \kappa \dfrac{S}{d_a + d_b + d_c}$, (1) (2)

a 相: $C_a = \epsilon_v \varepsilon_a \dfrac{S}{d_a}$, $G_a = \kappa_a \dfrac{S}{d_a}$, (3) (4)

b 相: $C_b = \epsilon_v \varepsilon_b \dfrac{S}{d_b}$, $G_b = \kappa_b \dfrac{S}{d_b}$, (5) (6)

c 相: $C_c = \epsilon_v \varepsilon_c \dfrac{S}{d_c}$, $G_c = \kappa_c \dfrac{S}{d_c}$, (7) (8)

ここに使い易い単位としては, C[pF], G[mS], κ[mS／cm], S[cm²], d[cm] そして $\epsilon_v = 0.088542$ pF／cm である.

　複素電気容量 C^*, 複素コンダクタンス G^* については, 次のように定義され, また関係式が成り立つ.

$$C^* = \dfrac{G^*}{j\omega} = C + \dfrac{G}{j\omega} = C' - jC'', \quad \text{ここに } j = \sqrt{-1}, \quad (9)$$

$$G^* = j\omega C^* = G + j\omega C = G' + jC'', \quad (10)$$

$$C_a^* = \dfrac{G_a^*}{j\omega} = C_a + \dfrac{G_a}{j\omega}, \quad C_b^* = \dfrac{G_b^*}{j\omega} = C_b + \dfrac{G_b}{j\omega}, \quad (11)(12)$$

$$C_c^* = \dfrac{G_c^*}{j\omega} = C_c + \dfrac{G_c}{j\omega}, \quad (13)$$

このように定義された量の電気回路図表現は, 図 18-1C, 1E に示してある. 空間に広がった誘電媒体が隣接している状態(図 A)については, 別途に準静電場理論の考察によれば, その結果の式は 図C, 図E の電気回路図表現と全く一致することが証明されている. したがってこの回路表現は, 定義とか, 単に見かけ上対応する表現というのではな

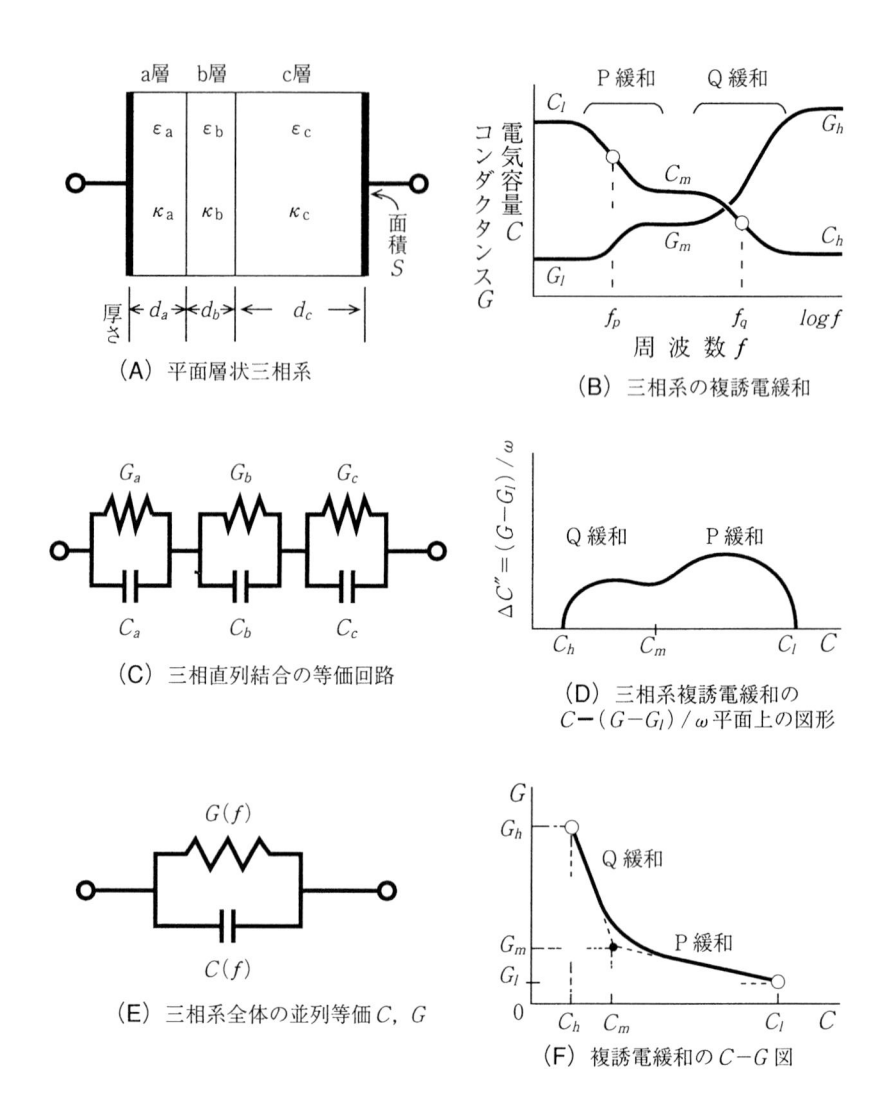

図 18-1 平面層状三相が電極板に対して直列に並んだ系の誘電挙動と対応等価回路

(A) 平面層状三相系
(B) 三相系の複誘電緩和
(C) 三相直列結合の等価回路
(D) 三相系複誘電緩和の $C-(G-G_l)/\omega$ 平面上の図形
(E) 三相系全体の並列等価 C, G
(F) 複誘電緩和の $C-G$ 図

§18・2 構成成分相の量 C_a, G_a などより結合系全体の電気容量 $C(f)$,コンダクタンス $G(f)$ の導出

式の導出は 前章の二相系の場合と同様な計算手順であるから,式変形の要点と結果のみを列記しよう. 図Cのような三相直列結合の全体を 図Eの並列等価量 $C(f), G(f)$ で表わすと,次式が成り立つ.

$$\frac{1}{C^*} = \frac{1}{C_a{}^*} + \frac{1}{C_b{}^*} + \frac{1}{C_c{}^*}, \tag{14}$$

この式を C^* について解く. 次いで 式(9)〜(13) を代入し整理すると,次のように変形される.

$$\begin{aligned}C^* &= C + \frac{G}{j\omega} = \frac{C_a{}^* C_b{}^* C_c{}^*}{C_a{}^* C_b{}^* + C_b{}^* C_c{}^* + C_c{}^* C_a{}^*}, \\ &= \frac{1}{j\omega} \cdot \frac{(G_a + j\omega C_a)(G_b + j\omega C_b)(G_c + j\omega C_c)}{\begin{array}{l}(G_a + j\omega C_a)(G_b + j\omega C_b) + \\ (G_b + j\omega C_b)(G_c + j\omega C_c) + \\ (G_c + j\omega C_c)(G_a + j\omega C_a)\end{array}},\end{aligned} \tag{15}$$

この式(15) の右辺第2因数の分母は $j\omega$ について二次式になっているから,これは $j\omega$ の一次式の積,たとえば $(1+j\omega\tau_P)(1+j\omega\tau_Q)$ のように因数分解できるはずである. したがって,

$$C^* = \frac{1}{D} \cdot \frac{(G_a + j\omega C_a)(G_b + j\omega C_b)(G_c + j\omega C_c)}{j\omega(1+j\omega/\omega_P)(1+j\omega/\omega_Q)}, \tag{16}$$

と書ける. この式(16) の分母,分子ともに $j\omega$ の三次式であるから,式(16) の全体としては,$j\omega$ を含まない項,$j\omega$ を分母とする項,

（ $1+j\omega/\omega_P$ ）を分母とする項，（ $1+j\omega/\omega_Q$ ）を分母とする項，の合計4個の項の和に変形できるはずである．

この見通しのもとに，式(16)を部分分数分解法によって計算すると，次のようになる．

$$C^* = C + \frac{G}{j\omega}$$
$$= C_h + \frac{C_l - C_m}{1 + j\omega/\omega_P} + \frac{C_m - C_h}{1 + j\omega/\omega_Q} + \frac{1}{j\omega}G_l , \quad (17)$$

ここで 式(17)の分母を有理化し，左・右両辺の実数部・虚数部をそれぞれ等置すると，次の式になる．

$$C = \frac{C_l - C_m}{1 + (\omega/\omega_P)^2} + \frac{C_m - C_h}{1 + (\omega/\omega_Q)^2} + C_h , \quad (18)$$

$$G = G_l + \frac{(G_m - G_l)(\omega/\omega_P)^2}{1 + (\omega/\omega_P)^2} + \frac{(G_h - G_m)(\omega/\omega_Q)^2}{1 + (\omega/\omega_Q)^2}, \quad (19)$$

ここに 置き換えた量は 次のような内容である．

$$C_h = \frac{1}{A} C_a C_b C_c , \quad (20)$$

$$C_l = \frac{1}{D^2}[C_a(G_b G_c)^2 + C_b(G_c G_a)^2 + C_c(G_a G_b)^2] , \quad (21)$$

$$G_l = \frac{1}{D} G_a G_b G_c , \quad (22)$$

$$G_h = \frac{1}{A^2}[G_a(C_b C_c)^2 + G_b(C_c C_a)^2 + G_c(C_a C_b)^2] , \quad (23)$$

$$C_l - C_m = \frac{\omega_Q}{D(\omega_Q - \omega_P)} \times$$
$$\left[F - \omega_P E + \omega_P^2 C_a C_b C_c - \frac{1}{\omega_P} G_a G_b G_c \right] , \quad (24)$$

§18・2 電気容量，コンダクタンスの導出

$$C_m - C_h = \frac{\omega_P}{D(\omega_Q - \omega_P)} \times$$
$$\left[-F + \omega_Q E - \omega_Q^2 C_a C_b C_c + \frac{1}{\omega_Q} G_a G_b G_c \right], \quad (25)$$

$$C_l - C_h = \frac{1}{AD^2} [C_a G_a^2 (C_b G_c - C_c G_b)^2 +$$
$$C_b G_b^2 (C_c G_a - C_a G_c)^2 + C_c G_c^2 (C_a G_b - C_b G_a)^2], \quad (26)$$

$$G_m - G_l = \frac{\omega_Q}{D(\omega_Q - \omega_P)} \times$$
$$[-G_a G_b G_c + \omega_P F - \omega_P^2 E + \omega_P^3 C_a C_b C_c], \quad (27)$$

$$G_h - G_m = \frac{\omega_P}{D(\omega_Q - \omega_P)} \times$$
$$[G_a G_b G_c - \omega_Q F + \omega_Q^2 E - \omega_Q^3 C_a C_b C_c], \quad (28)$$

$$G_h - G_l = \frac{1}{DA^2} [G_a C_a^2 (G_b C_c - G_c C_b)^2 +$$
$$G_b C_b^2 (G_c C_a - G_a C_c)^2 + G_c C_c^2 (G_a C_b - G_b C_a)^2], \quad (29)$$

$$\omega_Q = 2\pi f_Q = \frac{1}{\tau_Q} = \frac{G_h - G_m}{C_m - C_h} = \frac{B + \sqrt{B^2 - 4AD}}{2A}, \quad (30)$$

$$\omega_P = 2\pi f_P = \frac{1}{\tau_P} = \frac{G_m - G_l}{C_l - C_m} = \frac{2D}{B + \sqrt{B^2 - 4AD}}, \quad (31)$$

$$\omega_Q + \omega_P = \frac{B}{A}, \qquad \omega_Q \omega_P = \frac{D}{A}, \quad (32)(33)$$

$$A = C_a C_b + C_b C_c + C_c C_a, \quad (34)$$

$$B = C_a(G_b + G_c) + C_b(G_c + G_a) + C_c(G_a + G_b), \quad (35)$$

$$D = G_a G_b + G_b G_c + G_c G_a, \quad (36)$$

$$E = C_a C_b G_c + C_b C_c G_a + C_c C_a G_b, \quad (37)$$

$$F = C_a G_b G_c + C_b G_c G_a + C_c G_a G_b, \tag{38}$$

$$\begin{aligned} B^2 - 4AD =& \\ & (C_a G_b - C_b G_a)^2 + (C_b G_c - C_c G_b)^2 + (C_c G_a - C_a G_c)^2 \\ & -2(C_a G_b - C_b G_a)(C_b G_c - C_c G_b) \\ & -2(C_b G_c - C_c G_b)(C_c G_a - C_a G_c) \\ & -2(C_c G_a - C_a G_c)(C_a G_b - C_b G_a), \end{aligned} \tag{39}$$

§18・3　C, G の実測結果より C_l, C_m, C_h などの読み取り

　C, G の実測値群を C-$\Delta C''$ 平面に描くと，図 18-1 D のような複円弧になる．この円弧の両端（低周波側と高周波側）では，円の先を延ばすと，横 C 軸との交点が C_l, C_h として読み取れる．中間周波数部分では，C_m を読み取ることが出来ない．

　C-G 図を描けば 図 F になるが，これをさらに詳細に 図 18-2 に描き直してある．二相系の場合の図 17-2 の考察結果から 容易に類推できることであるが，前記の周波数依存性の式(18),(19) を変形考察すると，低周波の P-緩和，高周波の Q-緩和は それぞれ次のように C-G 図上で直線の式になる．

低周波 P-緩和：
$$\begin{aligned} G &= -\omega_P C + \omega_P C_m + G_m, \\ &= -\omega_p C + \omega_p C_l + G_l, \end{aligned} \tag{40}$$

高周波 Q-緩和：
$$\begin{aligned} G &= -\omega_Q C + \omega_Q C_m + G_m, \\ &= -\omega_Q C + \omega_Q C_h + G_h, \end{aligned} \tag{41}$$

§18・3 実測結果より C_l, C_m, C_h などの読み取り

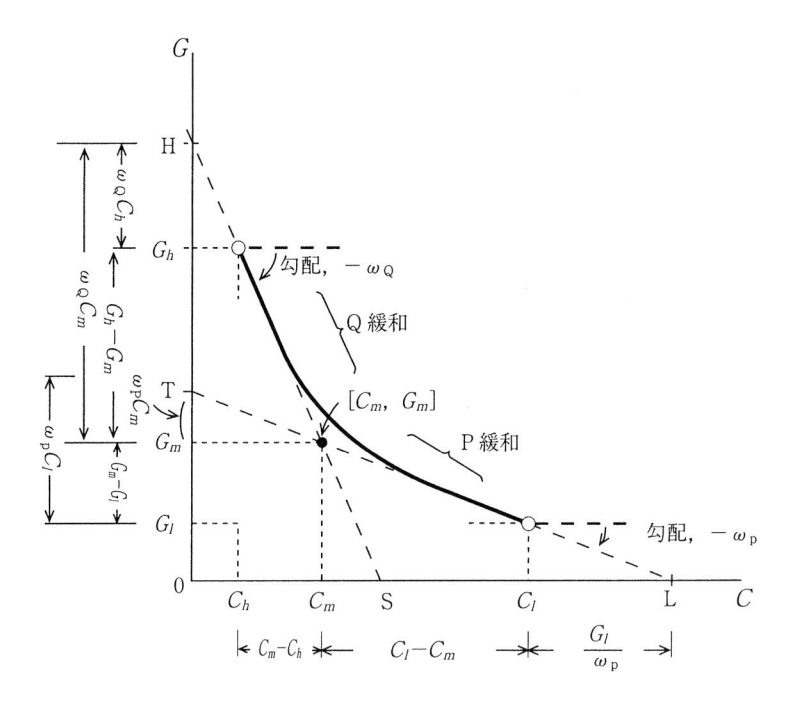

図 18-2 平面層状三相系 C, G の周波数変化の C-G 図上表示

図 18-2 に描くように，中間周波数領域では，実測点の列が連続的に曲がって，二直線をつなぐ形になっている．式(40),(41) の二直線の交点は，式計算によれば $C = C_m, G = G_m$ である．これを図 18-2 で示せば，P-緩和，Q-緩和の両直線の延長の交点が $[C_m, G_m]$ になっている．このようにして，簡単で正確に中間値 C_m, G_m を読み取れる．

この図 18-2 の折れ線の両端で，C_l, C_h にそれぞれ対応する G 値は G_l, G_h の値であり，正確に読み取れる．このように観測結果を整理して得た値 C_l, C_m, C_h などを使って，C_a, G_a などを算出する方法を次項で述べる．

§18・4 観測量 C_l, G_m などから構造特性量 C_a, G_a などを求める一般解法

解法導出の手順： (i)準備作業として，E/A，F/A を 観測量のみで表わす式を求める．(ii)予備過程として，$\alpha = G_a/C_a$, $\beta = G_b/C_b$, $\gamma = G_c/C_c$ という量を 観測量で表わす．(iii)これらを用いて，C_a, G_a などを求める.

§18・4・1 観測量で表わされた E/A, F/A の導出

式(33) の D を式(24)，(25) に代入し，式(20)，(22) を用いて簡単化すると，それぞれ 次のようになる．

$$C_l - C_m = \frac{1}{\omega_Q - \omega_P}\left[-\frac{E}{A} + \frac{1}{\omega_P} \cdot \frac{F}{A} - \frac{\omega_Q}{\omega_P} G_l + \omega_P C_h\right], \tag{42}$$

$$C_m - C_h = \frac{1}{\omega_Q - \omega_P}\left[\frac{E}{A} - \frac{1}{\omega_Q} \cdot \frac{F}{A} + \frac{\omega_P}{\omega_Q} G_l - \omega_Q C_h\right], \tag{43}$$

この二式(42)，(43) を加え合わせると，簡単な次式になる．

$$\frac{F}{A} = \omega_Q \omega_P C_l + (\omega_Q + \omega_P) G_l, \tag{44}$$

この式(44) を式(42) に代入すると E/A の次式を得る．

$$\frac{E}{A} = \omega_P (C_l + C_h) + (\omega_Q - \omega_P) C_m + G_l, \tag{45}$$

§18・4・2 G_a/C_a, G_b/C_b, G_c/C_c の式導出

$$\frac{G_a}{C_a} \equiv \alpha, \quad \frac{G_b}{C_b} \equiv \beta, \quad \frac{G_c}{C_c} \equiv \gamma, \tag{46}$$

§18・4 観測量から構造特性量を求める一般解法

と置く. この未知数 α, β, γ の含まれる関係式を3個得たい.
式(37)を式(20)で割ると,

$$\alpha + \beta + \gamma = \frac{G_a}{C_a} + \frac{G_b}{C_b} + \frac{G_c}{C_c} = \frac{1}{C_h} \cdot \frac{E}{A}, \quad (47)$$

式(38)を式(20)で割ると,

$$\alpha\beta + \beta\gamma + \gamma\alpha = \frac{G_a G_b}{C_a C_b} + \frac{G_b G_c}{C_b C_c} + \frac{G_c G_a}{C_c C_a} = \frac{1}{C_h} \cdot \frac{F}{A}, \quad (48)$$

式(22)を式(20)で割ると,

$$\alpha\beta\gamma = \frac{G_a G_b G_c}{C_a C_b C_c} = \frac{G_l}{C_h} \cdot \frac{D}{A}, \quad (49)$$

$E/A, F/A, D/A$ は, 式(45), (44), (33) を通じて すべて観測量 (既知量) で表わされている. したがって 未知数 α, β, γ が特異な形で含まれた三式(47), (48), (49) を解けばよい.

§18・4・3 α, β, γ の解法

x の三次方程式の根と係数との関係の考察によれば, 三根 α, β, γ を持つ三次方程式は 次の形である.

$$x^3 - (\alpha+\beta+\gamma)x^2 + (\alpha\beta+\beta\gamma+\gamma\alpha)x - \alpha\beta\gamma = 0, \quad (50)$$

したがって この式(50)に式(47)〜(49)を代入した式

$$x^3 - \frac{1}{C_h} \cdot \frac{E}{A} x^2 + \frac{1}{Ch} \cdot \frac{F}{A} x - \frac{G_l}{C_h} \cdot \frac{D}{A} = 0, \quad (51)$$

の三根は α, β, γ である. 式計算の簡単化のために, 次のように置き換えよう.

$$a_1 \equiv -\frac{1}{C_h} \cdot \frac{E}{A}, \quad a_2 \equiv \frac{1}{C_h} \cdot \frac{F}{A}, \quad a_3 \equiv -\frac{G_l}{C_h} \cdot \frac{D}{A}, \quad (52)$$

すると 式(51)は 簡単な次式になる.

$$x^3 + a_1 x^2 + a_2 x + a_3 = 0 \quad , \tag{53}$$

ここで すでによく知られた三次方程式解法によって，式(53)を解こう．

§18・4・4　三次方程式の Cardano 解法

まず p, q という量を 次のように定義する．

$$p \equiv -\frac{1}{3} a_1^2 + a_2 \quad , \tag{54}$$

$$= -\frac{1}{2} \left[(C_a C_b G_c - C_b C_c G_a)^2 + (C_b C_c G_a - C_c C_a G_b)^2 \right.$$
$$\left. + (C_c C_a G_b - C_a C_b G_c)^2 \right] < 0 \quad , \tag{55}$$

$$q \equiv \frac{2}{27} a_1^3 - \frac{1}{3} a_1 a_2 + a_3 \quad , \tag{56}$$

さらに s, θ を次のように定義する．

$$s \equiv \sqrt{\frac{-p}{3}} \quad , \tag{57}$$

$$\theta \equiv \cos^{-1} \frac{-q}{2 \left[\sqrt{\frac{-p}{3}} \right]^3} = \cos^{-1}\left(\frac{-q}{2 s^3} \right) \quad , \tag{58}$$

上に示したように $p<0$ であるから，量 s は必ず実数であり，正の値になる．量 θ は逆余弦関数で 多価関数なので，$0<\theta<\pi$ の範囲内の値（主値という）を採用する．したがって $0<\theta/3<\pi/3$ となる．

Cardano 解法によれば，式(53)の三根 α, β, γ は次式で求められる．

$$\alpha = 2 \times \sqrt{\frac{-p}{3}} \cos\left(\frac{\theta}{3} + \frac{2\pi}{3} \right) - \frac{1}{3} a_1 \quad , \tag{59}$$

$$\beta = 2 \times \sqrt{\frac{-p}{3}} \cos\left(\frac{\theta}{3} - \frac{2\pi}{3} \right) - \frac{1}{3} a_1 \quad , \tag{60}$$

§18・4　観測量から構造特性量を求める一般解法

$$\gamma = 2 \times \sqrt{\frac{-p}{3}} \cos\frac{\theta}{3} - \frac{1}{3}a_1 , \tag{61}$$

これらの式によれば，$0 < \theta/3 < \pi/3$ の条件下にあるから，三根は $0 < \alpha < \beta < \gamma$ の順になっている．

§18・4・5　各相の特性量 C_a, G_a などの算出式

計算の便宜上，次のように関数 u, v, w を定義する．

$$u \equiv \frac{C_b C_c}{A} , \quad v \equiv \frac{C_c C_a}{A} , \quad w \equiv \frac{C_a C_b}{A} , \tag{62}$$

この式(62)を用いると，式(34)は次のように簡単になる．

$$u + v + w = 1 , \tag{63}$$

式(34),(46),(62) を用いると，式(35)は次のようになる．

$$(\beta + \gamma)u + (\gamma + \alpha)v + (\alpha + \beta)w = \frac{B}{A} , \tag{64}$$

式(62)を用いると，式(36)は次のようになる．

$$\beta\gamma u + \gamma\alpha v + \alpha\beta w = \frac{D}{A} , \tag{65}$$

三未知数 u, v, w について，三式(63),(64),(65) は三元一次連立方程式になっている．したがって その解は，次式を順次数値計算すればよい．

$$\Delta = (\beta - \gamma)\alpha^2 + (\gamma - \alpha)\beta^2 + (\alpha - \beta)\gamma^2 , \tag{66}$$

$$\Delta_u = (\beta - \gamma)\left[\alpha\left(\alpha - \frac{B}{A}\right) + \frac{D}{A}\right] , \tag{67}$$

$$\Delta_v = (\gamma - \alpha)\left[\beta\left(\beta - \frac{B}{A}\right) + \frac{D}{A}\right], \tag{68}$$

$$\Delta_w = (\alpha - \beta)\left[\gamma\left(\gamma - \frac{B}{A}\right) + \frac{D}{A}\right], \tag{69}$$

$$u = \frac{\Delta_u}{\Delta}, \quad v = \frac{\Delta_v}{\Delta}, \quad w = \frac{\Delta_w}{\Delta}, \tag{70}$$

式(62)を式(20)に代入すると，次式を得る．

$$C_a = \frac{C_h}{u}, \quad C_b = \frac{C_h}{v}, \quad C_c = \frac{C_h}{w}, \tag{71}$$

G_a, G_b, G_c は式(46)より得られる．

§18・4・6 平面相三相系の一般解法のまとめ

これらの解をまとめて，実際には次のような式配列の順序で数値計算を進められる．

（1）実測した $C(f), G(f)$ の周波数変化（複誘電緩和）の測定値を整理して，$C_l, C_m, C_h, G_l, G_m, G_h$ などを得る．

（2）
$$\omega_Q = 2\pi f_Q = \frac{G_h - G_m}{C_m - C_h}, \quad \omega_P = 2\pi f_P = \frac{G_m - G_l}{C_l - C_m}, \tag{72}(73)$$

（3）$\quad \dfrac{B}{A} = \omega_Q + \omega_P, \quad \dfrac{D}{A} = \omega_Q \omega_P, \tag{74}(75)$

$$\frac{F}{A} = \omega_Q \omega_P C_l + (\omega_Q + \omega_P) G_l, \tag{76}$$

$$\frac{E}{A} = \omega_P (C_l + C_h) + (\omega_Q - \omega_P) C_m + G_l, \tag{77}$$

（4）$a_1 = -\dfrac{1}{C_h}\cdot\dfrac{E}{A}, \quad a_2 = \dfrac{1}{C_h}\cdot\dfrac{F}{A}, \quad a_3 = -\dfrac{G_l}{C_h}\cdot\dfrac{D}{A}, \tag{78}$
$$\tag{79}(80)$$

§18・4 観測量から構造特性量を求める一般解法

(5) $\quad p = -\dfrac{1}{3}a_1{}^2 + a_2$ (81)

$\quad q = \dfrac{2}{27}a_1{}^3 - \dfrac{1}{3}a_1 a_2 + a_3 ,$ (82)

$\quad s = \sqrt{\dfrac{-p}{3}} , \quad \theta = \cos^{-1}\!\left(\dfrac{-q}{2s^3}\right) ,$ (83)(84)

(6) $\quad \alpha = 2s \cdot \cos\!\left(\dfrac{\theta}{3} + \dfrac{2\pi}{3}\right) - \dfrac{1}{3}a_1 ,$ (85)

$\quad \beta = 2s \cdot \cos\!\left(\dfrac{\theta}{3} - \dfrac{2\pi}{3}\right) - \dfrac{1}{3}a_1 ,$ (86)

$\quad \gamma = 2s \cdot \cos\dfrac{\theta}{3} - \dfrac{1}{3}a_1 ,$ (87)

(7) $\quad \Delta = (\beta - \gamma)\alpha^2 + (\gamma - \alpha)\beta^2 + (\alpha - \beta)\gamma^2 ,$ (88)

$\quad \Delta_u = (\beta - \gamma)\left[\alpha\!\left(\alpha - \dfrac{B}{A}\right) + \dfrac{D}{A}\right] ,$ (89)

$\quad \Delta_v = (\gamma - \alpha)\left[\beta\!\left(\beta - \dfrac{B}{A}\right) + \dfrac{D}{A}\right] ,$ (90)

$\quad \Delta_w = (\alpha - \beta)\left[\gamma\!\left(\gamma - \dfrac{B}{A}\right) + \dfrac{D}{A}\right] ,$ (91)

$\quad u = \dfrac{\Delta_u}{\Delta} , \quad v = \dfrac{\Delta_v}{\Delta} , \quad w = \dfrac{\Delta_w}{\Delta} ,$ (92)(93)(94)

(8) $\quad C_a = \dfrac{C_h}{u} , \quad C_b = \dfrac{C_h}{v} , \quad C_c = \dfrac{C_h}{w} ,$ (95)(96)(97)

$\quad G_a = \alpha C_a , \quad G_b = \beta C_b , \quad G_c = \gamma C_c ,$ (98)(99)(100)

(9) 算出された数値群は，次のような大小関係になっている．

$\quad \dfrac{G_a}{C_a} < \dfrac{G_b}{C_b} < \dfrac{G_c}{C_c} ,$ (101)

このような a, b, c の添字付き量の順序付けは，数値計算を単純明

快にし，数式展開で 唯一組の答が出るように置いた限定条件である．
図 18-1A において，左－中－右 という三層は 必ずしも 式(101) の a－b－c の順序ではない．実際の三層の各物質の実情を考慮して a, b, c を割り当てることが必要である．たとえば 図 18-1A の中央層が固い膜で，左・右層が塩の水溶液ならば，膜相は a 相，すなわち G_a/C_a が最小の相とすべきである．左・右二水相のどちらに残りの b, c を割り振るかについては，液相の実際状態についての考察が必要である．

引用・参考文献：
（1） K. Kiyohara, K. S. Zhao, K. Asaka, T. Hanai,
       Japanese J. Appl. Phys., **29** 1751 （1990）.
（2） K. S. Zhao, K. Asaka, K. Asami, T. Hanai,
       Bull. Inst. Chem. Res., Kyoto Univ., **67** 225 （1989）.
（3） T. Hanai, D. A. Haydon, J. L. Taylor,
       J. Theoret. Biol., **9** 278 （1965）.

第19章 球形粒子の希薄分散系

§19・1 球形粒子希薄分散系の基礎式

球形粒子が まばらに分散した分散系に 電圧をかけると，粒子の外の電場は どのような変化をするであろうか． Wagner(1914)は，そのような電場変化の式を考察して，系全体の誘電率理論式を導いた．

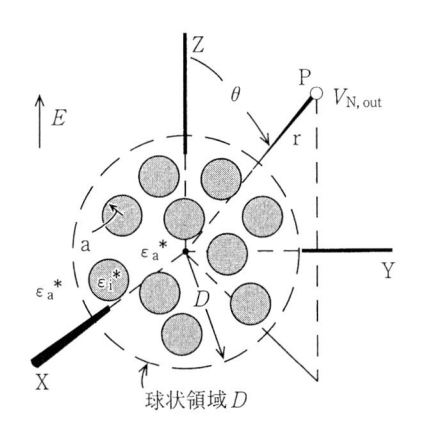

(A) 誘電率 ε_a^* の連続相中の，半径 D の球状領域内に半径 a 誘電率 ε_i^* の小球が N 個含まれている

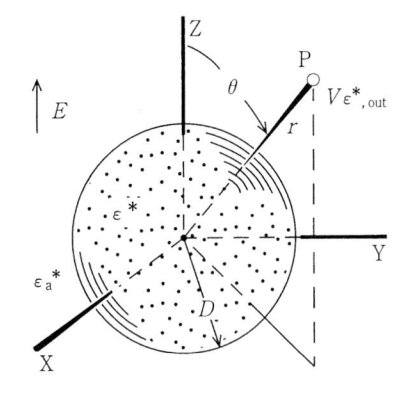

(B) 左の図(A)に示すような N 個の小球を含む不均質 D 領域と同じ V_{out} 値（誘電挙動）を示すような均質な D 領域を考え，その誘電率を ε^* で表わす

図 19-1 球形粒子の希薄分散系に対する Wagner 理論の図解

図19-1A に示すように，複素誘電率 ε_a^* の連続媒質中に 半径 D の広い球形領域を考え，この領域内に 半径 a，複素誘電率 ε_i^* (記号の意味については §1・7 参照) の 小さい球が N 個あるとする．静電場理論によれば，球形領域 D の中心から 半径 D に比べて充分に大きい距離 r に在る点 P が，D 領域内に在る 半径 a の小球 1 個から受けるポテンシャル(電位) V_{out} は，球座標 (r, θ, ϕ) を用いると，次式で表わされる．

$$V_{out} = -Ez + E\frac{\varepsilon_i^* - \varepsilon_a^*}{\varepsilon_i^* + 2\varepsilon_a^*} \cdot \frac{a^3}{r^2} \cos\theta, \tag{1}$$

ここに E は外部からかけた電場の強さであり，これは 球から無限に離れた点での (あるいはこの小球の無いときの) 電場の強さ と考えてよい．すなわち 式(1)の第 1 項は，球の無い場合の 外部からの電場によるポテンシャル(電位)を表わしている．第 2 項は 半径 a の小球 1 個が存在する寄与を表わしている．詳しくは 初等電磁気学の本を参照して頂きたい．

球形領域 D 内に この小球が N 個在る場合を考えよう．この系が希薄分散系であると仮定すれば，これら小球同士の相互作用は無視出来る．小球 N 個の系では，小球の寄与を表わす式(1)の第 2 項が 近似的に N 倍になるとすれば，P 点のポテンシャル $V_{N, out}$ は 次式のようになる．

$$V_{N, out} = -Ez + E\frac{\varepsilon_i^* - \varepsilon_a^*}{\varepsilon_i^* + 2\varepsilon_a^*} \cdot \frac{a^3}{r^2} N\cos\theta, \tag{2}$$

つぎに 図 19-1B に示すように，複素誘電率 ε^* を持った均質な球形領域 D から，P 点が受けるポテンシャル $V\varepsilon^*_{,out}$ は，式(1)にならって 次のようになる．

§19・1 球形粒子希薄分散系の基礎式

$$V\varepsilon^*,_\text{OUT} = -Ez + E\frac{\varepsilon^* - \varepsilon_a^*}{\varepsilon^* + 2\varepsilon_a^*} \cdot \frac{D^3}{r^2} \cos\theta , \qquad (3)$$

ポテンシャルは 存在する物体の誘電特性を反映しているから,図Aのポテンシャル $V_\text{N,OUT}$ と 図Bの $V\varepsilon^*,_\text{OUT}$ とを 互いに等しい と置いて 考察を進めると,図Aの多球集合系の誘電特性は,図Bの均質だとしたときの ε^* の特性にすべて包含されて表現されるだろう.そこで 式(2)=式(3) とすると 次式を得る.

$$\frac{\varepsilon^* - \varepsilon_a^*}{\varepsilon^* + 2\varepsilon_a^*} = \frac{\varepsilon_i^* - \varepsilon_a^*}{\varepsilon_i^* + 2\varepsilon_a^*} \varPhi , \quad \text{Wagner の式} \qquad (4)$$

ただし $\varPhi$ は次のような意味の量である.

$$\text{小球の体積分率 } \varPhi \equiv \frac{\text{小球の全体積}}{D\text{ 領域の体積}} = \frac{\frac{4}{3}\pi a^3 N}{\frac{4}{3}\pi D^3} = \frac{a^3 N}{D^3} , \qquad (5)$$

式(4)を 複素導電率 κ^* など(§1・7参照)で書き表わせば,

$$\frac{\kappa^* - \kappa_a^*}{\kappa^* + 2\kappa_a^*} = \frac{\kappa_i^* - \kappa_a^*}{\kappa_i^* + 2\kappa_a^*} \varPhi , \quad \text{Wagner の式} \qquad (6)$$

となる. 使用記号の内容は 次のようである.

$$\kappa^* = j\omega\epsilon_v \varepsilon^* = \kappa + j\omega\epsilon_v \varepsilon , \qquad (7)$$
$$\kappa_a^* = j\omega\epsilon_v \varepsilon_a^* = \kappa_a + j\omega\epsilon_v \varepsilon_a , \qquad (8)$$
$$\kappa_i^* = j\omega\epsilon_v \varepsilon_i^* = \kappa_i + j\omega\epsilon_v \varepsilon_i , \qquad (9)$$

§19・2 高・低周波極限値などの式

この Wagner 式 (4), (6) は，系全体の ε, κ の周波数依存性を表わす総括的な式であり，第 20 章の図 20-2A, 2B に細破線で示したような 単一緩和型の誘電緩和を呈する．ここに使う量の記号などは，すべて第 1 章 §1・7 に詳しく説明してある．

式 (4), (6) に 式 (7), (8), (9) を代入して，さらに $(1+j\omega/\omega_0), j\omega$ などに注目して，§17-1 で用いた部分分数分解法により 永々と計算し 整理すると，次のような多くの式が導かれる．

$$\varepsilon^* = \varepsilon_a^* \frac{2\varepsilon_a^* + \varepsilon_i^* - 2\Phi(\varepsilon_a^* - \varepsilon_i^*)}{2\varepsilon_a^* + \varepsilon_i^* + \Phi(\varepsilon_a^* - \varepsilon_i^*)}, \tag{10}$$

$$= \varepsilon_h + \frac{\varepsilon_l - \varepsilon_h}{1 + j\omega/\omega_0} + \frac{\kappa_l}{j\omega\epsilon_v}, \tag{11}$$

$$\kappa^* = \kappa_a^* \frac{2\kappa_a^* + \kappa_i^* - 2\Phi(\kappa_a^* - \kappa_i^*)}{2\kappa_a^* + \kappa_i^* + \Phi(\kappa_a^* - \kappa_i^*)}, \tag{12}$$

$$= \kappa_l + \frac{(\kappa_h - \kappa_l)j\omega/\omega_0}{1 + j\omega/\omega_0} + j\omega\epsilon_v\varepsilon_h, \tag{13}$$

ただし

$$\varepsilon_h = \varepsilon_a \frac{2\varepsilon_a + \varepsilon_i - 2\Phi(\varepsilon_a - \varepsilon_i)}{2\varepsilon_a + \varepsilon_i + \Phi(\varepsilon_a - \varepsilon_i)}, \tag{14}$$

$$\varepsilon_l = \frac{\varepsilon_a(2\kappa_a + \kappa_i)^2 + [(9\varepsilon_i - 2\varepsilon_a)\kappa_a^2 - 8\varepsilon_a\kappa_a\kappa_i + \varepsilon_a\kappa_i^2]\Phi - 2\varepsilon_a(\kappa_a - \kappa_i)^2\Phi^2}{[2\kappa_a + \kappa_i + \Phi(\kappa_a - \kappa_i)]^2}, \tag{15}$$

$$= \varepsilon_a \frac{\kappa_l}{\kappa_a} + \frac{9(\varepsilon_i\kappa_a - \varepsilon_a\kappa_i)\kappa_a\Phi}{[2\kappa_a + \kappa_i + \Phi(\kappa_a - \kappa_i)]^2}, \tag{16}$$

$$\varepsilon_l - \varepsilon_h = \frac{9(\varepsilon_a \kappa_i - \varepsilon_i \kappa_a)^2 \Phi(1-\Phi)}{[2\varepsilon_a + \varepsilon_i + \Phi(\varepsilon_a - \varepsilon_i)] \times [2\kappa_a + \kappa_i + \Phi(\kappa_a - \kappa_i)]^2}, \tag{17}$$

$$\kappa_l = \kappa_a \frac{2\kappa_a + \kappa_i - 2\Phi(\kappa_a - \kappa_i)}{2\kappa_a + \kappa_i + \Phi(\kappa_a - \kappa_i)}, \tag{18}$$

$$\kappa_h = \frac{\kappa_a(2\varepsilon_a + \varepsilon_i)^2 + [(9\kappa_i - 2\kappa_a)\varepsilon_a^2 - 8\kappa_a \varepsilon_a \varepsilon_i + \kappa_a \varepsilon_i^2]\Phi - 2\kappa_a(\varepsilon_a - \varepsilon_i)^2 \Phi^2}{[2\varepsilon_a + \varepsilon_i + \Phi(\varepsilon_a - \varepsilon_i)]^2}, \tag{19}$$

$$= \kappa_a \frac{\varepsilon_h}{\varepsilon_a} + \frac{9(\kappa_i \varepsilon_a - \kappa_a \varepsilon_i)\varepsilon_a \Phi}{[2\varepsilon_a + \varepsilon_i + \Phi(\varepsilon_a - \varepsilon_i)]^2}, \tag{20}$$

$$\kappa_h - \kappa_l = \frac{9(\kappa_a \varepsilon_i - \kappa_i \varepsilon_a)^2 \Phi(1-\Phi)}{[2\kappa_a + \kappa_i + \Phi(\kappa_a - \kappa_i)] \times [2\varepsilon_a + \varepsilon_i + \Phi(\varepsilon_a - \varepsilon_i)]^2}, \tag{21}$$

$$\omega_0 \equiv 2\pi f_0 = \frac{1}{\tau} = \frac{\kappa_h - \kappa_l}{\varepsilon_l - \varepsilon_h} \cdot \frac{1}{\epsilon_v}, \tag{22}$$

$$= \frac{2\kappa_a + \kappa_i + \Phi(\kappa_a - \kappa_i)}{2\varepsilon_a + \varepsilon_i + \Phi(\varepsilon_a - \varepsilon_i)} \cdot \frac{1}{\epsilon_v}, \tag{23}$$

$$\epsilon_v = 8.8542 \times 10^{-14} \, \mathrm{F/cm}, \tag{24}$$

式(11),(13),(17),(21) などの関数形を考えると，$\varepsilon_a \kappa_i \neq \varepsilon_i \kappa_a$ であれば次章の図 20-2A, 2B に示したような単一緩和型の誘電緩和になることがわかる．

§19・3 特別な場合の近似式

球形粒子分散系の実例として，ミルクやクリームなどのエマルションを考えると，油相の導電率は 10^{-10} S/cm 程度である．水相の導電率

は $10^{-5} \sim 10^{-3}$ S/cm 程度であり，油相よりもずっと大きい．このような場合には，前記の長々しい式がすべて次のように大変簡単になる．

§19・3・1　$\kappa_a \gg \kappa_i$ の場合，O/W 型エマルション

式(14), (16), (18), (20) などは，それぞれ次のように簡単になる．

$$\varepsilon_h = \varepsilon_a \frac{2\varepsilon_a + \varepsilon_i - 2\Phi(\varepsilon_a - \varepsilon_i)}{2\varepsilon_a + \varepsilon_i + \Phi(\varepsilon_a - \varepsilon_i)}, \tag{25}$$

$$\varepsilon_l = \varepsilon_a \frac{\kappa_l}{\kappa_a} + \frac{9\varepsilon_i \Phi}{(2+\Phi)^2},$$

$$= \varepsilon_a \frac{2(1-\Phi)}{2+\Phi} + \frac{9\varepsilon_i \Phi}{(2+\Phi)^2}, \tag{26}$$

$$\frac{\kappa_l}{\kappa_a} = \frac{2(1-\Phi)}{2+\Phi}, \tag{27}$$

$$\frac{\kappa_h}{\kappa_a} = \frac{\varepsilon_h}{\varepsilon_a} - \frac{9\varepsilon_a \varepsilon_i \Phi}{[2\varepsilon_a + \varepsilon_i + \Phi(\varepsilon_a - \varepsilon_i)]^2}, \tag{28}$$

$$= \frac{2\varepsilon_a + \varepsilon_i - 2\Phi(\varepsilon_a - \varepsilon_i)}{2\varepsilon_a + \varepsilon_i + \Phi(\varepsilon_a - \varepsilon_i)}$$

$$- \frac{9\varepsilon_a \varepsilon_i \Phi}{[2\varepsilon_a + \varepsilon_i + \Phi(\varepsilon_a - \varepsilon_i)]^2}, \tag{29}$$

§19・3・2　$\kappa_a \ll \kappa_i$ の場合，W/O 型エマルション

式(14), (16), (18), (20) などは，それぞれ次のように簡単になる．

$$\varepsilon_h = \varepsilon_a \frac{2\varepsilon_a + \varepsilon_i - 2\Phi(\varepsilon_a - \varepsilon_i)}{2\varepsilon_a + \varepsilon_i + \Phi(\varepsilon_a - \varepsilon_i)}, \tag{30}$$

$$\varepsilon_l = \varepsilon_a \frac{\kappa_l}{\kappa_a} = \varepsilon_a \frac{1+2\Phi}{1-\Phi}, \tag{31}$$

$$\frac{\kappa_l}{\kappa_a} = \frac{1+2\Phi}{1-\Phi}, \tag{32}$$

$$\frac{\kappa_h}{\kappa_i} = \left[\frac{3\,\varepsilon_a}{2\,\varepsilon_a + \varepsilon_i + \Phi(\varepsilon_a - \varepsilon_i)}\right]^2 \Phi, \tag{33}$$

ここに導出した式(25)～(33)を用いれば，$\varepsilon_a, \varepsilon_i, \kappa_a, \kappa_i, \Phi$ を既知量として，誘電緩和の低・高周波極限値 $\varepsilon_l, \varepsilon_h, \kappa_l, \kappa_h$ を算出できる．ところが 物質の内部構造や性質を調べる場合には，実測結果から 誘電緩和特性定数 $\varepsilon_h, \varepsilon_l$ などを得て，これらを理論式に代入して $\kappa_i, \varepsilon_i, \Phi$ などの成分相定数を算出したい．その方法を次に述べる．

§19・4 高・低周波極限値から構成成分相の $\varepsilon_i, \kappa_i, \Phi$ などを算出する式

連続媒質 ε_a 値は，安定していて，直接に測定した値を使える．ところが κ_a 値は，不安定であって，直接測定値は必ずしも混合系の誘電緩和に有効な値にはならない．したがって 以下の考察では，κ_a は未知量として 式から算出する．

§19・4・1 $\kappa_i \gg \kappa_a$ の場合， W/O型エマルション

式(31)を Φ について解くと，

$$\Phi = \frac{\varepsilon_l - \varepsilon_a}{\varepsilon_l + 2\,\varepsilon_a}, \tag{34}$$

式(32)より

$$\kappa_a = \kappa_l \frac{1-\Phi}{1+2\Phi}, \tag{35}$$

この式(34)を 式(30)に代入して，Φ を消去し，ε_i について解くと，

$$\varepsilon_i = \frac{\varepsilon_h(\varepsilon_l + \varepsilon_a) - 2\varepsilon_a^2}{\varepsilon_l - \varepsilon_h}, \tag{36}$$

この式(34),(36)を 式(33)に代入して, Φ, ε_i を消去し, κ_i について解くと,

$$\kappa_i = \kappa_h \frac{(\varepsilon_l - \varepsilon_a)(\varepsilon_l + 2\varepsilon_a)}{(\varepsilon_l - \varepsilon_h)^2}, \tag{37}$$

§19・4・2 $\kappa_i \ll \kappa_a$ の場合, O/W, N/W エマルション

式(25)を ε_i について 解くと,

$$\varepsilon_i = \varepsilon_a \frac{(2\varepsilon_a + \varepsilon_h)\Phi - 2(\varepsilon_a - \varepsilon_h)}{(2\varepsilon_a + \varepsilon_h)\Phi + (\varepsilon_a - \varepsilon_h)}, \tag{38}$$

式(26)を ε_i について 解くと,

$$\varepsilon_i = \frac{\Phi + 2}{9\Phi}[(2\varepsilon_a + \varepsilon_l)\Phi - 2(\varepsilon_a - \varepsilon_l)], \tag{39}$$

この式(38),(39)より ε_i を消去すると,

$$\begin{aligned}9\Phi\varepsilon_a[(2\varepsilon_a + \varepsilon_h)\Phi - 2(\varepsilon_a - \varepsilon_h)] \\ = (\Phi + 2)[(2\varepsilon_a + \varepsilon_h)\Phi + (\varepsilon_a - \varepsilon_h)] \times \\ [(2\varepsilon_a + \varepsilon_l)\Phi - 2(\varepsilon_a - \varepsilon_l)],\end{aligned} \tag{40}$$

この式(40)は, Φ について 3次方程式であり, これを正攻法で解くことも出来る. しかし 実用的には, パソコンなどを活用して, $\varepsilon_a, \varepsilon_l, \varepsilon_h$ を与えて, Φ を 0 から →1 に向けて増加させ, 式(40)の等号の成り立つような Φ 値を探すのがよい.

このようにして得たΦ値と, 実測 $\varepsilon_h, \varepsilon_a$ 値とを式(38)に代入すれば, ε_i を求められる.

式(27)を κ_a について解くと,

§19・4 構成成分相定数を算出する式

$$\kappa_a = \kappa_l \frac{2+\Phi}{2(1-\Phi)}, \tag{41}$$

誘電測定結果より $\varepsilon_l, \varepsilon_h, \kappa_l, \varepsilon_a$ を知れば，前記の式(40), (38), (41) により $\Phi, \varepsilon_i, \kappa_a$ の値を 順次算出できる．なお $\kappa_i \ll \kappa_a$ という条件のために $\kappa_i \approx 0$ となり，κ_i は 式から消えてしまうので，数値を求めることが出来ない．

§19・4・3 κ_i, κ_a の大小に条件を付けない一般の場合

観測値 $\varepsilon_l, \varepsilon_h, \kappa_l, \kappa_h, \varepsilon_a$ を既知量として，式(14)〜(23) から未知量 $\Phi, \varepsilon_i, \kappa_i, \kappa_a,$ の4個を解く，という方針で 式変形を進める．まず Φ を消去するように 式変形計算をしよう．式(16), (20)は それぞれ次の2式に変形される．

$$\frac{\kappa_l \varepsilon_a - \kappa_a \varepsilon_l}{\kappa_a^2} = \frac{9(\kappa_i \varepsilon_a - \kappa_a \varepsilon_i)\Phi}{[2\kappa_a + \kappa_i + \Phi(\kappa_a - \kappa_i)]^2}, \tag{42}$$

$$\frac{\kappa_h \varepsilon_a - \kappa_a \varepsilon_h}{\varepsilon_a^2} = \frac{9(\kappa_i \varepsilon_a - \kappa_a \varepsilon_i)\Phi}{[2\varepsilon_a + \varepsilon_i + \Phi(\varepsilon_a - \varepsilon_i)]^2}, \tag{43}$$

式(42)を式(43)で割ると，次式になる．

$$\frac{\kappa_l \varepsilon_a - \kappa_a \varepsilon_l}{\kappa_h \varepsilon_a - \kappa_a \varepsilon_h} \cdot \frac{\varepsilon_a^2}{\kappa_a^2} = \left[\frac{2\varepsilon_a + \varepsilon_i + \Phi(\varepsilon_a - \varepsilon_i)}{2\kappa_a + \kappa_i + \Phi(\kappa_a - \kappa_i)}\right]^2, \tag{44}$$

式(22), (23)は 次式になる．

$$\frac{\varepsilon_l - \varepsilon_h}{\kappa_h - \kappa_l} = \frac{2\varepsilon_a + \varepsilon_i + \Phi(\varepsilon_a - \varepsilon_i)}{2\kappa_a + \kappa_i + \Phi(\kappa_a - \kappa_i)}, \tag{45}$$

式(45)の右辺を式(44)の右辺に代入し，その式の両辺の平方根を採り，左辺にすべて移項すると 次式になる．

$$\mathrm{H}(\kappa_a) \equiv +\sqrt{\frac{\kappa_l \varepsilon_a - \kappa_a \varepsilon_l}{\kappa_h \varepsilon_a - \kappa_a \varepsilon_h}} - \frac{\kappa_a}{\varepsilon_a} \cdot \frac{\varepsilon_l - \varepsilon_h}{\kappa_h - \kappa_l} = 0, \tag{46}$$

式(46)の平方根記号の前の負号は，$\varepsilon_l > \varepsilon_h$, $\kappa_h > \kappa_l$ を考慮すると，現象として不合理なので捨てた．

既知量 $\varepsilon_l, \varepsilon_h, \kappa_l, \kappa_h, \varepsilon_a$ を 式(46)に代入して，$H(\kappa_a) = 0$ の成り立つような κ_a 値を求める．この場合 コンピュータによる数値探索の問題点や 注意事項は，引用文献に述べられている．

式(14), (18)を それぞれ ε_i, κ_i について解くと，次式になる．

$$\varepsilon_i = \varepsilon_a \frac{(2\varepsilon_a + \varepsilon_h)\Phi - 2(\varepsilon_a - \varepsilon_h)}{(2\varepsilon_a + \varepsilon_h)\Phi + (\varepsilon_a - \varepsilon_h)}, \tag{47}$$

$$\kappa_i = \kappa_a \frac{(2\kappa_a + \kappa_l)\Phi - 2(\kappa_a - \kappa_l)}{(2\kappa_a + \kappa_l)\Phi + (\kappa_a - \kappa_l)}, \tag{48}$$

この式(47), (48)を 式(16)に代入して，ε_i, κ_i を消去する．その結果の式を Φ について解くと，永々とした変形計算ののち 次式を得る．

$$\Phi = \frac{\varepsilon_a \varepsilon_h (\kappa_a - \kappa_l)^2 + (\varepsilon_a - \varepsilon_h)(\varepsilon_a \kappa_l^2 - \varepsilon_l \kappa_a^2)}{(\varepsilon_a \kappa_l - \varepsilon_h \kappa_a)^2 + (\varepsilon_l - \varepsilon_h)(2\varepsilon_a + \varepsilon_h)\kappa_a^2}, \tag{49}$$

これらの式の実際使用例は，第9章§9・3イオン交換樹脂粒子サスペンションの測定結果の解析などで 解説している．

引用・参考文献：
(1) K. W. Wagner, Arch. Electrotechn. **2** 371 (1914).
(2) T. Hanai, Kolloid Z., **171** 23 (1960).
(3) T. Hanai, Bull. Inst. Chem. Res., Kyoto Univ., **39** 341 (1961).
(4) T. Hanai, A. Ishikawa, N. Koizumi,
        Bull. Inst. Chem. Res., Kyoto Univ., **55** 376 (1977).

第20章　球形粒子の濃厚分散系

§20・1　球形粒子濃厚分散系の基礎式

　第19章に述べた Wagner の式は，希薄分散系という仮定のもとに導かれているから，濃厚系では定量的に成り立たないであろう．そこで花井(1960)は，Wagner の式にさらに工夫を凝らして，濃厚分散系に当てはまる理論を展開し，新しい式を導いた．

§20・1・1　濃度微少増加過程の表現

　この理論の進め方は 図 20-1 に図解してある．この図の段階1で，始めに誘電率が $\varepsilon_a{}^*$ で，体積が V_a の分散媒質（これはエマルジョンの連続相になるもの）が有るとする．つぎの段階2では，この連続相（体積 V_a）に分散相（粒として入り込む成分）を微少量 ΔV_i だけ混入すると，極めて淡いエマルジョンが出来る．その体積は $V_a + \Delta V_i$ になり，誘電率は少し増加して $\varepsilon_a{}^* + \Delta\varepsilon^*$ になるとしよう．このとき，全体に対する分散相の濃度は $\Delta\Phi'$ であるとする．このように分散相を微少量 ΔV_i だけ加える操作を繰り返してゆくと，最後に濃度 Φ_{final} の濃厚エマルジョンになるであろう．加えた分散相の全量を V_i とするならば，最後のエマルジョンの体積は $V_a + V_i$ であり，その誘電率は $\varepsilon_{final}{}^*$ である．

第20章 球形粒子の濃厚分散系

段　階	1	2		i	i+1		最　終
状　態	連続相のみ	→		だんだん濃くなる		→	濃厚分散系
全体積	V_a	$V_a+\Delta V_i$		V	$V+\Delta V_i$		V_a+V_i
濃　度	0	$\Delta\Phi'$		Φ'	$\Phi'+\Delta\Phi'$		Φfinal
分散相の体積	0	ΔV_i		$V\Phi'$	$V\Phi'+\Delta V_i$		V_i
誘電率	$\varepsilon_a{}^*$	$\varepsilon_a{}^*+\Delta\varepsilon^*$		ε^*	$\varepsilon^*+\Delta\varepsilon^*$		ε^*final

Wagner 式中に現われる量　　$\varepsilon_a{}^*$　　ε^*

$$\Phi = \frac{\Delta V_i}{V+\Delta V_i} = \frac{\Delta\Phi'}{1-\Phi'}$$

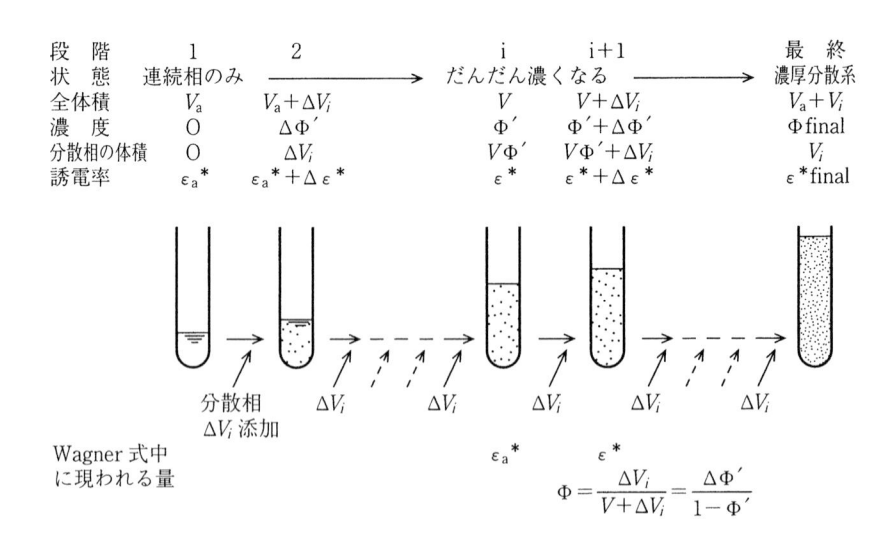

図 20-1　連続相 V_a に分散相(分散粒子)を微小体積 ΔV_i づつ, つぎつぎと添加してゆき, 濃厚分散系になる経過の説明.

このような微少量添加操作の系列の 途中の任意段階 i と その次の段階 $i+1$ について考えてみよう. 段階 i では、全体積が V, 濃度が Φ', 分散相の体積は $V\Phi'$, 誘電率は ε^* である. つぎに この系に ΔV_i を加えた次の段階 $i+1$ では, 全体積は $V+\Delta V_i$ であり, 濃度は $\Phi'+\Delta\Phi'$ に増加している. また 分散相の体積は $V\Phi'+\Delta V_i$ になっており, 誘電率は $\varepsilon^*+\Delta\varepsilon^*$ に増えている.

花井は, この段階 i と $i+1$ というような濃度の微小変化の前と後との間で Wagner の式(第19章の式(19-4)) が成り立つと考えた. この考え方を式中の量でいうならば,

$$\frac{\varepsilon^* - \varepsilon_a{}^*}{\varepsilon^* + 2\varepsilon_a{}^*} = \frac{\varepsilon_i{}^* - \varepsilon_a{}^*}{\varepsilon_i{}^* + 2\varepsilon_a{}^*} \Phi, \quad \text{Wagner の式} \tag{1}$$

において, 式中の $\varepsilon_a{}^*, \varepsilon^*$ を それぞれ

§20・1　球形粒子濃厚分散系の基礎式

ε_a^* を → ε^* (ΔV_i を添加する前の値)に,
ε^* を → $\varepsilon^* + \Delta\varepsilon^*$ (添加後の値)に, (2)

のように置き換えると，段階 i から $i+1$ への変化に対して Wagner 式を当てはめたことになる．このような取り扱いによって，希薄分散系という近似の不十分さを補い，濃厚分散系での粒子間相互作用を採り入れている，と言える．

図 20-1 の段階 i より $i+1$ への変化の過程についていえば，式(1)の Φ という量は，

$$\Phi = \frac{微少量添加の体積}{(i+1)での全体積} = \frac{\Delta V_i}{V + \Delta V_i}, \tag{3}$$

である．他方，図 20-1 で，段階 i から $i+1$ に移るときの濃度増加量 $\Delta\Phi'$ は

$$\Delta\Phi' = (段階\ i+1\ での濃度) - (段階\ i\ での濃度)$$
$$= \frac{(i+1)での溶質全体積}{(i+1)での系全体の体積} - \Phi' = \frac{V\Phi' + \Delta V_i}{V + \Delta V_i} - \Phi',$$
$$= \frac{\Delta V_i}{V + \Delta V_i}(1 - \Phi') = \Phi(1 - \Phi'), \quad 式(3)使用 \tag{4}$$

ゆえに

$$\Phi = \frac{\Delta\Phi'}{1 - \Phi'}, \tag{5}$$

したがって 図 20-1 の ΔV_i 添加の前後の変化に対応して，Wagner の式(1)において，式(2), (5) の置き換えをすると，次の関係式を得る．

$$\frac{-\Delta\Phi'}{1 - \Phi'} = \frac{2\varepsilon^* + \varepsilon_i^*}{3\varepsilon^*(\varepsilon^* - \varepsilon_i^*)}\Delta\varepsilon^*,$$
$$= \left(-\frac{1}{3\varepsilon^*} + \frac{1}{\varepsilon^* - \varepsilon_i^*}\right)\Delta\varepsilon^*, \tag{6}$$

§20・1・2 微少量関係式の積分

さて 微少量 ΔV_i の分散相を添加する 1 段階変化については，式(6) が成り立つと考える．この微少量添加の過程を 次々と無限に続けてゆくことにより，系は始めの状態 $\varepsilon^* = \varepsilon_a^*$, $\Phi' = 0$ から 終りの状態 $\varepsilon^* = \varepsilon^*$, $\Phi' = \Phi$ に至る．終り濃度は Φ_{final} と書くべきだが，添字は冗長だから省略して Φ と記す．これは Wagner 式の Φ ではない．式(6) を この変化の続く過程全体にわたって加える．すなわち 積分すると，次のように 積分変形整理できる．

$$\sum_0^\Phi \frac{-\Delta\Phi'}{1-\Phi'} = \int_0^\Phi \frac{-d\Phi'}{1-\Phi'} = \log(1-\Phi), \tag{7}$$

$$= \sum_{\varepsilon_a^*}^{\varepsilon^*} \left(-\frac{1}{3\varepsilon^*} + \frac{1}{\varepsilon^* - \varepsilon_i^*}\right) \Delta\varepsilon^*, \tag{8}$$

$$= \int_{\varepsilon_a^*(C)\varepsilon^*} \left(-\frac{1}{3\varepsilon^*} + \frac{1}{\varepsilon^* - \varepsilon_i^*}\right) d\varepsilon^*, \tag{9}$$

$$= \frac{1}{3} \text{Log} \frac{\varepsilon_a^*}{\varepsilon^*} + \text{Log}\left(\frac{\varepsilon^* - \varepsilon_i^*}{\varepsilon_a^* - \varepsilon_i^*}\right), $$

$$= \text{Log}\left[\frac{\varepsilon^* - \varepsilon_i^*}{\varepsilon_a^* - \varepsilon_i^*}\left(\frac{\varepsilon_a^*}{\varepsilon^*}\right)^{\frac{1}{3}}\right], \tag{10}$$

Log は対数関数の主値を意味する．したがって 式(7),(10)の結果から次の式が導かれる．

$$\frac{\varepsilon^* - \varepsilon_i^*}{\varepsilon_a^* - \varepsilon_i^*}\left(\frac{\varepsilon_a^*}{\varepsilon^*}\right)^{\frac{1}{3}} = 1 - \Phi, \quad \text{花井の式} \tag{11}$$

式(9)の積分変数 ε^* を実数変数のように扱って，区間 $[\varepsilon_a^*, \varepsilon^*]$ にわたって 実数的積分変形を進めれば，容易に式(10)を導ける．しかし それは正しくない．厳密にいうならば，式(9)の複素変数 ε^* によ

る積分では，積分経路 $\varepsilon_a^*(C)\varepsilon^*$ の執り方の問題など面倒な数学的考察を経たのちに，式(10)という結果の式が出てくる． その詳細は ここでは省略し，原論文にゆずるが，結果の式は 偶然にも通常の実変数関数の積分と一致している．

§20・2 高・低周波極限値などの式

この花井の式(11)は，球形粒子の濃厚分散系全体の ε, κ の周波数依存性 を表わす総括的な式である． 数値を式(11)に代入した結果によれば，図20-2A, -2B に示すように，ε-$\Delta\varepsilon''$ 図は半円ではなくて，円の中心が横軸の下にあるような円弧形になっている． 以後に使う量の記号の意味は 第1章，第19章に説明してある． この節で使う複素誘電率の虚数部 $\gamma, \gamma_a, \gamma_i$ は，次のように定義される．

$$\varepsilon^* = \frac{\kappa^*}{j\omega\epsilon_v} = \varepsilon + \frac{\kappa}{j\omega\epsilon_v} = \varepsilon - j\gamma, \quad \gamma = \frac{\kappa}{\omega\epsilon_v}, \quad (12)$$

$$\varepsilon_a = \frac{\kappa_a^*}{j\omega\epsilon_v} = \varepsilon_a + \frac{\kappa_a}{j\omega\epsilon_v} = \varepsilon_a - j\gamma_a, \quad \gamma_a = \frac{\kappa_a}{\omega\epsilon_v}, \quad (13)$$

$$\varepsilon_i^* = \frac{\kappa_i^*}{j\omega\epsilon_v} = \varepsilon_i + \frac{\kappa_i}{j\omega\epsilon_v} = \varepsilon_i - j\gamma_i, \quad \gamma_i = \frac{\kappa_i}{\omega\epsilon_v}, \quad (14)$$

$$\omega = 2\pi f, \quad \epsilon_v = 8.8542 \times 10^{-14}\,\text{F/cm}, \quad (15)$$

§20・2・1 実数部・虚数部の分離

式(11)の各因数は実数部 ε，虚数部 γ を用いて，次のように書き替えられる．

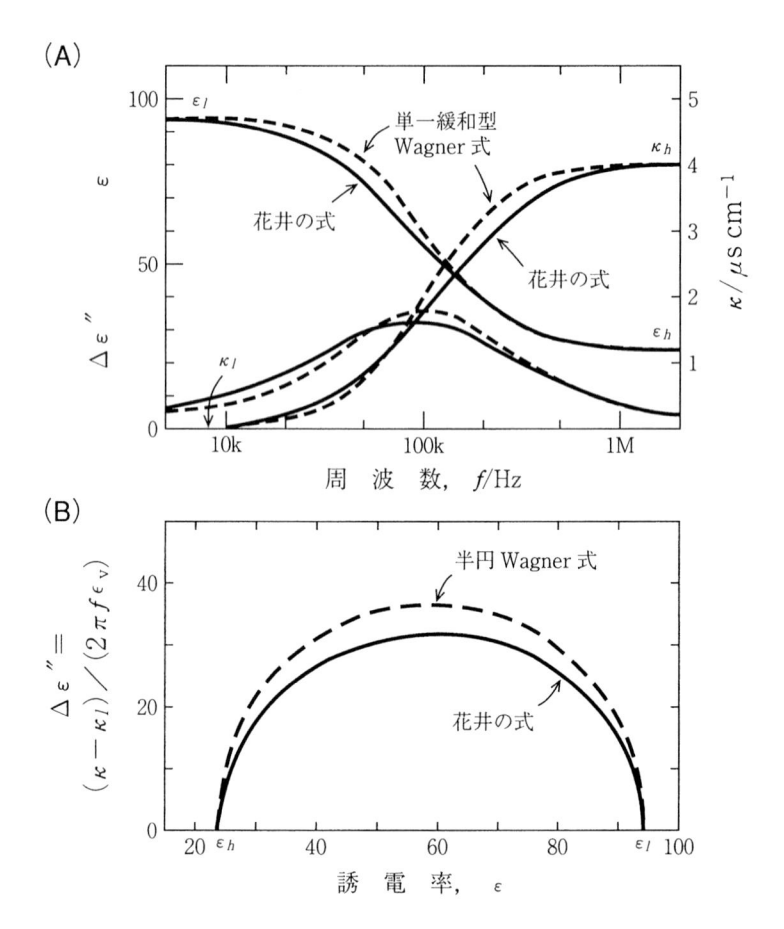

図 20-2 誘電緩和挙動について，花井の式(11)による計算値曲線.
W/O型エマルションに相当する次の数値群を使用.
$\varepsilon_a = 2.12$, $\kappa_a = 6.18 \times 10^{-5}\,\mu\mathrm{s/cm}$, $\varepsilon_i = 59.5$, $\kappa_i = 16.6\,\mu\mathrm{s/cm}$, $\Phi = 0.7$
図中の破線は，ε_l, ε_h, κ_l, κ_h などを同じくして，半円型則（Wagner 式の単一緩和型）による計算曲線である．花井の式の実線曲線は，半円型則から明らかにはずれている．

§20・2 高・低周波極限値などの式

$$\varepsilon^* - \varepsilon_i^* = [(\varepsilon - \varepsilon_i)^2 + (\gamma - \gamma_i)^2]^{\frac{1}{2}} \exp\left(-j \tan^{-1}\frac{\gamma - \gamma_i}{\varepsilon - \varepsilon_i}\right), \quad (16)$$

$$\varepsilon_a^* - \varepsilon_i^* = [(\varepsilon_a - \varepsilon_i)^2 + (\gamma_a - \gamma_i)^2]^{\frac{1}{2}} \exp\left(-j \tan^{-1}\frac{\gamma_a - \gamma_i}{\varepsilon_a - \varepsilon_i}\right), \quad (17)$$

$$\varepsilon_a^* = (\varepsilon_a^2 + \gamma_a^2)^{\frac{1}{2}} \exp\left(-j \tan^{-1}\frac{\gamma_a}{\varepsilon_a}\right), \quad (18)$$

$$\varepsilon^* = (\varepsilon^2 + \gamma^2)^{\frac{1}{2}} \exp\left(-j \tan^{-1}\frac{\gamma}{\varepsilon}\right), \quad (19)$$

式(11)の両辺を それぞれ2乗し，これに 式(16)～(19)を代入し，両辺の実数部，虚数部をそれぞれ等しいと置くと，次の2式を得る．

$$\frac{[(\varepsilon - \varepsilon_i)^2 + (\gamma - \gamma_i)^2](\varepsilon_a^2 + \gamma_a^2)^{\frac{1}{3}}}{[(\varepsilon_a - \varepsilon_i)^2 + (\gamma_a - \gamma_i)^2](\varepsilon^2 + \gamma^2)^{\frac{1}{3}}} = (1 - \Phi)^2, \quad (20)$$

$$\tan^{-1}\frac{\varepsilon \gamma_a - \varepsilon_a \gamma}{\varepsilon \varepsilon_a + \gamma \gamma_a} = 3 \tan^{-1}\frac{(\varepsilon - \varepsilon_i)(\gamma_a - \gamma_i) - (\varepsilon_a - \varepsilon_i)(\gamma - \gamma_i)}{(\varepsilon - \varepsilon_i)(\varepsilon_a - \varepsilon_i) + (\gamma - \gamma_i)(\gamma_a - \gamma_i)}, \quad (21)$$

§20・2・2 高・低周波極限値の式

高・低周波極限では，式(20)，(21)は 次のように近似される．

高周波にて，　$\omega \to \infty$，　　$\varepsilon_a \gg \gamma_a = \kappa_a / (\omega \epsilon_v)$,

$\varepsilon_i \gg \gamma_i = \kappa_i / (\omega \epsilon_v)$,　　$\varepsilon \gg \gamma = \kappa / (\omega \epsilon_v)$,

$x \ll 1$ で　$\tan^{-1} x \fallingdotseq x$,　　などの関係により

$$\frac{\varepsilon_h - \varepsilon_i}{\varepsilon_a - \varepsilon_i}\left(\frac{\varepsilon_a}{\varepsilon_h}\right)^{\frac{1}{3}} = 1 - \Phi, \quad (22)$$

$$\kappa_h \left(\frac{3}{\varepsilon_h - \varepsilon_i} - \frac{1}{\varepsilon_h}\right) = 3\left(\frac{\kappa_a - \kappa_i}{\varepsilon_a - \varepsilon_i} + \frac{\kappa_i}{\varepsilon_h - \varepsilon_i}\right) - \frac{\kappa_a}{\varepsilon_a}, \quad (23)$$

低周波にて，$\omega \to 0$, $\varepsilon_a \ll \gamma_a = \kappa_a/(\omega\epsilon_v)$,
$\varepsilon_i \ll \gamma_i = \kappa_i/(\omega\epsilon_v)$,　　$\varepsilon \ll \gamma = \kappa/(\omega\epsilon_v)$,
$x \ll 1$ で $\tan^{-1}x \fallingdotseq x$,　　などの関係により

$$\varepsilon_l\left(\frac{3}{\kappa_l-\kappa_i}-\frac{1}{\kappa_l}\right) = 3\left(\frac{\varepsilon_a-\varepsilon_i}{\kappa_a-\kappa_i}+\frac{\varepsilon_i}{\kappa_l-\kappa_i}\right)-\frac{\varepsilon_a}{\kappa_a}, \tag{24}$$

$$\frac{\kappa_l-\kappa_i}{\kappa_a-\kappa_i}\left(\frac{\kappa_a}{\kappa_l}\right)^{\frac{1}{3}} = 1-\Phi, \tag{25}$$

§20・2・3 $\kappa_a \gg \kappa_i$ の場合, O/W 型エマルジョンに相当

この場合，エマルジョン全体の 直流導電率 $\kappa_l \gg \kappa_i$ 油粒の導電率と考えてよい．これらの関係を用いると，式(22)～(25)は次のように簡単になる．

$$\frac{\varepsilon_h-\varepsilon_i}{\varepsilon_a-\varepsilon_i}\left(\frac{\varepsilon_a}{\varepsilon_h}\right)^{\frac{1}{3}} = 1-\Phi, \tag{26}$$

$$\frac{\kappa_h}{\kappa_a} = \frac{\varepsilon_h(\varepsilon_h-\varepsilon_i)(2\varepsilon_a+\varepsilon_i)}{\varepsilon_a(\varepsilon_a-\varepsilon_i)(2\varepsilon_h+\varepsilon_i)}, \tag{27}$$

$$\frac{2\varepsilon_l-3\varepsilon_i}{2\varepsilon_a-3\varepsilon_i} = (1-\Phi)^{\frac{3}{2}}, \tag{28}$$

$$\frac{\kappa_l}{\kappa_a} = (1-\Phi)^{\frac{3}{2}}, \tag{29}$$

§20・2・4 $\kappa_a \ll \kappa_i$ の場合, W/O 型エマルジョンに相当

この場合，$\kappa_l \ll \kappa_i$ と考えてよい．これらの関係を用いると，式(22)～(25)は次のように簡単になる．

$$\frac{\varepsilon_i-\varepsilon_h}{\varepsilon_i-\varepsilon_a}\left(\frac{\varepsilon_a}{\varepsilon_h}\right)^{\frac{1}{3}} = 1-\Phi, \tag{30}$$

$$\frac{\kappa_h}{\kappa_i} = \frac{3\varepsilon_h(\varepsilon_h - \varepsilon_a)}{(\varepsilon_i + 2\varepsilon_h)(\varepsilon_i - \varepsilon_a)}, \tag{31}$$

$$\varepsilon_l = \varepsilon_a \frac{1}{(1-\Phi)^3}, \tag{32}$$

$$\frac{\kappa_l}{\kappa_a} = \frac{1}{(1-\Phi)^3}, \tag{33}$$

§20・3 誘電緩和の大きさの考察

第8章で エマルジョンの実測例を説明しているが,普通に調製する O/W エマルジョンでは,その原料の油としては無極性の油を用いている.この場合,油相の誘電率は $\varepsilon_i = 2 \sim 5$ 程度であり,この値は 水の誘電率 $\varepsilon_a = 80$ に較べて 無視できるほど小さい.すなわち $\varepsilon_a \gg \varepsilon_i$ という条件が成り立つから,第19章の Wagner の式 (19-25), (19-26) は

$$\varepsilon_h \fallingdotseq \varepsilon_a \frac{2(1-\Phi)}{2+\Phi} \fallingdotseq \varepsilon_l, \qquad \text{Wagner 理論式}$$

となる.また この条件 $\varepsilon_a \gg \varepsilon_i$ で,第20章の花井の式 (26), (28) は

$$\varepsilon_h \fallingdotseq \varepsilon_a (1-\Phi)^{\frac{3}{2}} \fallingdotseq \varepsilon_l, \qquad \text{花井理論式}$$

となる.すなわち 両理論式ともに O/W 型では,ε_l 値と ε_h 値との差は無くなる.かくて Wagner,花井 の両理論ともに,O/W エマルジョンでは 誘電緩和が小さくなり,観測出来ないであろうと結論される.

W/O 型の場合には,ε_l と ε_h の差は大きいから,誘電緩和は充分に観測出来るであろう.

上に述べた近似条件からも解るように，O／Wエマルジョンで誘電緩和が大変小さいであろうという推論は，外側連続相が水であるというエマルジョン型によるのではなくて，使う油粒子相の誘電率が小さいことに起因している．したがって，例えば ニトロベンゼンのような大きい誘電率（ε＝35）の油相を使ったエマルジョンならば，O／W型であっても，誘電緩和は 観測出来るくらい大きいであろう と予想される．事実，第8章のニトロベンゼン／水 のエマルジョンでは，これはO／W型であるにもかかわらず，大きい誘電緩和が観測されている．

§20・4 高・低周波極限値から構成成分相の $\varepsilon_i, \kappa_i, \Phi$ などを算出する式

§20・4・1 $\kappa_i \gg \kappa_a$ の場合，W／O型エマルション

式(32)を Φ について解くと，

$$\Phi = 1 - \left(\frac{\varepsilon_a}{\varepsilon_l}\right)^{\frac{1}{3}}, \tag{34}$$

式(33)より

$$\kappa_a = \kappa_l (1-\Phi)^3, \tag{35}$$

式(34)の Φ を式(30)に代入して，Φ を消去し，ε_i について解くと，

$$\varepsilon_i = \varepsilon_a + \frac{\varepsilon_h - \varepsilon_a}{1 - \left(\frac{\varepsilon_h}{\varepsilon_l}\right)^{\frac{1}{3}}}, \tag{36}$$

この式(36)を式(31)に代入して，ε_i を消去し，κ_i について解くと，

$$\kappa_i = \kappa_h \frac{1 - \frac{1}{3}\left(2 + \frac{\varepsilon_a}{\varepsilon_h}\right)\left(\frac{\varepsilon_h}{\varepsilon_l}\right)^{\frac{1}{3}}}{\left[1 - \left(\frac{\varepsilon_h}{\varepsilon_l}\right)^{\frac{1}{3}}\right]^2}, \tag{37}$$

§20・4 構成成分相定数を算出する式

§20・4・2 $\kappa_i \ll \kappa_a$ の場合, O/W, N/W エマルション

式(26)を ε_i について解くと,

$$\varepsilon_i = \varepsilon_a - \frac{(\varepsilon_a - \varepsilon_h)}{1 - (1-\Phi)\left(\frac{\varepsilon_h}{\varepsilon_a}\right)^{\frac{1}{3}}}, \tag{38}$$

式(28)を ε_i について解くと,

$$\varepsilon_i = \frac{2}{3}\varepsilon_a - \frac{2}{3}\cdot\frac{\varepsilon_a - \varepsilon_l}{1-(1-\Phi)^{\frac{3}{2}}}, \tag{39}$$

式(38), (39)より ε_i を消去すると,

$$\varepsilon_a + \frac{2(\varepsilon_a - \varepsilon_l)}{1-(1-\Phi)^{\frac{3}{2}}} = \frac{3(\varepsilon_a - \varepsilon_h)}{1-(1-\Phi)\left(\frac{\varepsilon_h}{\varepsilon_a}\right)^{\frac{1}{3}}}, \tag{40}$$

この式(40)は, Φ について陽に解けないので, パソコンなどを活用して, $\varepsilon_a, \varepsilon_l, \varepsilon_h$ を与えて, 等号の成り立つような Φ 値を探すことになる. 式(29)は

$$\kappa_a = \frac{\kappa_l}{(1-\Phi)^{\frac{3}{2}}}, \tag{41}$$

誘電測定結果より $\varepsilon_l, \varepsilon_h, \kappa_l$ を知れば, 前記の式(40), (38), (41) により $\Phi, \varepsilon_i, \kappa_a$ の値を算出できる.

§20・4・3 κ_i, κ_a の大小に条件を付けない一般の場合

この場合には, 観測値 $\varepsilon_l, \varepsilon_h, \kappa_l, \kappa_h, \varepsilon_a$ が既知量であるとして, 式(22)～(25)の4式から未知量 $\Phi, \varepsilon_i, \kappa_i, \kappa_a$ の4個を解く, という方針で式変形を進める.

まず 未知量としては κ_a だけを含む式を導出しよう. 永々とした式変形を簡単にするために, 次のように置く.

$$C \equiv \left(\frac{\varepsilon_h}{\varepsilon_a}\right)^{\frac{1}{3}}(1-\Phi) ,\qquad(42)$$

$$D \equiv \left(\frac{\varepsilon_a \kappa_l}{\varepsilon_h \kappa_a}\right)^{\frac{1}{3}} = \frac{1-\Phi}{C}\left(\frac{\kappa_l}{\kappa_a}\right)^{\frac{1}{3}} ,\qquad(43)$$

式(42)の C を用いると，式(22), (25)は次のように書き換えられる．

$$\varepsilon_i = \frac{\varepsilon_h - \varepsilon_a\, C}{1 - C} ,\qquad(44)$$

$$\kappa_i = \frac{\kappa_l - \kappa_a\, D\, C}{1 - D\, C} ,\qquad(45)$$

式(44), (45)を式(24)に代入して，ε_i, κ_i を消去して整理すると次式になる．

$$\left\{\left(\frac{\kappa_a}{\kappa_l}+2\right)\varepsilon_l D - 3[\varepsilon_h D - \varepsilon_a(D-1)]D + \left(\frac{\kappa_l}{\kappa_a}-1\right)\varepsilon_a D\right\}C^2$$
$$+\left\{3[2\varepsilon_h D - \varepsilon_a(D-1)] - \left[\left(\frac{\kappa_a}{\kappa_l}+2\right)D+3\right]\varepsilon_l - \left(\frac{\kappa_l}{\kappa_a}-1\right)\varepsilon_a D\right\}C$$
$$+3(\varepsilon_l - \varepsilon_h) = 0 ,\qquad(46)$$

この式(46)は C について 2 次式である．簡単のために，C^2, C 項などの係数部分を次のように置く．

$$P \equiv \left(\frac{\kappa_a}{\kappa_l}+2\right)\varepsilon_l D - 3[\varepsilon_h D - \varepsilon_a(D-1)]D + \left(\frac{\kappa_l}{\kappa_a}-1\right)\varepsilon_a D,\qquad(47)$$

$$Q \equiv 3[2\varepsilon_h D - \varepsilon_a(D-1)] - \left[\left(\frac{\kappa_a}{\kappa_l}+2\right)D+3\right]\varepsilon_l - \left(\frac{\kappa_l}{\kappa_a}-1\right)\varepsilon_a D,\qquad(48)$$

$$R \equiv 3(\varepsilon_l - \varepsilon_h) ,\qquad(49)$$

すると式(46)は次のようになる．

$$P\,C^2 + Q\,C + R = 0 ,\qquad(50)$$

§20・4 構成成分相定数を算出する式

したがって 次のように C を陽に解ける.

$$C = \frac{-Q - \sqrt{Q^2 - 4PR}}{2P}, \tag{51}$$

2次式(50)の数学解では，式(51)の右辺の分子の平方根記号前に±両符号が付く．しかし＋符号を採用した数値計算結果では，ε_i, κ_i, Φ などが負の値や実際にあり得ない値になるので，＋符号を除いた．

つぎに ε_i, κ_i を消去するように 式(22), (25)を式(23)に代入すると，次式を得る．

$$\begin{aligned}J(\kappa_a) \equiv {} & \kappa_h \Big[3 - \Big(2 + \frac{\varepsilon_a}{\varepsilon_h}\Big) C \Big] (1 - DC) \\& - 3 \big[(1 - C)\kappa_l + (1 - D) C \kappa_a\big] (1 - C) \\& + \kappa_a \Big(1 - \frac{\varepsilon_h}{\varepsilon_a}\Big) C (1 - DC) = 0,\end{aligned} \tag{52}$$

式(52)の右辺の式を $J(\kappa_a)$ と名付けると，$J(\kappa_a)$ は変数 κ_a のみの関数であるから，パソコンなどを活用して $J(\kappa_a) = 0$ を充たす κ_a 値を求める．実際には $J(\kappa_a) = 0$ から3根が出るので，さらに ε_i, κ_i, Φ などまで算出して，負値や不合理値にならないような唯1個の κ_a 値を選び出して採用する．

式(42)を Φ について陽に解くと，次式になる．

$$\Phi = 1 - \Big(\frac{\varepsilon_a}{\varepsilon_h}\Big)^{\frac{1}{3}} C, \tag{53}$$

このようにして，式(52)により κ_a を得る．そのときの C, D 値と $\varepsilon_l, \varepsilon_h, \kappa_l, \kappa_a$ などを 式(53), (44), (45) に代入して $\Phi, \varepsilon_i, \kappa_i$ を得る．計算の実際については，第9章§9・3で述べる．

§20・5　球粒子濃厚分散系の式の数値計算法

花井の式(11)について，任意周波数 f における系全体の ε, κ の数値計算法を述べよう．

§20・5・1　三次方程式の解法

花井の式(11)，すなわち

$$'F \equiv (1-\Phi)\frac{\varepsilon_a{}^* - \varepsilon_i{}^*}{\varepsilon^* - \varepsilon_i{}^*}\left(\frac{\varepsilon^*}{\varepsilon_a{}^*}\right)^{\frac{1}{3}} = 1, \tag{54}$$

を3乗して整理すると，次式になる．この3乗の操作によって，2組の偽根が混入する．この偽根は最後に選別除去する．

$$(\varepsilon^*)^3 - 3\varepsilon_i{}^*(\varepsilon^*)^2 + 3[(\varepsilon_i{}^*)^2 + B]\varepsilon^* - (\varepsilon_i{}^*)^3 = 0, \tag{55}$$

ただし

$$B = \frac{[(\Phi-1)(\varepsilon_a{}^* - \varepsilon_i{}^*)]^3}{3\varepsilon_a{}^*}, \tag{56}$$

と置く．

この式(55)は，変数 ε^* について複素数3次方程式であり，Cardano の解法によって解こう．求解の方針は，変数を変えて新変数の2次項が消えるように，変数変換をする．さらに変数の1次項が消えるように変数変換をする．その結果，変数について3次の項だけが残るので，これの立方根を求める．以下に式(55)の変数変換手続きの要点を述べよう．

$$\varepsilon^* = X + \varepsilon_i{}^*, \tag{57}$$

というように，ε^* を新変数 X に換えて，式(57)を式(55) に代入すると，次式を得る．

§20・5 球粒子濃厚分散系の式の数値計算法

$$X^3 + 3BX + 3B\varepsilon_i^* = 0, \tag{58}$$

これで変数の2次項 X^2 は消えた．さらに1次項を消すために 次のように 新変数 U に換える．

$$X = U - \frac{B}{U} = U + V, \quad \text{ここに} \quad V \equiv \frac{-B}{U}, \tag{59}$$

この式(59) を式(58) に代入すると 次式になる．

$$(U^3)^2 + 3B\varepsilon_i^* U^3 - B^3 = 0, \tag{60}$$

この式は，U^3 について1次の項は消えなかったけれども，U^3 の2次式であり，次のように解ける．

$$U^3 = \frac{-3B\varepsilon_i^*}{2}\left[1 \mp \sqrt{1 + \frac{4}{9}\cdot\frac{B}{(\varepsilon_i^*)^2}}\right], \tag{61}$$

詳しい説明は省略するが，この式の平方根号の前の−負号は 最終的には＋正号と同じ数値を与える(等根を生じる)ので，以後 ＋正号のみを採用する．

この式(61) の U^3 の立方根の主値（偏角の絶対値が最小のもの）を U_A と記す．他の2根は次式になる．

$$U_B = U_A \cdot \exp\left(\mathrm{j}\cdot\frac{2\pi}{3}\right), \quad U_C = U_B \cdot \exp\left(\mathrm{j}\cdot\frac{2\pi}{3}\right), \tag{62}$$

これで U_A, U_B, U_C の3根を得たが，それぞれを 式(54) に代入すると，次の3場合になる．

$$F = 1, \quad F = -\frac{1}{2} + \mathrm{j}\frac{\sqrt{3}}{2}, \quad F = -\frac{1}{2} + \mathrm{j}\frac{-\sqrt{3}}{2}, \tag{63}$$

このうちの $F=1$ を与える根 U を採用し，次式から ε^* を得る．

$$\varepsilon^* = X + \varepsilon_i^* = U + V + \varepsilon_i^*, \tag{64}$$

以上に導いた式を整理して，実際の数値計算プログラミング向きに並べると，次節のようになる．

§20・5・2 計算手順

複素数の加減乗除算と，直交座標 (x, y) ⟷ 極座標（絶対値，偏角）の相互変換とが数値計算出来るように用意する．

既知量 $\varepsilon_a, \kappa_a, \varepsilon_i, \kappa_i, \Phi$ および 任意に変える周波数 f を入力する．

$$\varepsilon_a^* = \varepsilon_a + j\,\frac{-\kappa_a}{f \cdot 2\pi\epsilon_v}\;,\qquad \varepsilon_i^* = \varepsilon_i + j\,\frac{-\kappa_i}{f \cdot 2\pi\epsilon_v}\;, \quad (65)$$

$j = \sqrt{-1}$, 実測値の入力・出力に便利なように $\kappa\,[\mathrm{mS/cm}]$, $f\,[\mathrm{MHz}]$ という単位を使うならば，

$$2\pi\epsilon_v = 5.56325 \times 10^{-4}\;[\mathrm{mS/(cm \cdot MHz)}], \quad (66)$$

を入力して 数値計算を進めればよい．

$$B = \frac{(\Phi-1)^3}{3} \cdot \frac{(\varepsilon_a^* - \varepsilon_i^*)^3}{\varepsilon_a^*} = B\text{の実部} + j \cdot B\text{の虚部}\,, \quad (67)$$

$$K = \frac{4}{9} \cdot \frac{B}{(\varepsilon_i^*)^2} + 1 = |K| \cdot \exp(j \cdot K\text{の偏角})\,, \quad (68)$$

$$\sqrt{K} = \sqrt[3]{|K|} \cdot \exp\left(j \cdot K\text{の偏角} \cdot \frac{1}{2}\right)\,, \quad (69)$$

$$J = -\frac{3}{2}(\sqrt{K}+1)B\varepsilon_i^* = |J| \cdot \exp(j \cdot J\text{の偏角})\,, \quad (70)$$

$$U_A = \sqrt{|J|} \cdot \exp\left(j \cdot J\text{の偏角} \cdot \frac{1}{3}\right) = U_A\text{の実部} + j \cdot U_A\text{の虚部}, \quad (71)$$

$$U_B = U_A \cdot \exp\left(j \cdot \frac{2\pi}{3}\right) = U_A \cdot \left[-\frac{1}{2} + j\,\frac{\sqrt{3}}{2}\right]\,, \quad (72)$$

$$U_C = U_B \cdot \exp\left(j \cdot \frac{2\pi}{3}\right) = U_B \cdot \left[-\frac{1}{2} + j\,\frac{\sqrt{3}}{2}\right]\,, \quad (73)$$

§20・5 球粒子濃厚分散系の式の数値計算法

$$V_A = \frac{-B}{U_A}, \tag{74}$$

$$V_B = \frac{-B}{U_B} = V_A \cdot \exp\left(j \cdot \frac{-2\pi}{3}\right) = V_A \cdot \left[-\frac{1}{2} + j\frac{-\sqrt{3}}{2}\right], \tag{75}$$

$$V_C = \frac{-B}{U_C} = V_B \cdot \exp\left(j \cdot \frac{-2\pi}{3}\right) = V_B \cdot \left[-\frac{1}{2} + j\frac{-\sqrt{3}}{2}\right], \tag{76}$$

$[U_A, V_A]$, $[U_B, V_B]$, $[U_C, V_C]$ の3根のうち, 式(54) を充たす根を判別するには 次のようにする.

$$L = \frac{U + V + \varepsilon_i{}^*}{\varepsilon_a{}^*} = |L| \cdot \exp(j \cdot L \text{の偏角}), \tag{77}$$

$$M = L \text{の立方根の主値} = \sqrt[3]{|L|} \cdot \exp(j \cdot L \text{の偏角} \cdot \frac{1}{3}), \tag{78}$$

$$F = (1 - \Phi)\frac{(\varepsilon_a{}^* - \varepsilon_i{}^*)M}{U + V} = F \text{の実部} + j \cdot F \text{の虚部}, \tag{79}$$

F実部 > 0, を充たす $[U, V]$ の1根を採用. (80)

$\varepsilon^* = U + V + \varepsilon_i{}^*$, が解である. (81)

引用・参考文献:
(1) T. Hanai, Kolloid Z., **171** 23 (1960), ibid. **175** 61 (1961).
(2) T. Hanai, Bull. Inst. Chem. Res., Kyoto Univ., **39** 341 (1961).
(3) T. Hanai, A. Ishikawa, N. Koizumi,
         Bull. Inst. Chem. Res., Kyoto Univ., **55** 376 (1977).
(4) T. Hanai, K. Sekine, N. Koizumi,
         Bull. Inst. Chem. Res., Kyoto Univ., **63** 227 (1985).
(5) T. Hanai, N. Koizumi,
        Bull. Inst. Chem. Res., Kyoto Univ., **54** 248 (1976). 数値計算

第21章　殻付き球粒子の希薄分散系

Question　殻付き球粒子って 何なの？　それの誘電率を測ると，どんなことが分かるの？

Answer　図 21-1 に描いたような 殻で覆われた球体のことで，略して殻球粒子という．これが連続媒質中に分散しているような懸濁系の 誘電理論を説明し，さらに実際に使いやすいように 簡単化した近似式を導出する．このような殻球粒子 あるいは被膜球粒子の分散系は，マイクロカプセルなどの懸濁体や，赤血球，細菌，培養細胞 などが水相中に浮かんでいる状態などに見られる．だから，この章で述べる誘電的解析を進めると，これらの懸濁体の粒子内部の誘電率・導電率 あるいは球殻・被膜の厚さや誘電率などを求めることが出来る，という話だよ．

§21・1　殻付き球粒子希薄分散系の一般式

§21・1・1　殻付き球粒子系の各相のポテンシャル

　殻球粒子の希薄分散系の理論立式は Maxwell の著書 [章末の文献 1] に見られる．その後，実測値の解析まで進めたのは Pauly-Schwan [文献 2]である．しかし その理論式展開手順は込み入っているので，この章では 分かりやすく改良し，単純化した導出過程を解説しよう．

§21・1 殻球粒子希薄分散系の一般式

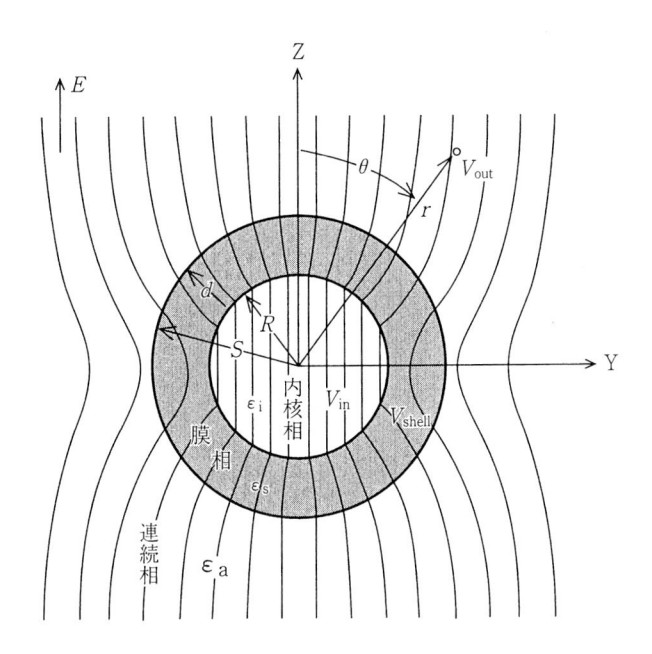

図 21-1 殻球状の膜(ε_s)でおおわれた球(ε_i)が連続相(ε_a)中に置かれ，外部電場 E がかかったときの静電場．

まず 殻球粒子1個の電場を 図21-1に示す．すなわち 半径R，誘電率 ε_i の球(内核相) が誘電率 ε_s で 厚さ d の殻相(薄ければ膜相といえる) に包まれている．殻付き球全体の半径を S とする．

この図21-1に描いた電場状態の理論式を導く正攻法は，次のような手順による．まず Maxwellの電磁場基礎方程式によれば，静電場では Laplaceの式が到るところで成立する．また 外相a，球殻(膜)相s，内核相i などの相境界面では，電気変位の法線成分と電位とがそれぞれ連続である．このような条件を適用すると，かなり面倒な数式考察の結果，内核相i内のポテンシャル V_{in}，球殻相s内のポテンシャル V_{shell}，連続外相a内のポテンシャル V_{out} などは 次式のようになる．

$$V_{\text{in}} = \frac{-9\varepsilon_a \varepsilon_s}{(2\varepsilon_a + \varepsilon_s)(2\varepsilon_s + \varepsilon_i) + 2(\varepsilon_a - \varepsilon_s)(\varepsilon_s - \varepsilon_i)v} Er\cos\theta, \qquad (1)$$

$$V_{\text{shell}} = \frac{-3\varepsilon_a(2\varepsilon_s + \varepsilon_i)}{(2\varepsilon_a + \varepsilon_s)(2\varepsilon_s + \varepsilon_i) + 2(\varepsilon_a - \varepsilon_s)(\varepsilon_s - \varepsilon_i)v} Er\cos\theta$$
$$+ \frac{-3\varepsilon_a(\varepsilon_s - \varepsilon_i)}{(2\varepsilon_a + \varepsilon_s)(2\varepsilon_s + \varepsilon_i) + 2(\varepsilon_a - \varepsilon_s)(\varepsilon_s - \varepsilon_i)v} E\frac{R^3}{r^2}\cos\theta, \qquad (2)$$

$$V_{\text{out}} = -Er\cos\theta$$
$$- \frac{(\varepsilon_a - \varepsilon_s)(2\varepsilon_s + \varepsilon_i) + (\varepsilon_a + 2\varepsilon_s)(\varepsilon_s - \varepsilon_i)v}{(2\varepsilon_a + \varepsilon_s)(2\varepsilon_s + \varepsilon_i) + 2(\varepsilon_a - \varepsilon_s)(\varepsilon_s - \varepsilon_i)v} E\frac{S^3}{r^2}\cos\theta, \qquad (3)$$

ここに v は

$$v = \left(\frac{R}{R+d}\right)^3 = \left(\frac{S-d}{S}\right)^3, \qquad (4)$$

であり，これは殻付き球粒子全体に対する 内核相 i の体積割合である．ここでは，複素数としての表示が必要になるまで，ε などの肩に付く複素量としての＊印を 一時省略しておく．

　ところで，この正攻解法とは別個に，次のように考えても式(3)と同じ式が出てくる．図 21-1 に示すように，内核相 i が殻相 s で包まれた殻付き球（添字 q）の系について，この球の実効誘電率 ε_q が，第 19 章の Wagner 理論式によって表わされると考える．そして 半径 S で誘電率 ε_q を持った均質球が 外相の連続媒質 ε_a 中に在り，その結果として 球外において 式(3)に当たる V_{out} を発現すると考える．このような考え方は，正攻法の電場計算をしないで済むような簡便法であるが，果たして妥当な考え方であろうか．これを吟味してみよう．

§21・1　殻球粒子希薄分散系の一般式

図 21-1 に見られるように，誘電率 ε_s で 半径 S の球粒子 s の中に，誘電率 ε_i で 半径が $S-d$ の 内核相 i がある．この 2 相混在の全体の実効誘電率 ε_q が Wagner 理論に従うとするならば，第 19 章の式 (10) に倣って 次のように表わせる．

$$\varepsilon_q = \varepsilon_s \frac{2(1-v)\varepsilon_s + (1+2v)\varepsilon_i}{(2+v)\varepsilon_s + (1-v)\varepsilon_i}, \tag{5}$$

つぎに 誘電率 ε_q，半径 S の球粒子が連続外相 a 中にあるとき，外相中での電位 V_{out} は 第 19 章式 (1) に倣って次のようになる．

$$V_{\text{out}} = -Er\cos\theta - \frac{\varepsilon_a - \varepsilon_q}{2\varepsilon_a + \varepsilon_q} E \frac{S^3}{r^2} \cos\theta, \tag{6}$$

ここで V_{out} の式 (6) の右辺第 2 項の因子に，式 (5) の ε_q 式を代入して ε_q を消去し，整理すると，次式になる．

$$\frac{\varepsilon_a - \varepsilon_q}{2\varepsilon_a + \varepsilon_q}$$
$$= \frac{(\varepsilon_a - \varepsilon_s)(2\varepsilon_s + \varepsilon_i) + (\varepsilon_a + 2\varepsilon_s)(\varepsilon_s - \varepsilon_i)v}{(2\varepsilon_a + \varepsilon_s)(2\varepsilon_s + \varepsilon_i) + 2(\varepsilon_a - \varepsilon_s)(\varepsilon_s - \varepsilon_i)v}, \tag{7}$$

したがって，式 (6) は式 (3) に一致する．

すなわち 複雑な電場の式計算を避けて，式 (3) を得た．このように考えると，球内に中心を同一にする多層球殻の構造の系でも，内方の核から 2 相づつを Wagner 理論式に従って 順次混合系の理論式として書き下せば，多重殻の球粒子系の場合にも 代数式として書き表わせる．

§21・1・2　一般式の導出

殻球粒子 1 個の系の外相でのポテンシャル式 (3) を N 個の粒子系に拡張する手法は，第 19 章で用いたものと同様である．

250　　　　　　　　　　　　　　　　第21章　殻付き球粒子の希薄分散系

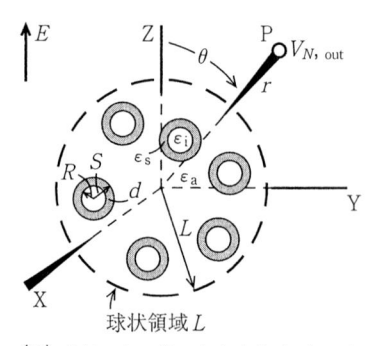

(A) 厚さ d の殻でおおわれた球 N 個が連続相 ε_a 中の半径 L の球状領域内にある．殻球の外半径 S，内核相 i の半径 R．殻厚さ d．

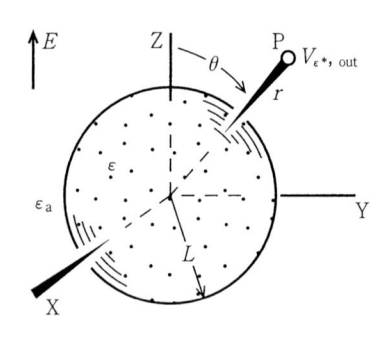

(B) 左記の図(A)に示した N 個の殻付き球を含む不均質 L 領域と同じ V_{out} 値（誘電挙動）を示すような均質な L 領域を考え，その誘電率を ε とする．

図 21-2　殻付き球粒子の希薄分散系に対する Pauly-Schwan 理論の図解

　図 21-2A に描いたように，球形領域 L 内に この殻球粒子が N 個ある場合を考えよう．この系が希薄分散系であると仮定し，小球同志の相互作用を無視しよう．N 個の系では，殻球粒子 1 個の寄与を表わす式(3)の第 2 項が 近似的に N 倍になるものとすれば，外相内の一点 P のポテンシャル $V_{\text{N,out}}$ は 次式のようになる．

$$V_{\text{N,out}} = -Er\cos\theta \\ -\frac{(\varepsilon_a-\varepsilon_s)(2\varepsilon_s+\varepsilon_i)+(\varepsilon_a+2\varepsilon_s)(\varepsilon_s-\varepsilon_i)v}{(2\varepsilon_a+\varepsilon_s)(2\varepsilon_s+\varepsilon_i)+2(\varepsilon_a-\varepsilon_s)(\varepsilon_s-\varepsilon_i)v} E\frac{S^3}{r^2}N\cos\theta, \quad (8)$$

つぎに 図 21-2A のような殻付き球が N 個散在した状態の球形領域 L を，図 21-2B に示すように，誘電率 ε であるような均質な球形領域 L に置き換えたとする．このとき 外相のポテンシャル $V\varepsilon^*,\text{out}$ は 第 19 章の式(1)に倣って 次式になる．

§21・1 殻球粒子希薄分散系の一般式

$$V\varepsilon^*_{,\text{out}} = -E\,r\cos\theta - \frac{\varepsilon_a^* - \varepsilon^*}{2\varepsilon_a^* + \varepsilon^*} E \frac{L^3}{r^2}\cos\theta, \tag{9}$$

交流電場では Maxwell の電磁場基礎方程式において，誘電率 ε を＊印の付いた複素誘電率 ε* という量に置き換えると，誘電率・導電率の両方が関与する現象をまとめて表現することが出来る．したがって以後の式では前述のポテンシャル表式中の誘電率に＊印を付けて用いる．＊印付き記号の内容は次のようである．

$$\varepsilon^* = \frac{\kappa^*}{j\omega\epsilon_v} = \varepsilon + \frac{\kappa}{j\omega\epsilon_v}, \tag{10}$$

$$\varepsilon_a^* = \frac{\kappa_a^*}{j\omega\epsilon_v} = \varepsilon_a + \frac{\kappa_a}{j\omega\epsilon_v}, \tag{11}$$

$$\varepsilon_s^* = \frac{\kappa_s^*}{j\omega\epsilon_v} = \varepsilon_s + \frac{\kappa_s}{j\omega\epsilon_v}, \tag{12}$$

$$\varepsilon_i^* = \frac{\kappa_i^*}{j\omega\epsilon_v} = \varepsilon_i + \frac{\kappa_i}{j\omega\epsilon_v}, \tag{13}$$

式(8)が式(9)に等しいと置くと次式になる．

$$\frac{\varepsilon_a^* - \varepsilon^*}{2\varepsilon_a^* + \varepsilon^*} = \frac{(\varepsilon_a^* - \varepsilon_s^*)(2\varepsilon_s^* + \varepsilon_i^*) + (\varepsilon_a^* + 2\varepsilon_s^*)(\varepsilon_s^* - \varepsilon_i^*)v}{(2\varepsilon_a^* + \varepsilon_s^*)(2\varepsilon_s^* + \varepsilon_i^*) + 2(\varepsilon_a^* - \varepsilon_s^*)(\varepsilon_s^* - \varepsilon_i^*)v}\Phi, \tag{14}$$

ここに

$$\Phi \equiv \frac{S^3 N}{L^3} = \frac{(R+d)^3 N}{L^3} = \begin{bmatrix}\text{外相を含む全体に対する}\\ \text{殻球粒子 }N\text{ 個の体積分率}\end{bmatrix}, \tag{15}$$

式(14)を ε* について陽の形に整理すると，次式になる．

$$\varepsilon^* = \varepsilon_a^* \frac{(1+2\Phi)\varepsilon_s^*[(1+2v)\varepsilon_i^* + 2(1-v)\varepsilon_s^*] + 2(1-\Phi)\varepsilon_a^*[(1-v)\varepsilon_i^* + (2+v)\varepsilon_s^*]}{(1-\Phi)\varepsilon_s^*[(1+2v)\varepsilon_i^* + 2(1-v)\varepsilon_s^*] + (2+\Phi)\varepsilon_a^*[(1-v)\varepsilon_i^* + (2+v)\varepsilon_s^*]}, \tag{16}$$

この式(16)が 殻付き球粒子希薄分散系の誘電率の一般式である.

§21・2 誘電緩和形式への変形と低中高周波極限値の式

一般式(16)に 式(11)〜(13)などを代入し，$j\omega$に注目して整頓すると，次式になる.

$$\frac{\varepsilon^*}{\varepsilon_a^*} = \frac{\kappa^*}{\kappa_a^*} = \frac{A + j\omega E + (j\omega)^2 B}{C + j\omega F + (j\omega)^2 D}, \quad (17)$$

$\varepsilon_a^*, \varepsilon_s^*, \varepsilon_i^*$ などの内容を代入して 整頓を進めると，かなり永い計算の結果，次のような式になる.

$$\varepsilon = \frac{\kappa_a A + j\omega(\kappa_a E + \epsilon_v \varepsilon_a A) + (j\omega)^2(\kappa_a B + \epsilon_v \varepsilon_a E) + (j\omega)^3 \epsilon_v \varepsilon_a B}{j\omega \epsilon_v C \left[1 + j\omega \frac{F}{C} + (j\omega)^2 \frac{D}{C}\right]},$$

$$= \frac{\kappa_a A + j\omega(\kappa_a E + \epsilon_v \varepsilon_a A) + (j\omega)^2(\kappa_a B + \epsilon_v \varepsilon_a E) + (j\omega)^3 \epsilon_v \varepsilon_a B}{j\omega \epsilon_v C (1 + j\omega/\omega_P)(1 + j\omega/\omega_Q)}, \quad (18)$$

ここで置き換えた記号の内容はつぎのようである.

$$a = (1 + 2v)\kappa_i + 2(1 - v)\kappa_s, \quad (19)$$

$$b = (1 - v)\kappa_i + (2 + v)\kappa_s, \quad (20)$$

$$c = (1 + 2v)\varepsilon_i + 2(1 - v)\varepsilon_s, \quad (21)$$

$$d = (1 - v)\varepsilon_i + (2 + v)\varepsilon_s, \quad (22)$$

$$A = (1 + 2\Phi)\kappa_s a + 2(1 - \Phi)\kappa_a b, \quad (23)$$

$$B = [(1 + 2\Phi)\varepsilon_s c + 2(1 - \Phi)\varepsilon_a d] \epsilon_v^2, \quad (24)$$

$$C = (1 - \Phi)\kappa_s a + (2 + \Phi)\kappa_a b, \quad (25)$$

$$D = [(1 - \Phi)\varepsilon_s c + (2 + \Phi)\varepsilon_a d] \epsilon_v^2, \quad (26)$$

§21・2 誘電緩和形式への変形と低中高周波極限値の式

$$E = [(1 + 2\Phi)(\varepsilon_s a + \kappa_s c) + 2(1 - \Phi)\varepsilon_a b + \kappa_a d)]\epsilon_v , \quad (27)$$

$$F = [(1 - \Phi)(\varepsilon_s a + \kappa_s c) + (2 + \Phi)\varepsilon_a b + \kappa_a d)]\epsilon_v , \quad (28)$$

$$\omega_P + \omega_Q = F/D , \quad \omega_P \omega_Q = C/D , \quad (29), (30)$$

$$\omega_P = \frac{1}{\tau_P} = 2\pi f_P = \frac{2C}{F + \sqrt{F^2 - 4CD}} , \quad (31)$$

$$\omega_Q = \frac{1}{\tau_Q} = 2\pi f_Q = \frac{F + \sqrt{F^2 - 4CD}}{2D} , \quad (32)$$

ただし $\quad \omega_P < \omega_Q , \quad f_P < f_Q , \quad \tau_P > \tau_Q ,$ (33)

さらに 式(18)を変形しよう. 部分分数分解法によれば, 式(18)は $j\omega$ を含まない項と, $j\omega$, $1 + j\omega/\omega_P$, $1 + j\omega/\omega_Q$ をそれぞれ分母とする3項との 計4個の項の和に変形できる. その変形はきわめて手間のかかる計算であるから, 途中を省略して その結果を記すと, 式(18)は次式になる.

$$\varepsilon^* = \varepsilon_h + \frac{\varepsilon_l - \varepsilon_m}{1 + j\omega/\omega_P} + \frac{\varepsilon_m - \varepsilon_h}{1 + j\omega/\omega_Q} + \frac{1}{j\omega\epsilon_v}\kappa_l , \quad (34)$$

κ^* については, 式(17)を考えれば大体同様に計算できて, 次のようになる.

$$\kappa^* = \kappa_l + \frac{(\kappa_m - \kappa_l)j\omega/\omega_P}{1 + j\omega/\omega_P} + \frac{(\kappa_h - \kappa_m)j\omega/\omega_Q}{1 + j\omega/\omega_Q}$$
$$+ j\omega\epsilon_v\varepsilon_h , \quad (35)$$

ただし 式中のいろいろな量は つぎのように複雑な式である.

$$\varepsilon_l = \varepsilon_a \frac{A}{C} + \frac{\kappa_a}{\epsilon_v C^2}(CE - AF) , \quad (36)$$

$$\varepsilon_m = \frac{1}{D(\omega_Q - \omega_P)} \times$$

$$[(\varepsilon_a - \frac{\kappa_a}{\epsilon_v \omega_P})(E - \frac{A}{\omega_Q}) + (\frac{\kappa_a}{\epsilon_v \omega_P} - \varepsilon_a) B \omega_P], \quad (37)$$

$$\varepsilon_h = \varepsilon_a \frac{B}{D}, \quad (38)$$

$$\varepsilon_l - \varepsilon_m = \frac{\frac{\kappa_a}{\epsilon_v \omega_P} - \varepsilon_a}{D(\omega_Q - \omega_P)} (E - \frac{A}{\omega_P} - B \omega_P), \quad (39)$$

$$\varepsilon_m - \varepsilon_h = \frac{\varepsilon_a - \frac{\kappa_a}{\epsilon_v \omega_Q}}{D(\omega_Q - \omega_P)} (E - \frac{A}{\omega_Q} - B \omega_Q), \quad (40)$$

$$\varepsilon_l - \varepsilon_h = \varepsilon_a (\frac{A}{C} - \frac{B}{D}) + \frac{\kappa_a}{\epsilon_v C^2}(CE - AF), \quad (41)$$

$$\kappa_l = \kappa_a \frac{A}{C}, \quad (42)$$

$$\kappa_m = \frac{1}{D(\omega_Q - \omega_P)} \times$$

$$[(\kappa_a - \varepsilon_a \epsilon_v \omega_P)(E - B \omega_P) + (\varepsilon_a \epsilon_v \omega_Q - \kappa_a)\frac{A}{\omega_Q}], \quad (43)$$

$$\kappa_h = \kappa_a \frac{B}{D} + \frac{\varepsilon_a \epsilon_v}{D^2}(DE - BF), \quad (44)$$

$$\kappa_m - \kappa_l = \frac{\kappa_a - \varepsilon_a \epsilon_v \omega_P}{D(\omega_Q - \omega_P)}(E - \frac{A}{\omega_P} - B \omega_P), \quad (45)$$

$$\kappa_h - \kappa_m = \frac{\varepsilon_a \epsilon_v \omega_Q - \kappa_a}{D(\omega_Q - \omega_P)}(E - \frac{A}{\omega_Q} - B \omega_Q), \quad (46)$$

$$\kappa_h - \kappa_l = \kappa_a(\frac{B}{D} - \frac{A}{C}) + \frac{\varepsilon_a \epsilon_v}{D^2}(DE - BF), \quad (47)$$

$$\kappa_m - \kappa_l = (\varepsilon_l - \varepsilon_m) \epsilon_v \omega_P, \quad (48)$$

$$\kappa_h - \kappa_m = (\varepsilon_m - \varepsilon_h) \epsilon_v \omega_Q, \quad (49)$$

ε^*, κ などの周波数 f, ω 依存性の様子は 式(34),(35)によって表わさ

§21・3 絶縁性薄殻・薄膜の場合の近似式

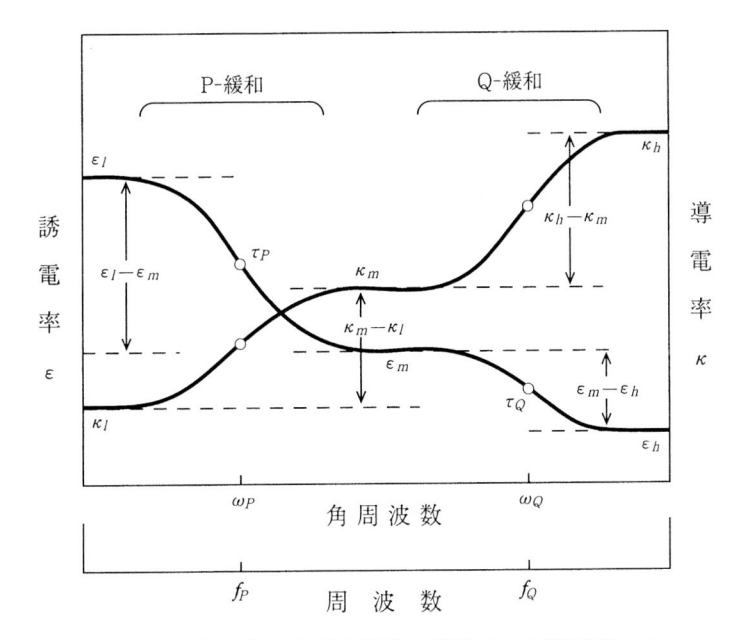

図 21-3 殻付き球粒子分散系の誘電率 ε と導電率 κ の周波数依存性

れている. すなわち 殻付き球粒子の懸濁系は, 2 個の緩和周波数(低周波側 $\omega_P = 2\pi f_P$, 高周波側 $\omega_Q = 2\pi f_Q$)で特徴付けられた 2 個の誘電緩和を呈する. その様子は 図 21-3 に示してある. この図中には, 上記の表式に用いた記号 $\varepsilon_l, \varepsilon_m, \varepsilon_h, \kappa_l, \kappa_m, \kappa_h, \omega_P, \omega_Q, f_P, f_Q$ などの誘電観測定数の意味や位置なども示してある.

§21・3 絶縁性薄殻・薄膜の場合の近似式

殻付き球粒子の実際例としてのリポゾームや生物細胞などでは, 内核球相を覆っている球殻 あるいは被膜相の厚さ d は, 殻付き球粒子半径 S の 1/100～1/1000 程度という薄いものである. さらに これら球殻

や被膜相の導電率 κ_s は，外水相の κ_s や内核相の κ_i の 1/1000 以下という低い電導性である．したがって 次の式(50), (51) のような条件が成り立つ．この条件を用いて式の変形・整理を進めて行くと，永い変形計算ののち，先の一般式(19)〜(49)などは すべて簡単化されて，次の式(53)〜(76) のようになる．

$$\text{近似条件：} \frac{\kappa_s}{\kappa_a} \text{ および } \frac{\kappa_s}{\kappa_i} \ll \frac{d}{S} \ll 1 , \tag{50}$$

$$v = \left(\frac{R}{R+d}\right)^3 = \left(\frac{S-d}{S}\right)^3 = \left(1 - \frac{d}{S}\right)^3 \fallingdotseq 1 - 3\frac{d}{S} , \tag{51}$$

なお球全体に対して 内水相の占める体積分率 v を含む式は，次のように近似される．

$$1 - v \fallingdotseq 3\frac{d}{S}, \quad 1 + v \fallingdotseq 2, \quad 1 + 2v \fallingdotseq 3, \quad 2 + v \fallingdotseq 3 , \tag{52}$$

$$a = 3\kappa_i , \qquad b = 3\kappa_i \frac{d}{S} , \tag{53},(54)$$

$$c = 3\varepsilon_i , \qquad d = 3\varepsilon_s , \tag{55},(56)$$

$$A = 6(1-\Phi)\kappa_a \kappa_i \frac{d}{S} , \tag{57}$$

$$B = 3\epsilon_v^2 \varepsilon_s [(1+2\Phi)\varepsilon_i + 2(1-\Phi)\varepsilon_a] , \tag{58}$$

$$C = 3(2+\Phi)\kappa_a \kappa_i \frac{d}{S} , \tag{59}$$

$$D = \epsilon_v^2 \varepsilon_s [(1-\Phi)\varepsilon_i + (2+\Phi)\varepsilon_a] , \tag{60}$$

$$E = 3\epsilon_v \varepsilon_s [(1+2\Phi)\kappa_i + 2(1-\Phi)\kappa_a] , \tag{61}$$

$$F = 3\epsilon_v \varepsilon_s [(1-\Phi)\kappa_i + (2+\Phi)\kappa_a] , \tag{62}$$

$$\sqrt{F^2 - 4CD} \fallingdotseq F , \tag{63}$$

$$\epsilon_v = 8.8542 \times 10^{-12} \ [\text{F／m} = \text{S} \cdot \text{sec／m}]$$

§21・3 絶縁性薄殻・薄膜の場合の近似式

$$\omega_P = 2\pi f_P = \frac{1}{\tau_P} = \frac{C}{F} = \left(\frac{1}{\kappa_i} + \frac{1-\Phi}{2+\Phi}\cdot\frac{1}{\kappa_a}\right)^{-1}\frac{d}{\varepsilon_s\epsilon_v S} \ , \tag{64}$$

$$\omega_Q = 2\pi f_Q = \frac{1}{\tau_Q} = \frac{F}{D} = \frac{(1-\Phi)\kappa_i + (2+\Phi)\kappa_a}{(1-\Phi)\varepsilon_i + (2+\Phi)\varepsilon_a}\cdot\frac{1}{\epsilon_v} \ , \tag{65}$$

$$\varepsilon_l = \frac{9\Phi}{(2+\Phi)^2}\cdot\frac{\varepsilon_s S}{d} = \frac{9\Phi}{(2+\Phi)^2}\cdot\frac{C_M S}{\epsilon_v} \ , \tag{66}$$

$$\varepsilon_m = \varepsilon_a\frac{(1+2\Phi)\kappa_i + 2(1-\Phi)\kappa_a}{(1-\Phi)\kappa_i + (2+\Phi)\kappa_a} + \frac{9\Phi(\varepsilon_i\kappa_a - \varepsilon_a\kappa_i)\kappa_a}{[(1-\Phi)\kappa_i + (2+\Phi)\kappa_a]^2} \ , \tag{67}$$

$$\varepsilon_h = \varepsilon_a\frac{(1+2\Phi)\varepsilon_i + 2(1-\Phi)\varepsilon_a}{(1-\Phi)\varepsilon_i + (2+\Phi)\varepsilon_a} \ , \tag{68}$$

$$\varepsilon_l - \varepsilon_m = \frac{9\Phi}{(2+\Phi)^2}\cdot\frac{\varepsilon_s S}{d} \fallingdotseq \varepsilon_l \fallingdotseq \varepsilon_l - \varepsilon_h \ , \tag{69}$$

$$\varepsilon_m - \varepsilon_h = \frac{9\Phi(1-\Phi)(\varepsilon_i\kappa_a - \varepsilon_a\kappa_i)^2}{[(1-\Phi)\varepsilon_i + (2+\Phi)\varepsilon_a][(1-\Phi)\kappa_i + (2+\Phi)\kappa_a]^2} \ , \tag{70}$$

$$\kappa_l = \kappa_a\frac{2(1-\Phi)}{(2+\Phi)} \ , \tag{71}$$

$$\kappa_m = \kappa_a\frac{(1+2\Phi)\kappa_i + 2(1-\Phi)\kappa_a}{(1-\Phi)\kappa_i + (2+\Phi)\kappa_a} \ , \tag{72}$$

$$\kappa_h = \kappa_a\frac{(1+2\Phi)\varepsilon_i + 2(1-\Phi)\varepsilon_a}{(1-\Phi)\varepsilon_i + (2+\Phi)\varepsilon_a} + \frac{9\Phi(\varepsilon_a\kappa_i - \varepsilon_i\kappa_a)\varepsilon_a}{[(1-\Phi)\varepsilon_i + (2+\Phi)\varepsilon_a]^2} \ , \tag{73}$$

$$\kappa_m - \kappa_l = \frac{9\Phi\kappa_i\kappa_a}{(2+\Phi)[(1-\Phi)\kappa_i + (2+\Phi)\kappa_a]} \ , \tag{74}$$

$$\kappa_h - \kappa_m = \frac{9\Phi(1-\Phi)(\kappa_a \varepsilon_i - \kappa_i \varepsilon_a)^2}{[(1-\Phi)\kappa_i + (2+\Phi)\kappa_a][(1-\Phi)\varepsilon_i + (2+\Phi)\varepsilon_a]^2}, \quad (75)$$

$$\kappa_h - \kappa_l = \frac{9\Phi[(1-\Phi)\varepsilon_i^2 \kappa_a + (2+\Phi)\varepsilon_a^2 \kappa_i]}{(2+\Phi)[(1-\Phi)\varepsilon_i + (2+\Phi)\varepsilon_a]^2}, \quad (76)$$

絶縁性薄殻・薄膜球系の特徴： 殻相が絶縁性 ($\kappa_s \ll \kappa_a, \kappa_i$) であり，球殻 (被膜) の厚さ $d \ll$ 殻球の半径 S という条件，式(50) によって，一般式は非常に簡単な近似式(53)～(76) になった.

Q-緩和に関係する量 $\varepsilon_m, \varepsilon_h, \kappa_m, \kappa_h$ の式 (67), (68), (72), (73) などを見ると，第 19 章で導出した $\varepsilon_l, \varepsilon_h, \kappa_l, \kappa_h$ の各式に等しくなっている. すなわち 殻相 (ε_s^*, d) が省略されて，連続外水相 (ε_a^*) の中に内水相 (ε_i) が分散したときの緩和 (第 19 章での単純球粒子分散系の緩和) が，そのままこの殻付き球粒子分散系の Q-緩和になっている.

式(50) の条件を充たすような実際例では， ε_l は非常に大きな値 (500～3000) になり，$\varepsilon_l \gg \varepsilon_m, \varepsilon_h$ という相対大小関係になる. したがって，誘電緩和 2 個を表わす式(34) において，Q-緩和の幅 $\varepsilon_m - \varepsilon_h$ の値は，P-緩和の幅 $\varepsilon_l - \varepsilon_m$ に比べて大変小さくなってしまう.

§21・4 薄殻・薄膜球系で誘電緩和 1 個だけ観測される場合の実用的近似式

薄殻・薄膜球系の実例としての第 11, 12, 14 章のリポゾーム，赤血球，イースト細胞などの系では，誘電緩和が 1 個だけ観測されている. これは大きい P-緩和だけを観測しているのであって，Q-緩和は小さく

§21・4 誘電緩和1個だけ観測される場合の実用的近似式　　　　　　　259

て観測されないと考えられる.

　このようなリポゾームや生体細胞では，実際の状態として，球殻内液相の κ_i/ε_i が，かなり(厳密に，でなくてよい)外水相の κ_a/ε_a に近い．すなわち，

$$\varepsilon_i \kappa_a \fallingdotseq \varepsilon_a \kappa_i , \tag{77}$$

という関係が成り立つから，式(67), (70), (73), (75) などは，さらに簡単になり，

$$\varepsilon_m - \varepsilon_h \fallingdotseq 0, \quad \varepsilon_m \fallingdotseq \varepsilon_h, \quad \kappa_h - \kappa_m \fallingdotseq 0, \quad \kappa_h \fallingdotseq \kappa_m , \tag{78}$$

となる．したがって，Q-緩和は小さくて観測できない．近似関係の式(77), (78) を用いると，式(71), (66), (68), (72) は次のように簡単になる.

$$\Phi = \frac{2(\kappa_a - \kappa_l)}{2\kappa_a + \kappa_l} , \tag{79}$$

$$C_M \equiv \frac{(2+\Phi)^2}{9\Phi} \cdot \frac{\varepsilon_l \epsilon_v}{S} , \tag{80}$$

$$\varepsilon_i = \varepsilon_a \frac{(2+\Phi)\varepsilon_h - 2(1-\Phi)\varepsilon_a}{(1+2\Phi)\varepsilon_a - (1-\Phi)\varepsilon_h} , \tag{81}$$

$$\kappa_i = \kappa_a \frac{(2+\Phi)\kappa_h - 2(1-\Phi)\kappa_a}{(1+2\Phi)\kappa_a - (1-\Phi)\kappa_h} , \tag{82}$$

　リポゾーム，赤血球サスペンション などでは，誘電緩和1個 (P-緩和) だけ観測される．その観測値群から $\varepsilon_l, \varepsilon_h, \kappa_l, \kappa_h$ および外水相の ε_a, κ_a と粒子外直径 $2S$ を知れば，上記の式(79)〜(82) によって容易に $\Phi, C_M, \varepsilon_i, \kappa_i$ を算出できる.

§21・5　絶縁性殻・膜付き球の場合の近似式

§21・5・1　誘電緩和2個発生の場合の解析法

　第10章　マイクロカプセル などの系では，複緩和(2個の誘電緩和)が観測されている．　球の外直径 $2S$ に比べて，殻や膜の厚さ d があまり薄くないときには，このような複緩和になる．　このような観測結果の処理・計算の方法を述べよう．

　すでに §21・2 で導出した理論式群は，$\varepsilon_i, \kappa_i, \Phi$ などの構成成分相定数がわかっていて，ε_l, κ_l などの誘電観測定数を求めるには有用である．　しかし 誘電観測定数を使って 構成成分相定数を算出できない．そのために役立つ式を導出する手法は 第22章 §22・2 に解説してあり，図 22-2 に図解してあるので，それを理解したのち，ここの殻球粒子希薄分散系の解析法を読み進められたい．

(i) ε_q^*-緩和についての極限値の式

　図 22-2 の図解にしたがって説明する．　i-s 結合系の誘電緩和特性量には 添字 q を，また低・高周波極限値には 添字 l, h を付けよう．

　図 22-2C の i-s 結合系(殻付き球，添字 q)の誘電緩和は，内核相 $[\varepsilon_i, \kappa_i]$／殻相 $[\varepsilon_s, \kappa_s]$ の系の緩和である．

$$\text{近似条件：}\quad 殻相\, \kappa_s \ll 外水相\, \kappa_a < 内核相\, \kappa_i, \tag{83}$$

このような状態では，この二相組合せは W／O 型二相分散系になっている．　したがって この系の ε_q^* は 第21章の式(5)である．　これは Wagner 理論による W／O 型混合形式であり，第19章 §19・3・2 の式(19-30)～(19-33) に示されている．これらの式で添字を $h \to qh$, $l \to ql$, $a \to s$ のように，また $\Phi \to v$ に置き換えると，i-s 結合系

§21・5 絶縁性殻・膜付き球の場合の近似式

の $\varepsilon_q{}^*$-緩和について 次式を得る.

$$\varepsilon_{qh} = \varepsilon_s \frac{(1+2v)\varepsilon_i + 2(1-v)\varepsilon_s}{(1-v)\varepsilon_s + (2+v)\varepsilon_s} , \tag{84}$$

$$\varepsilon_{ql} = \varepsilon_s \frac{\kappa_{ql}}{\kappa_s} = \varepsilon_s \frac{1+2v}{1-v} , \tag{85}$$

$$\frac{\kappa_{ql}}{\kappa_s} = \frac{1+2v}{1-v} , \tag{86}$$

$$\frac{\kappa_{qh}}{\kappa_i} = \left[\frac{3\varepsilon_s}{(1-v)\varepsilon_i + (2+v)\varepsilon_s}\right]^2 v , \tag{87}$$

ここで 式(85)を v について解けば, 後出の式(101)になる. この v 式を式(84)に代入し, ε_i について解くと, 式(104)になる. 式(101)の v を式(87)に代入し, κ_i について解くと, 式(106)になる. 式(86)によれば, $\kappa_{ql} \sim \kappa_s$, たがいに同程度の大きさであることがわかる.

(ii) P-緩和についての極限値の式

図 22-2E の P-緩和は q 相の 低周波極限値 [ε_{ql}, $\kappa_{ql} \fallingdotseq 0$] ／外相 [$\varepsilon_a, \kappa_a$] の系である. 条件式(83)の状態では, この組合せは O／W 型の希薄分散系に相当する. したがって 第19章 §19・3・1の式 (19-25)〜(19-29) が使える. これらの式で 添字を $h \to m$, $i \to ql$ のように置き換えると, 図 22-2E の全系の ε^* について次式を得る.

$$\varepsilon_m = \varepsilon_a \frac{(1+2\Phi)\varepsilon_{ql} + 2(1-\Phi)\varepsilon_a}{(1-\Phi)\varepsilon_{ql} + (2+\Phi)\varepsilon_a} , \tag{88}$$

$$\varepsilon_l = \varepsilon_a \frac{2(1-\Phi)}{2+\Phi} + \frac{9\Phi\varepsilon_{ql}}{(2+\Phi)^2} , \tag{89}$$

$$\frac{\kappa_l}{\kappa_a} = \frac{2(1-\Phi)}{2+\Phi} , \tag{90}$$

$$\frac{\kappa_m}{\kappa_a} = \frac{\varepsilon_m}{\varepsilon_a} - \frac{9\,\Phi\,\varepsilon_{ql}\,\varepsilon_a}{[(1-\Phi)\,\varepsilon_{ql} + (2+\Phi)\,\varepsilon_a]^2}, \quad (91)$$

式(88)を ε_{ql} について解くと，式(96)になる．式(89)を ε_{ql} について解くと，式(95)になる．式(90)から式(99)を得る．式(99)の κ_a と式(96) の ε_{ql} とを 式(91)に代入して，永い計算・整理をすると，式(98) になる．

このような i-s 結合系(q 相) と 外水相 ε_a^* 系との結合から $\varepsilon_{ql}, \kappa_{ql}$ を算出して ε_m, κ_m に至る算出法は，§21-2の正攻法に比べて，一種の近似解法である．したがって この節に述べた解法は 比 f_Q/f_P が10倍以内であると，誤差は2％くらいになる．しかし 実際に複緩和が観測される場合には，比 f_Q/f_P は 30倍以上に離れているので，ε_m, κ_m は 0.2％以下の誤差になり，実用上 この近似解法は充分に使える．

(iii) Q-緩和についての極限値の式

図 22-2E の Q-緩和は，q 相の高周波極限値 [$\varepsilon_{qh}, \kappa_{qh}$] /外相 [$\varepsilon_a, \kappa_a$] の系による．$\kappa_{qh} \sim \kappa_i > \kappa_a$ という程度であるから，この組合せは W／O, O／W のいずれでもなくて，第19章 §19・2 の 一般の場合の式 (19-14)，(19-20) に当てはまる．これらの式で 添字を $i \to qh$ に置き換えると，図 22-2E の全系の ε について次式(92),(93)を得る．Q-緩和の低周波側では ε_q-緩和の影響があるので，低周波側の第19章 式 (19-16)，(19-18) は成り立たない．

$$\varepsilon_h = \varepsilon_a \frac{(1+2\Phi)\,\varepsilon_{qh} + 2(1-\Phi)\,\varepsilon_a}{(1-\Phi)\,\varepsilon_{qh} + (2+\Phi)\,\varepsilon_a}, \quad (92)$$

$$\kappa_h = \kappa_a \frac{\varepsilon_h}{\varepsilon_a} + \frac{9(\kappa_{qh}\,\varepsilon_a - \kappa_a\,\varepsilon_{qh})\,\varepsilon_a\,\Phi}{[(1-\Phi)\,\varepsilon_{qh} + (2+\Phi)\,\varepsilon_a]^2}, \quad (93)$$

§21・5　絶縁性殻・膜付き球の場合の近似式

この式(92)を ε_{qh} について解くと，式(103)になる．式(93)を κ_{qh} について解くと，式(105)になる．

§21・5・2　誘電緩和の極限値式のまとめ

以上に導出した式をまとめると，次のようになる．

近似条件：　　　殻相 $\kappa_s \ll$ 外水相 $\kappa_a <$ 内核相 κ_i ，　　　(94)

$$\varepsilon_{ql} = \frac{2+\Phi}{9\Phi}[(2+\Phi)\varepsilon_l - 2(1-\Phi)\varepsilon_a], \tag{95}$$

$$\varepsilon_{ql} = \varepsilon_a \frac{(2+\Phi)\varepsilon_m - 2(1-\Phi)\varepsilon_a}{(1+2\Phi)\varepsilon_a - (1-\Phi)\varepsilon_m}, \tag{96}$$

この二式(95), (96)より ε_{ql} を消去すると，

$$9\Phi[(2+\Phi)\varepsilon_m - 2(1-\Phi)\varepsilon_a]\varepsilon_a$$
$$= (2+\Phi)[(2+\Phi)\varepsilon_l - 2(1-\Phi)\varepsilon_a] \times$$
$$[(1+2\Phi)\varepsilon_a - (1-\Phi)\varepsilon_m], \tag{97}$$

$$\kappa_m = \kappa_l \frac{2+\Phi}{18\Phi \varepsilon_a{}^2} \times$$
$$[(2+\Phi)\varepsilon_m{}^2 - 4(1-\Phi)\varepsilon_m \varepsilon_a + 2(1+2\Phi)\varepsilon_a{}^2], \tag{98}$$

$$\kappa_a = \kappa_l \frac{2+\Phi}{2(1-\Phi)}, \tag{99}$$

$$\varepsilon_{ql} = \varepsilon_a \frac{(2+\Phi)\varepsilon_m - 2(1-\Phi)\varepsilon_a}{(1+2\Phi)\varepsilon_a - (1-\Phi)\varepsilon_m}, \tag{100}$$

$$v = \frac{\varepsilon_{ql} - \varepsilon_s}{\varepsilon_{ql} + 2\varepsilon_s}, \tag{101}$$

式(4)を変形して，　　$d = S(1 - v^{\frac{1}{3}})$，　　(102)

$$\varepsilon_{qh} = \varepsilon_a \frac{(2+\Phi)\varepsilon_h - 2(1-\Phi)\varepsilon_a}{(1+2\Phi)\varepsilon_a - (1-\Phi)\varepsilon_h}, \tag{103}$$

$$\varepsilon_i = \frac{\varepsilon_{qh}(\varepsilon_{ql} + \varepsilon_s) - 2\varepsilon_s^2}{\varepsilon_{ql} - \varepsilon_{qh}}, \qquad (104)$$

$$\kappa_{qh} = \frac{\kappa_a \varepsilon_{qh}}{\varepsilon_a} +$$

$$\frac{1}{9\Phi\varepsilon_a^3}(\kappa_h \varepsilon_a - \kappa_a \varepsilon_h)[(1-\Phi)\varepsilon_{qh} + (2+\Phi)\varepsilon_a]^2, \qquad (105)$$

$$\kappa_i = \kappa_{qh} \frac{(\varepsilon_{ql} + \varepsilon_i + \varepsilon_s)^2}{(\varepsilon_{ql} + 2\varepsilon_s)(\varepsilon_{ql} - \varepsilon_s)}, \qquad (106)$$

$$\frac{\kappa_m}{\kappa_a} = \frac{\varepsilon_m}{\varepsilon_a} - \frac{9\Phi\varepsilon_{ql}\varepsilon_a}{[(1-\Phi)\varepsilon_{ql} + (2+\Phi)\varepsilon_a]^2}, \qquad (107)$$

$$\varepsilon_l = \varepsilon_a \frac{2(1-\Phi)}{2+\Phi} + \frac{9\Phi\varepsilon_{ql}}{(2+\Phi)^2}, \qquad (108)$$

§2・5・3 誘電観測値の計算処理手順

(i) 誘電観測値の読み取り

マイクロカプセルなどの絶縁性殻付き球粒子が希薄に分散した系の全体を誘電測定すると，図21-3のような複緩和を観測するであろう．この観測結果から $\varepsilon_l, \varepsilon_m, \varepsilon_h, \kappa_l, \kappa_m, \kappa_h$ などの誘電観測定数を 正確に読み取る．また別に，外水相について 誘電率 ε_a を測る． 顕微鏡観察によって，殻付き球粒子の外直径 $2S$ を測る． 別途に，殻相物質の誘電率 ε_s を求めておく．そして 次の(ii)または(iii)に進む．

(ii) ε_l 値を用いる Φ 算出方式

この場合には κ_m 値を知らなくてよい．誘電観測定数 $\varepsilon_l, \varepsilon_m, \varepsilon_a$ を式(97)に代入して，等号が成り立つような Φ 値を 計算機を使って求める．

(iii) κ_m 値を用いる Φ 算出方式

この場合には ε_l 値を知らなくてよい．誘電観測定数 $\kappa_m, \varepsilon_m, \varepsilon_a, \kappa_l$ を式(98)に代入して，等号が成立するような Φ 値を，計算機によって求める．

(iv) その他の構造・相定数の算出

前記 (ii), (iii) の各方式に続く算出手順である．得られた定数値をさきに導出した式群(99)～(106)に順次代入すると，$\kappa_a, \varepsilon_{ql}, v, d, \varepsilon_{qh}, \varepsilon_i,$ κ_{qh}, κ_i の数値を算出できる．

引用・参考文献：
(1) J. C. Maxwell, Electricity and Magnetism, Vol. 1,
Clarendon Press, Oxford (1892).
(2) H. Pauly, H. P. Schwan,
Zeitschrift f. Naturforschung, **14b**, 125 (1959).
(3) T. Hanai, N. Koizumi, A. Irimajiri,
Biophys. Struct. Mechanism, **1** 285 (1975).
(4) A. Irimajiri, T. Hanai, A. Inouye,
J. Theoret. Biol., **78** 251 (1979).
(5) K. Asami, T. Hanai, N. Koizumi,
Japanese J. Appl. Phys., **19** 359 (1980).

第22章　殻付き球粒子の濃厚分散系

§22・1　殻付き球粒子濃厚分散系の一般式

　第21章§21・1・1において 殻付き球粒子1個の外部ポテンシャルを計算したときの 特徴ある関係を思い出してみよう．殻球粒子1個の実効誘電率は，内核相と殻相の値を Wagner 理論式によって合成した値になっていた．このような実効誘電率を持つ粒子が，第20章の花井の式(20-11)に従って連続媒質中に 多数濃厚に 分散していると考える．この考え方の流れを 図22-1 に描いてある．

　図22-1A は，殻付き球粒子が 外連続媒質(ε_a^*)中に 濃度 Φ で濃厚に分散した系である．その中の粒子1個は，図Bのように複素誘電率 ε_i，半径 R ($= S - d$) の球（内核相）が 誘電率 ε_s^*，厚さ d の殻相に包まれており，外半径は S である．これが 複素誘電率 ε_a^* の外相中に分散している．球外部でのポテンシャル値から見ると，この殻球1個は，図Cのように，同じ外半径 S で 内部が Wagner 理論式による混合複素誘電率 ε_q^* を持った均質球と 同等である．

　図Dの濃厚分散系の複素誘電率 ε^* は，第20章の式(20-11)に倣って，次式で与えられる．

$$\frac{\varepsilon^* - \varepsilon_q^*}{\varepsilon_a^* - \varepsilon_q^*}\left[\frac{\varepsilon_a^*}{\varepsilon^*}\right]^{\frac{1}{3}} = 1 - \Phi , \tag{1}$$

§22・1 殻付き球粒子濃厚分散系の一般式

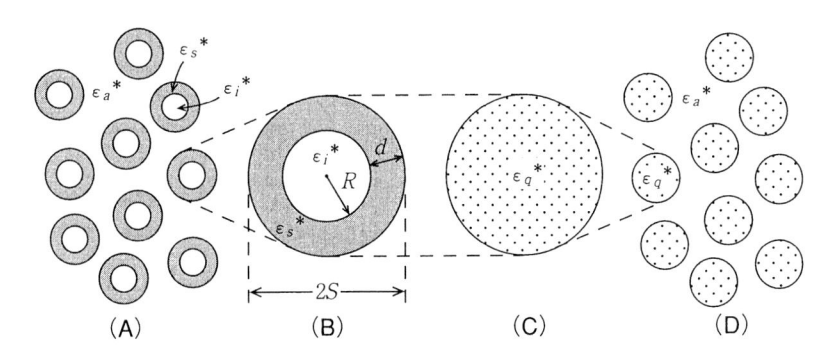

図 22-1 殻付き球濃厚分散系の理論構成の考え方.
(A) 殻付き球が外側連続媒質 (ε_a^*) 中に分散した状態
(B) この殻付き球粒子 1 個は, 内半径 R の内核球 (ε_i^*) が殻相 (ε_s^*) でおおわれている. 殻の厚さは d, 殻を含む球体の直径は $2S$ である.
(C) [$\varepsilon_i^* + \varepsilon_s^*$] の Wagner 理論から得られる ε_q^* 値を持つ均質球は, 殻付き球 (B) と同じ外部ポテンシャルを示す.
(D) この均質球 (ε_q^*) が濃厚に分散し, 系全体は [$\varepsilon_q^* + \varepsilon_a^*$] の花井理論に従うと考える.

図 C の均質粒子 1 個の実効誘電率 ε_q^* は, 第 21 章の式 (21-5) に倣って次式になる.

$$\varepsilon_q^* = \varepsilon_s^* \frac{(1+2v)\varepsilon_i^* + 2(1-v)\varepsilon_s^*}{(1-v)\varepsilon_i^* + (2+v)\varepsilon_s^*}, \tag{2}$$

ただし

$$v = \left[\frac{S-d}{S}\right]^3 = \left[1 - \frac{d}{S}\right]^3 = \begin{bmatrix} 殻付き球に対する \\ 内核相の体積分率 \end{bmatrix}, \tag{3}$$

$$\varepsilon^* = \varepsilon + \frac{\kappa}{j\omega\epsilon_v}, \qquad \varepsilon_a^* = \varepsilon_a + \frac{\kappa_a}{j\omega\epsilon_v}, \tag{4), (5}$$

$$\varepsilon_s^* = \varepsilon_s + \frac{\kappa_s}{j\omega\epsilon_v}, \qquad \varepsilon_i^* = \varepsilon_i + \frac{\kappa_i}{j\omega\epsilon_v}, \tag{6), (7}$$

この式(1), (2)が 殻付き球濃厚分散系の誘電率一般式である．この式は 立方根の形で 大変複雑であり，誘電緩和の特性を表わす ε_l, κ_h などの式を書き下すことはむつかしい．それで 実際に使いやすい近似式の導出に進もう．

§22・2　絶縁性殻・膜付き球の場合の近似式

§22・2・1　系全体の示す誘電緩和2個発生の仕組み

実際の例では，殻相 あるいは被膜相の導電率 κ_s は大変小さくて絶縁性である．また 分散系の誘電測定では，測定精度を上げるために，外水相の導電率 κ_a を内核相の κ_i より小さくすることが多い．したがって次の大小関係が成り立つ．殻相の厚さ d については何ら制限しない．

$$\text{近似条件：}\quad \text{殻相 } \kappa_s \ll \text{外水相 } \kappa_a < \text{内核相 } \kappa_i , \qquad (8)$$

この理論の一般式(1)では 2個の誘電緩和になる．また マイクロカプセルの実測例では 誘電緩和が2個観測されている．それで 式(8)の条件下で，2個の誘電緩和が発生する仕組みを図22-2で説明しよう．

第17章で扱った平面層状二相組合せの系では，1個の誘電緩和を生じた．また 第19章での球粒子と外側連続相との組合せ系でも 1個の誘電緩和を生じた．これらを考え合わせると，2相の組合せによって1個の誘電緩和を生じると考えられる．これを念頭に置いて 図22-2の各段階の変化特徴を追ってみよう．図22-2Aの内核相 [周波数によって変わらない誘電率 ε_i と導電率 κ_i] と 図Bの球殻相 [$\kappa_s \fallingdotseq 0, \varepsilon_s$] との組み合わせで i-s 二相結合系 (殻付き球，添え字 q を付ける) は 図C

§22・2 絶縁性殻・膜付き球の場合の近似式

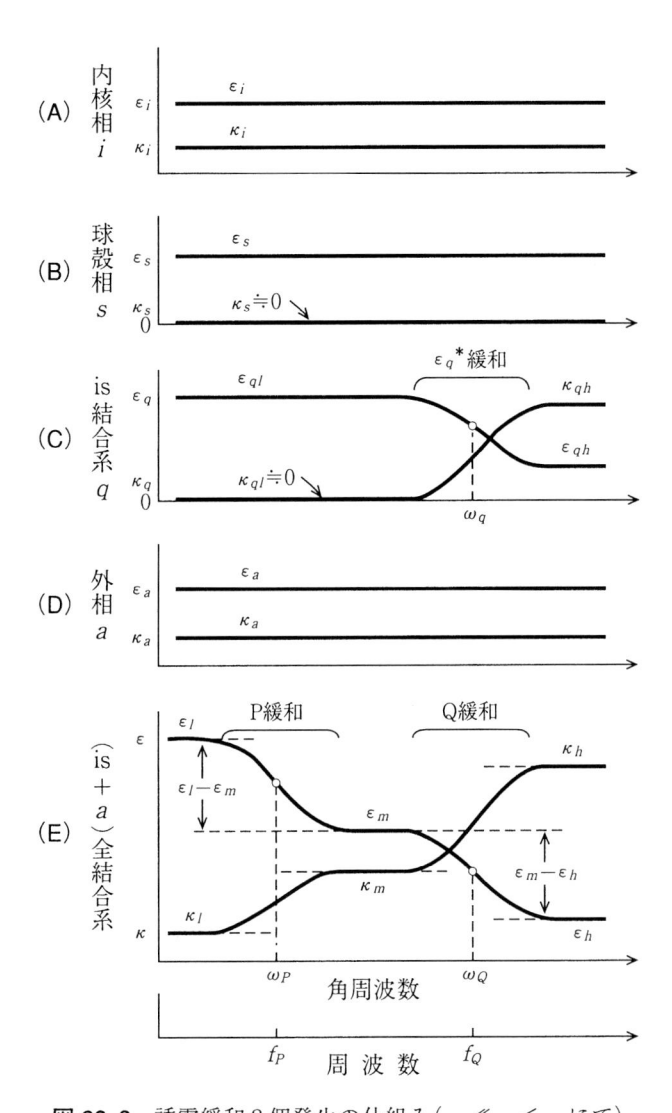

図 22-2 誘電緩和 2 個発生の仕組み ($\kappa_s \ll \kappa_a < \kappa_i$ にて)
(A)図の内核相 [ε_i, κ_i] と (B)図の球殻相 [ε_s, κ_s] との組合せによって, (C)図の ε_q^* 緩和を生じる. (C)図の低周波側の [ε_{ql}, $\kappa_{ql} \doteqdot 0$] と (D)図の外相 [ε_a, κ_a] との組合せによって, (E)図の P-緩和を生じる. (C)図の ε_q^*-緩和は, あらまし (E)図の Q-緩和になって観測される.

のように1個の誘電緩和を生じるであろう．これを ε_q-緩和 と呼ぼう．$\kappa_s \ll \kappa_a < \kappa_i$ であるから，低周波極限値 $\kappa_{ql} \approx \kappa_s\ (\fallingdotseq 0) \ll \kappa_a < \kappa_i$ となる．

つぎに 図Cのi-s結合系（殻付き球）が 図Dの外相 $[\varepsilon_a, \kappa_a]$ と組合わされると，$[\varepsilon_{ql}, \kappa_{ql} \fallingdotseq 0]$ の状態と 外相 $[\varepsilon_a, \kappa_a]$ との組合せから 図Eの低周波側緩和（P-緩和）を生じている．そして 図Cのi-s結合系自体が呈する誘電緩和（図C中で周波数変化をしている部分，ε_q^*-緩和）は，図Dの外相 $[\varepsilon_a, \kappa_a]$ という相を透過して，最外部から図Eの高周波側緩和（Q-緩和）として観測される．

それでは，図Cの右端部分 $[\varepsilon_{qh}, \kappa_{qh}]$ と図Dの右端部分 $[\varepsilon_a, \kappa_a]$ との組合せによって新たに第3の誘電緩和が起きるのではないかと疑われる．ところが 図Cの右端の ε_{qh} は小さく，κ_{qh} は大きくなっているので，$[\varepsilon_{qh}, \kappa_{qh}]$ と $[\varepsilon_a, \kappa_a]$ との組合せによる誘電緩和は 図Cの緩和周波数 ω_q よりも低い周波数側（図で ω_q よりも左方）に在ることが理論で証明される．ω_q よりも低い周波数側になると，i-s結合系（殻付き球）の ε, κ 値が非常に変わってしまうので，組合せによる第3の誘電緩和は生じなくなる．結局 図Eの右端以上の高周波領域には，第3の誘電緩和は存在しない．

§22・2・2 各相の組合せに伴なう誘電緩和の式

(i) ε_q^*-緩和についての極限値の式

i-s結合系の誘電緩和特性量には 添字 q を，また低・高周波極限値には 添字 l, h を付けよう．

図22-2Cの i-s結合系（殻付き球，添字 q）の誘電緩和は，内核相 $[\varepsilon_i, \kappa_i]$／殻相 $[\varepsilon_s, \kappa_s]$ の系である．条件式(8)の状態では，この組合

§22・2 絶縁性殻・膜付き球の場合の近似式

せは W／O 型二相分散系になっている．したがって この系の ε_q^* は第21章の式(5)であるが，これは Wagner 理論による W／O 型混合形式であり，第19章 §19・3・2 の式(30)～(33) に示されている．これらの式で添字を $h \to qh$, $l \to ql$, $a \to s$ のように，また $\Phi \to v$ に置き換えると，i-s 結合系の ε_q^*-緩和について 次式を得る．

$$\varepsilon_{qh} = \varepsilon_s \frac{(1+2v)\varepsilon_i + 2(1-v)\varepsilon_s}{(1-v)\varepsilon_i + (2+v)\varepsilon_s}, \tag{9}$$

$$\varepsilon_{ql} = \varepsilon_s \frac{\kappa_{ql}}{\kappa_s} = \varepsilon_s \frac{1+2v}{1-v}, \tag{10}$$

$$\frac{\kappa_{ql}}{\kappa_s} = \frac{1+2v}{1-v}, \tag{11}$$

$$\frac{\kappa_{qh}}{\kappa_i} = \left[\frac{3\varepsilon_s}{(1-v)\varepsilon_i + (2+v)\varepsilon_s}\right]^2 v, \tag{12}$$

式(10)を v について解けば，後出の式(24)になる．この v 式を式(9) に代入し，ε_i について解くと，式(27)になる．式(24)の v を式(12)に代入し，κ_i について解くと，式(29)になる．式(11)によれば，$\kappa_{ql} \sim \kappa_s$，同程度の大きさであることがわかる．

(ii) P-緩和についての極限値の式

図 22-2E の P-緩和は q 相の低周波極限値 [$\varepsilon_{ql}, \kappa_{ql} \fallingdotseq 0$]／外相 [$\varepsilon_a, \kappa_a$] の系である．条件式(8)の状態では，この組合せは O／W 型の濃厚分散系に相当する．したがって 第20章 §20・2・3 の式(20-26)～(20-29) が使える．これらの式で 添字を $h \to m$, $i \to ql$ のように置き換えると，図 E の全系の ε^* について次式を得る．

$$2\varepsilon_l - 3\varepsilon_{ql} = (2\varepsilon_a - 3\varepsilon_{ql})(1-\Phi)^{\frac{3}{2}}, \tag{13}$$

$$\kappa_l = \kappa_a(1-\Phi)^{\frac{3}{2}}, \tag{14}$$

$$\frac{\varepsilon_m - \varepsilon_{ql}}{\varepsilon_a - \varepsilon_{ql}}\left[\frac{\varepsilon_a}{\varepsilon_m}\right]^{\frac{1}{3}} = 1 - \Phi , \tag{15}$$

$$\frac{\kappa_m}{\kappa_a} = \frac{\varepsilon_m(\varepsilon_m - \varepsilon_{ql})(2\varepsilon_a + \varepsilon_{ql})}{\varepsilon_a(\varepsilon_a - \varepsilon_{ql})(2\varepsilon_m + \varepsilon_{ql})} , \tag{16}$$

式(13)を ε_{ql} について解くと，式(20)になる．式(14)から式(22)を得る．式(15)を ε_{ql} について解くと，式(23)になる．式(14)の κ_a と式(15)の ε_{ql} とを式(16)に代入し，整理すると，κ_m について式(21)を得る．

(iii) Q-緩和についての極限値の式

図 22-2E の Q-緩和は，q 相の高周波極限値 [$\varepsilon_{qh}, \kappa_{qh}$]／外相[$\varepsilon_a, \kappa_a$] の系である．$\kappa_{qh} \sim \kappa_i > \kappa_a$ という程度であるから，この組合せは W／O，O／W のいずれでもなくて，第 20 章 §20·2·2 の一般の場合の式(20-22)，(20-23) に当てはまる．これらの式で添字を $i \to qh$ に置き換えると，図 E の全系の ε^* について次式(17)(18)を得る．ε^* の低周波側では ε_q^*-緩和の影響があるので，低周波側の第 20 章 式(20-24)，(20-25) は成り立たない．

$$\frac{\varepsilon_h - \varepsilon_{qh}}{\varepsilon_a - \varepsilon_{qh}}\left[\frac{\varepsilon_a}{\varepsilon_h}\right]^{\frac{1}{3}} = 1 - \Phi , \tag{17}$$

$$\kappa_h\left[\frac{3}{\varepsilon_h - \varepsilon_{qh}} - \frac{1}{\varepsilon_h}\right] = 3\left[\frac{\kappa_a - \kappa_{qh}}{\varepsilon_a - \varepsilon_{qh}} + \frac{\kappa_{qh}}{\varepsilon_h - \varepsilon_{qh}}\right] - \frac{\kappa_a}{\varepsilon_a} , \tag{18}$$

式(17)を ε_{qh} について解くと，式(26)になる．式(18)を κ_{qh} について解くと，式(28)になる．

(iv) 誘電緩和の極限値式のまとめ

以上に導出した式をまとめると次のようになる．

§22・2 絶縁性殻・膜付き球の場合の近似式

近似条件： 殻相 κ_s ≪ 外水相 κ_a < 内核相 κ_i , (19)

$$\frac{2}{3}\varepsilon_a + \frac{2}{3} \cdot \frac{\varepsilon_l - \varepsilon_a}{1-(1-\Phi)^{\frac{3}{2}}} = \varepsilon_{ql} = \varepsilon_a + \frac{\varepsilon_m - \varepsilon_a}{1-(1-\Phi)\left[\frac{\varepsilon_m}{\varepsilon_a}\right]^{\frac{1}{3}}} , \quad (20)$$

$$\frac{\kappa_m}{\kappa_l}(1-\Phi)^{\frac{1}{2}} = \frac{\varepsilon_m + 2\varepsilon_a - 3\varepsilon_a(1-\Phi)\left[\frac{\varepsilon_m}{\varepsilon_a}\right]^{\frac{1}{3}}}{3\varepsilon_m - (2\varepsilon_m + \varepsilon_a)(1-\Phi)\left[\frac{\varepsilon_m}{\varepsilon_a}\right]^{\frac{1}{3}}} \cdot \left[\frac{\varepsilon_m}{\varepsilon_a}\right]^{\frac{4}{3}} , \quad (21)$$

$$\kappa_a = \frac{\kappa_l}{(1-\Phi)^{\frac{3}{2}}} , \quad (22)$$

$$\varepsilon_{ql} = \varepsilon_a + \frac{\varepsilon_m - \varepsilon_a}{1-(1-\Phi)\left[\frac{\varepsilon_m}{\varepsilon_a}\right]^{\frac{1}{3}}} , \quad (23)$$

$$v = \frac{\varepsilon_{ql} - \varepsilon_s}{\varepsilon_{ql} + 2\varepsilon_s} , \quad (24)$$

$$d = S(1 - v^{\frac{1}{3}}) , \quad (25)$$

$$\varepsilon_{qh} = \varepsilon_a + \frac{\varepsilon_h - \varepsilon_a}{1-(1-\Phi)\left[\frac{\varepsilon_h}{\varepsilon_a}\right]^{\frac{1}{3}}} , \quad (26)$$

$$\varepsilon_i = \frac{\varepsilon_{qh}(\varepsilon_{ql} + \varepsilon_s) - 2\varepsilon_s^2}{\varepsilon_{ql} - \varepsilon_{qh}} , \quad (27)$$

$$\kappa_{qh} = \frac{1}{3(\varepsilon_a - \varepsilon_h)} \times \left[(\varepsilon_a - \varepsilon_{qh})(2\varepsilon_h + \varepsilon_{qh})\frac{\kappa_h}{\varepsilon_h} - (\varepsilon_h - \varepsilon_{qh})(2\varepsilon_a + \varepsilon_{qh})\frac{\kappa_a}{\varepsilon_a}\right] , \quad (28)$$

$$\kappa_i = \kappa_{qh}\frac{(\varepsilon_{ql} + \varepsilon_i + \varepsilon_s)^2}{(\varepsilon_{ql} + 2\varepsilon_s)(\varepsilon_{ql} - \varepsilon_s)} , \quad (29)$$

$$\frac{\kappa_m}{\kappa_a} = \frac{\varepsilon_m(\varepsilon_{ql} - \varepsilon_m)(\varepsilon_{ql} + 2\varepsilon_a)}{\varepsilon_a(\varepsilon_{ql} - \varepsilon_a)(\varepsilon_{ql} + 2\varepsilon_m)} , \quad (30)$$

§22・3　誘電観測値の計算処理手順

(i) 誘電観測値読み取り

　殻付き球粒子分散系（例えばマイクロカプセルなど）の全体を誘電測定すると，図22-2Eのような P-, Q- の2緩和を観測するであろう．この観測結果から $\varepsilon_l, \varepsilon_m, \varepsilon_h, \kappa_l, \kappa_m, \kappa_h$ などの誘電観測定数を 正確に読み取る．遠心沈殿操作などによって上澄み液を得て，その誘電率 ε_a を測る．同時に κ_a の測定値も得られるが，数値が不安定で誤差が多いので使わない．また 顕微鏡観察などで 殻付き球粒子の外直径 $2S$ を読み取る．別途に，殻相物質の誘電率 ε_s を求めておく．そして 次の(ii)または(iii)に進む.

(ii) ε_l 値を用いる Φ 算出方式　　この場合には κ_m 値を知らなくてよい．誘電観測定数 $\varepsilon_l, \varepsilon_m, \varepsilon_a$ を式(20)に代入して等号が成立するような Φ 値を求める．Φ を陽に書き表わせないので，計算機を使って求める．

(iii) κ_m 値を用いる Φ 算出方式　　この場合には ε_l 値を知らなくてよい．誘電観測定数 $\kappa_m, \varepsilon_m, \varepsilon_a, \kappa_l$ を式(21)に代入して等号が成立するような Φ 値を，計算機によって求める．

(iv) その他の構造・相の定数算出　　前記(ii),(iii)両方式に続く算出手順である．得られている定数値を さきに導出した式群(22)−(29)に順次代入すると，$\kappa_a, v, d, \varepsilon_i, \kappa_i$ の数値を算出できる．

　Φ 値を算出するには(ii),(iii)のどちらを経てもよいが，誤差検討の結果によれば，κ_m 値を用いる (iii)方式の方が 良い結果を得る．この(iii)方式の場合には，ε_l を用いなくて済む．

§22・4 絶縁性薄殻・薄膜の場合の近似式

第21章 §21・3 でも述べたように,リポゾームや生物細胞などの実例では,球殻や球状膜の厚さ d が その球粒子直径 $2S$ に比べて 大変小さい. そのような場合の式を導こう.

薄殻・薄膜球の系では,式(3)の内核相体積分率 v について,次のような近似式が成り立つ.

$$v \equiv \left(\frac{S-d}{S}\right)^3 = \left(1 - \frac{d}{S}\right)^3 \fallingdotseq 1 - 3\frac{d}{S} \approx 1 , \tag{31}$$

$$1 - v \fallingdotseq 3\frac{d}{S}\frac{\text{厚さ}}{\text{半径}} \ll 1, \quad 1 + 2v \fallingdotseq 3, \quad 2 + v \fallingdotseq 3, \tag{32}$$

これらの近似式を 前節で導いた式(9)〜(30)に適用すればよい. ただし 実測結果で 誘電緩和が1個だけ観測されたときには,ε_m, κ_m の値を識別出来ないので,高周波極限値は ε_h, κ_h であると解釈する. したがって,ε_m, κ_m の入る式(15),(16),(21),(23) などは使えない. 近似条件の式(31),(32) によって,式(9)〜(12) は それぞれ次のように簡単になる.

$$\varepsilon_{qh} = \varepsilon_s \frac{2(1-v)\varepsilon_s + (1+2v)\varepsilon_i}{(2+v)\varepsilon_s + (1-v)\varepsilon_i} \fallingdotseq \varepsilon_i , \tag{33}$$

$$\varepsilon_{ql} = \varepsilon_s \frac{\kappa_{ql}}{\kappa_s} = \varepsilon_s \frac{1+2v}{1-v} \fallingdotseq \frac{3\varepsilon_s}{1-v} \fallingdotseq \frac{\varepsilon_s S}{d} \gg \varepsilon_s, \varepsilon_i , \tag{34}$$

$$\kappa_{ql} = \kappa_s \frac{1+2v}{1-v} \fallingdotseq \frac{3\kappa_s}{1-v} \fallingdotseq \frac{\kappa_s S}{d} \gg \kappa_s , \tag{35}$$

$$\kappa_{qh} = \kappa_i \left[\frac{3\varepsilon_s}{(2+v)\varepsilon_s + (1-v)\varepsilon_i}\right]^2 v \fallingdotseq \kappa_i , \tag{36}$$

式(14) を Φ について陽に解くと,

$$\Phi = 1 - \left(\frac{\kappa_l}{\kappa_a}\right)^{\frac{2}{3}} , \tag{37}$$

膜電気容量 C_M を式(34), (20), (37) で表わすと,

$$C_M \equiv \frac{\epsilon_v \epsilon_s}{d} = \frac{\epsilon_v}{S} \epsilon_{ql} = \frac{\epsilon_v}{S} \cdot \frac{2}{3} \left[\epsilon_l + \frac{\kappa_l(\epsilon_l - \epsilon_a)}{\kappa_a - \kappa_l} \right], \quad (38)$$

式(33), (26) により

$$\epsilon_i \fallingdotseq \epsilon_{qh} = \epsilon_a - \frac{\epsilon_a - \epsilon_h}{1 - (1 - \Phi)\left(\frac{\epsilon_h}{\epsilon_a}\right)^{\frac{1}{3}}}, \quad (39)$$

式(36), (28), (33) により,

$$\kappa_i \fallingdotseq \kappa_{qh} = \frac{1}{3(\epsilon_a - \epsilon_h)} \times$$
$$\left[(\epsilon_a - \epsilon_i)(2\epsilon_h + \epsilon_i)\frac{\kappa_h}{\epsilon_h} - (\epsilon_h - \epsilon_i)(2\epsilon_a + \epsilon_i)\frac{\kappa_a}{\epsilon_a} \right], \quad (40)$$

赤血球サスペンジョンなどでは，誘電緩和1個（P-緩和）だけ観測される．その観測値群から $\epsilon_l, \epsilon_h, \kappa_l, \kappa_h$ および外水相の ϵ_a, κ_a と粒子外直径 $2S$ を知れば，上記の式(37)～(40) によって 容易に $\Phi, C_M, \epsilon_i,$ κ_i を算出できる．リポゾーム，赤血球，イースト細胞などの章には，ここに導出した式を使って数値計算をした実用例が解説されている．

引用・参考文献：
(1)　T. Hanai,　K. Asami,　N. Koizumi,
　　　　　Bull. Inst. Chem. Res., Kyoto Univ., **57** 297（1979）．
(2)　H. Zhang,　K. Sekine,　T. Hanai,　N. Koizumi,
　　　　　Colloid Polymer Sci., **261** 381（1983）．
(3)　H. Zhang,　K. Sekine,　T. Hanai,　N. Koizumi,
　　　　　Colloid Polymer Sci., **262** 513（1984）．
(4)　T. Hanai, K. Sekine,　Colloid Polymer Sci., **264** 888（1986）．

第23章　濃度分極を含む系

Question　この章は複雑な式がいっぱい出てくるが，一体何を扱うのかなー？

Answer　電解質の水溶液は，よく撹き混ぜれば，その濃度は液内で到るところ一様になる．そして 電気伝導性は この水相内のどこでも同じになるだろう．ところが，この水溶液中に イオン交換膜などを浸し，この膜面に直角の方向に 直流電圧をかけると，膜面に沿った溶液部分の電解質濃度が淡くなるか，または濃くなる．このように濃度むら(これを濃度分極という) が出来ると，電解質濃度に比例するはずの液の電気伝導性に むらが出来る．このように 電気の伝導性が不均質な系の一番簡単な誘電理論を この章で解説しているのだ．

Q　普通のコンデンサーとか，物質の一相，溶液などは，その内部で誘電率や導電率は一様だろうね．しかし いろいろな合成材料が出てくると，同一相内で誘電率・導電率が連続的に変化するような場合も出てくると思うんだが．そんな場合にも使えるのかね．

A　広く云えば，この章の理論構築の考え方は そのような場合に応用出来るだろう．この章では まず最も簡単な場合として，電気伝導性が 高から低に，位置の移動に応じて 直線的に変わる場合について，その起因から 誘電解析と評価法に至るまでを徹底的に調べよう．

§23・1 濃度分極を含む系

§23・1・1 濃度分極とは何か ―― その発現の仕組み

　図 23-1 に濃度分極現象を生じる仕組みを図解してある．　図 23-1A では，電解質水溶液（その陽イオン輸率 $t_+ = 0.2$ とする．実例としては，NaOH 水溶液）の水相中に，イオン交換膜などの膜（この膜相の陽イオン輸率 $T_+ = 0.6$ とする．実例としては，陽イオン交換膜）が挟まれている．　両端には電極板が配置されていて，直流電圧（10～20V 程度）がかかっている．

　この配置で電流量について定常状態（時間が経っても変わらないように落ち着いた状態）での陽イオン⊕，陰イオン⊖の分布状態が図 23-1B に描かれている．　⊕，⊖ の各1個の動きを電流1として数えると，この図Bでは両電極間に電流5が水相―膜相を貫いて流れており，t_+, T_+ 値に応じて左・右水相では ⊕ 1個，⊖ 4個が動き，中間の膜相では ⊕ 3個，⊖ 2個が動いている．　このイオン移動が時間経過しても変わらずに続くためには，左水相内の膜面近くでは ⊕⊖ の2組が減少する．　それで膜面近傍の濃度は減少し，その結果，左水相内奥から電解質⊕⊖の組合わせ分子が濃度勾配による拡散力によって送られて来る．　電解質の拡散定数を D とし，濃度を c，右向きの位置座標を x とする．　図Bでは右向きに拡散移動するから，拡散流れの強さ，$-D(dc/dx) > 0$，すなわち $dc/dx < 0$，負勾配となる．　図 23-1C に描いた濃度分布図に示すように，左水相右端の膜相近傍では濃度減少になる．

　同様に考えると，図Aの右水相側では，図Bに示すように右水相の左端の膜面近くでは ⊕⊖ の2組が増加し，濃くなる．　それで電圧 V

§23・1 濃度分極を含む系

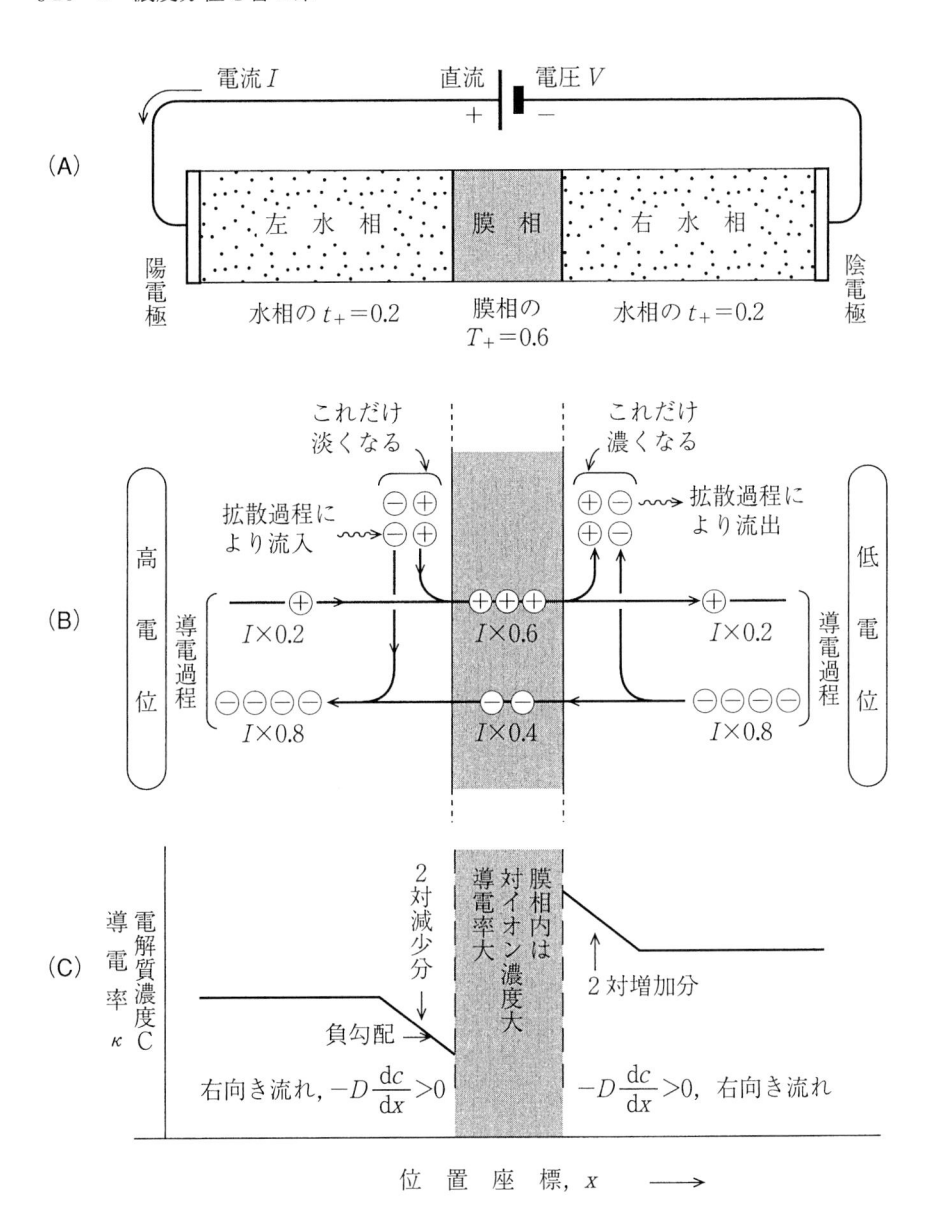

図 23-1 直流電流による濃度分極発現の仕組み

による電場の力ではなくて，濃度勾配による拡散力によって，電解質分子 ⊕⊖ は 右水相内奥へ向けて送り出される．図Bでは 右向きに拡散移動するから，拡散流れの強さ，$-D(\mathrm{d}c/\mathrm{d}x) > 0$，すなわち $\mathrm{d}c/\mathrm{d}x < 0$ となり，図Cの濃度分布図に描くように，右水相左端の膜相近くでは 濃度が増加している．

このように濃度の減少や増加の起きる現象を **濃度分極** Concentration polarization という．膜相近くでの水相内濃度の減少（膜相の左外面で）や増加（右外面で）は 濃度勾配 $\mathrm{d}c/\mathrm{d}x$ を引き起こす．全電流を I，電極板面積を S，Faraday 定数を F と記すと，電解質イオン移動の定量的表現は次のようになる．

$$\text{左水相右端での拡散流れ強さ} \left(-D\frac{\mathrm{d}c}{\mathrm{d}x}\right), \text{図Bで ⊕ 2個}$$

$$= \text{導電過程により膜相内で動く ⊕ の量} \left(\frac{I}{FS}T_+\right), \text{⊕ 3個}$$

$$- \text{導電過程により左水相内奥から輸送されてくる⊕の量} \left(\frac{I}{FS}t_+\right), \text{⊕ 1個}$$

$$= (T_+ - t_+)\frac{I}{FS}, \tag{1}$$

$$= (-T_- + t_-)\frac{I}{FS}, \quad \because T_+ = 1 - T_-, \; t_+ = 1 - t_-,$$

まとめ： 電解質水溶液相の t_+ と これに続く膜相の T_+ とが 等しくなければ，水相から膜相へ向けて直流電流 I が流れると，左水相端面の電解質濃度は変化する．$T_+ > t_+$ ならば 濃度減少，$T_+ < t_+$ ならば 濃度増加となる．

§23・1・2 濃度分極を含む水相-膜相系 の誘電的モデル

前節の図 23-1 からわかるように，二電極板間に 左水相―膜相―右水相 が配置されていて，この系に直流電圧をかけて 電流を流すと，濃度分極層を生じる．それを 図 23-2A に示す．この濃度分極状態での導電率の分布は 図 23-2B のようになる．左水相の導電率を κ_β とすると，左水相の右端に生じた濃度分極層(濃度減少) 部分では，導電率が κ_β (=左水相の値) から κ_α に低下する．イオン交換膜などの膜相内部では イオン濃度は充分に高い．右水相では 膜面近傍で濃度は高くなり，負の濃度勾配(濃度減少) を経て，右水相内奥では 導電率 κ_y までに低下する．

この図 B の導電率分布状態を 誘電的に見ると，図 23-2C に描いたように，z 相，濃度分極 p 層，y 相 という 3 個の物質充填コンデンサーの直列結合として 受け取られる．z 相は 図 B の左水相の κ_β 値を持った均質物質充填のコンデンサーである．濃度分極 p 層は 導電率が κ_β から κ_α まで連続的に減少する層である．y 相は 図 B の中央の膜相部分と 膜右外側の濃度分極層と 右水相の導電率 κ_y 部分との 3 部分を一まとめにしたものである．この場合，膜相と濃度分極層とは 導電性が高いので，誘電的には 短絡したような結果になり，近似的には y 相は 均質導電率 κ_y の物質のコンデンサーと見なしてよい．したがって誘電的な等価回路は 図 23-2D に描いたように，$[C_z, G_z]$，$[C_p(\omega), G_p(\omega)]$，$[C_y, G_y]$ という導電性のあるコンデンサー 3 個の 直列結合 になる．ここで 濃度分極 p 層の $C_p(\omega)$，$G_p(\omega)$ は 角周波数 ω の関数であり，次節で詳しく考察しよう．そのつぎに $[C_p(\omega), G_p(\omega)]$ に $[C_z, G_z]$，$[C_y, G_y]$ というコンデンサー 2 個が 直列結合した全系 の考察に進もう．

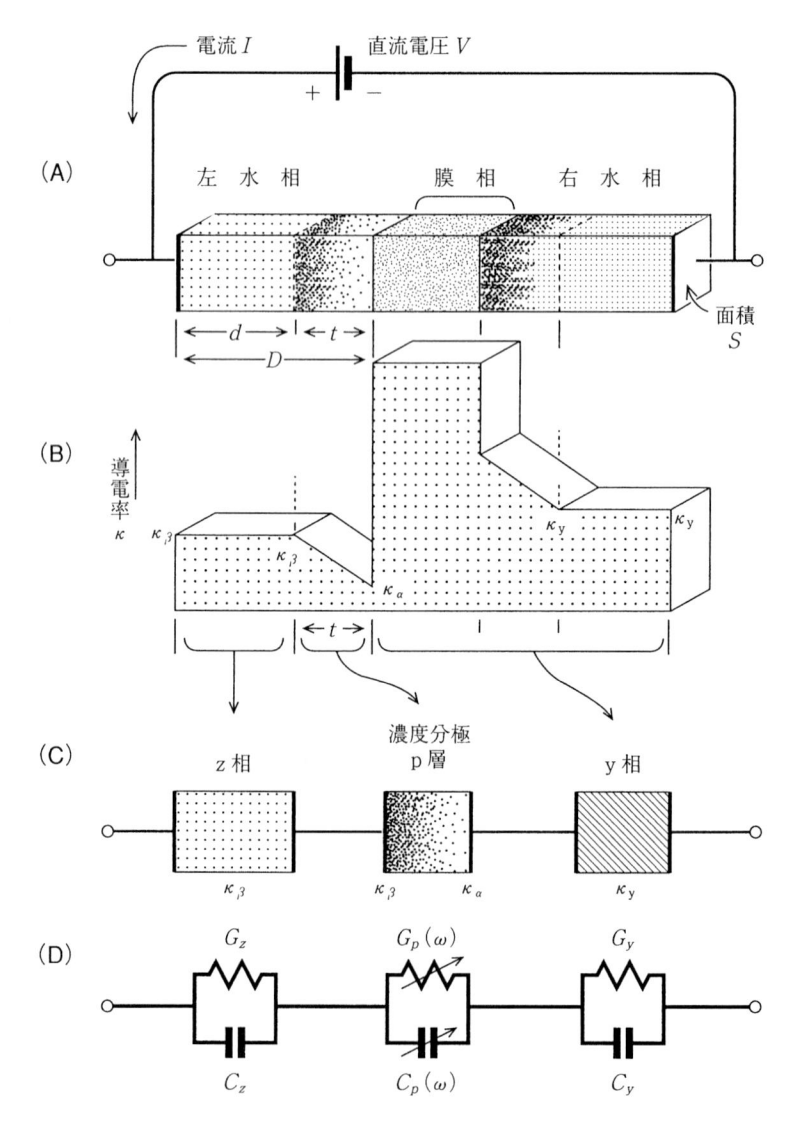

図 23-2 濃度分極系の導電率分布と等価回路

§23・2 濃度分極層の誘電特性

§23・2・1 濃度分極層の誘電率と導電率

前節の図 23-2 に示した濃度分極 P 層のみを採り上げ，全体の厚さ t のこの p 層を，厚さ Δx に薄切りにした状態を 図 23-3 に示す．図 23-3A は 薄板の共通面積 S，各個の厚さ Δx_i，誘電率 ε，導電率 κ_i，複素インピーダンス ΔZ_i を示し，図 B は p 層内で，位置 x に応じて，導電率 κ が κ_β から κ_α に変わることを表わす．すでに 第 1 章で解説した複素インピーダンスなどの概念や 関係式を充分に活用して，次のように理論の立式を進めてゆく．

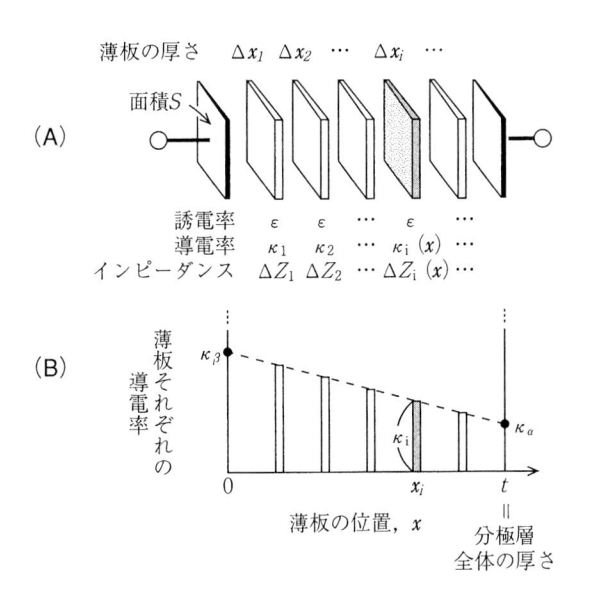

図 23-3 濃度分極 P 層の複素インピーダンス理論構成の図解
(A) 分極層を薄板に細分する．(B) 位置 x による導電率 κ の変化．

図Aのi番目の薄板の微少量複素コンダクタンス ΔG_i は 次のように表わせる.

$$\Delta G_i = [\kappa_i(x) + j\omega\epsilon_v\epsilon]\frac{S}{\Delta x_i}, \tag{2}$$

ここに $\epsilon_v = 0.088542$ pF／cm, $j = \sqrt{-1}$, である.

図Aからわかるように，p層全体の複素インピーダンス Z_i は 各個の微小量複素インピーダンス ΔZ_i の和であり，式(2)などを用いて 次のように変形整理される.

$$\begin{aligned}Z_p^* &= \sum_i \Delta Z_i = \sum_i \frac{1}{\Delta G_i} \equiv \frac{1}{G_p^*}, \\ &= \sum_i \frac{1}{\kappa_i(x) + j\omega\epsilon_v\epsilon}\cdot\frac{\Delta x_i}{S}, \\ &= \sum \frac{\kappa_i(x) - j\omega\epsilon_v\epsilon}{\kappa_i(x)^2 + (\omega\epsilon_v\epsilon)^2}\cdot\frac{\Delta x_i}{S},\end{aligned} \tag{3}$$

ここで $L = \omega\epsilon_v\epsilon$ と置くと (4)

$$Z_p^* S = \frac{S}{G_p^*} = \int_0^t \frac{\kappa}{\kappa^2 + L^2}dx - j\int_0^t \frac{L}{\kappa^2 + L^2}dx, \tag{5}$$

$$\equiv I_1 - jI_2,$$

ここで

$$I_1 = \int_0^t \frac{\kappa}{\kappa^2 + L^2}dx, \quad I_2 \equiv \int_0^t \frac{L}{\kappa^2 + L^2}dx, \tag{6}(7)$$

と置いた.

図Bに描かれたように，左電極板からの距離 x の変化に対して, $\kappa(x)$ が直線的に変わるならば，次式で表わされる.

$$\kappa(x) = \kappa_\beta + (\kappa_\alpha - \kappa_\beta)\frac{x}{t}, \tag{8}$$

§23・2 濃度分極層の誘電特性

したがって，式(8)の両辺を微分して微分量関係式は次のようになる．

$$\mathrm{d}x = \frac{t}{\kappa_\alpha - \kappa_\beta}\,\mathrm{d}\kappa , \tag{9}$$

この式(9)を式(6), (7)に代入して，次のように積分される．

$$I_1 = \int_{\kappa_\beta}^{\kappa_\alpha} \frac{\kappa}{\kappa^2 + L^2} \cdot \frac{t}{\kappa_\alpha - \kappa_\beta}\,\mathrm{d}\kappa ,$$

$$= \frac{t}{2(\kappa_\beta - \kappa_\alpha)} \cdot \ln\frac{\kappa_\beta^2 + L^2}{\kappa_\alpha^2 + L^2} \equiv \frac{t}{\kappa_\beta - \kappa_\alpha} A , \tag{10}$$

$$I_2 = \int_{\kappa_\beta}^{\kappa_\alpha} \frac{L}{\kappa^2 + L^2} \cdot \frac{t}{\kappa_\alpha - \kappa_\beta}\,\mathrm{d}\kappa ,$$

$$= \frac{t}{\kappa_\beta - \kappa_\alpha}\left[\tan^{-1}\frac{\kappa_\beta}{L} - \tan^{-1}\frac{\kappa_\alpha}{L}\right] \equiv \frac{t}{\kappa_\beta - \kappa_\alpha} B , \tag{11}$$

したがって 式(5)～(11)を用いると，複素電気容量 C_p が次のように導かれる．

$$C_p{}^* = C_p + \frac{G_p}{j\omega} = \frac{1}{j\omega} G_p{}^* = \frac{1}{j\omega} \cdot \frac{1}{Z_p{}^*} , \tag{12}$$

$$= \frac{S(\kappa_\beta - \kappa_\alpha)}{j\omega t} \cdot \frac{1}{A - jB} , \tag{13}$$

$$= \frac{S(\kappa_\beta - \kappa_\alpha)}{t} \cdot \frac{B/\omega}{A^2 + B^2} + \frac{S(\kappa_\beta - \kappa_\alpha)}{t} \cdot \frac{A}{A^2 + B^2} \cdot \frac{1}{j\omega} , \tag{14}$$

ただし A, B は次のような内容である．

$$A = \frac{1}{2}\ln\left[1 + \frac{\left[\frac{\kappa_\beta}{\kappa_\alpha}\right]^2 - 1}{1 + \left[\frac{\epsilon_v \varepsilon}{\kappa_a}\right]^2 \omega^2}\right] , \quad \omega = 2\pi f , \tag{15}$$

$$B = \tan^{-1}\frac{(\kappa_\beta - \kappa_\alpha)\omega \epsilon_v \varepsilon}{(\omega \epsilon_v \varepsilon)^2 + \kappa_\beta \kappa_\alpha}, \tag{16}$$

したがって，式(12),(14) から 次のような C_p, G_p の一般式を得る.

$$C_p(\omega) = \frac{S(\kappa_\beta - \kappa_\alpha)}{t} \cdot \frac{B/\omega}{A^2 + B^2}, \quad \omega = 2\pi f, \tag{17}$$

$$G_p(\omega) = \frac{S(\kappa_\beta - \kappa_\alpha)}{t} \cdot \frac{A}{A^2 + B^2}, \tag{18}$$

§23・2・2 濃度分極層を含む系の誘電緩和

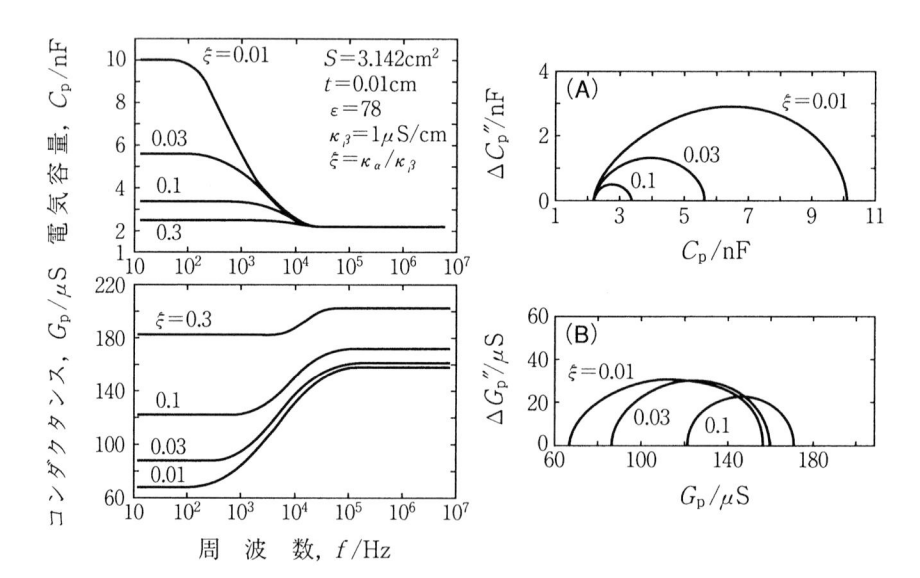

図 23-4 濃度分極 P 層のみの電気容量 C_p，コンダクタンス G_p の周波数依存性—誘電緩和. $\kappa_\alpha < \kappa_\beta$ の場合.

図 23-5 濃度分極 P 層のみの複素 $C_p - \Delta C_p''$ 平面図(**A**)と複素 $G_p - \Delta G_p''$ 平面図(**B**). $\kappa_\alpha < \kappa_\beta$ の場合. 図23-4の計算値.

§23・2 濃度分極層の誘電特性

濃度分極 p 層の濃度の減少，増加 ─ $\kappa_\beta, \kappa_\alpha$ の相対的大小関係 ─ に応じて誘電緩和幅（観測される電気容量の変化幅，ΔC）は著しく変わる．それで表23-1の下半部に挙げた数値群を式(15)～(18)に代入して，$C_p(f), G_p(f)$ の周波数 f 依存の様子を計算してみよう．

I 濃度分極 p 層のみの誘電緩和

  i 比 $\xi \equiv \kappa_\alpha/\kappa_\beta = 0.3〜0.01 < 1$, （濃度減少）の場合は図 23-4 と -5 のようになる．

 ii 比 $\xi \equiv \kappa_\alpha/\kappa_\beta = 3〜100 > 1$, （濃度増加）の場合は図 23-6 と -7 のようになる．

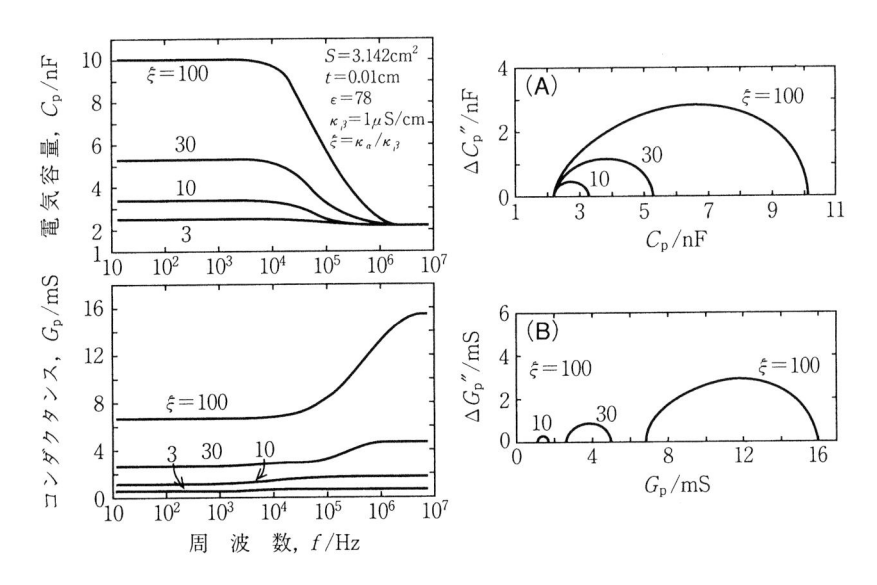

図 23-6 濃度分極 P 層のみの C_p, G_p の周波数依存性．$\kappa_\alpha > \kappa_\beta$ の場合．

図 23-7 濃度分極 P 層のみの $C_p - \Delta C_p''$ 図（A）と $G_p - \Delta G_p''$ 図（B）．$\kappa_\alpha > \kappa_\beta$ の場合．図23-6の計算値．

表 23-1 濃度分極層＋均質濃度相 の誘電緩和特性

	濃度分極 p 層のみ		濃度分極 p 層と均質濃度 w 相との直列結合	
	i $\kappa_\beta > \kappa_\alpha$	ii $\kappa_\beta < \kappa_\alpha$	i $\kappa_\beta > \kappa_\alpha$	ii $\kappa_\beta < \kappa_\alpha$
	図 23・4,5	図 23・6,7	図 23・8,9	図 23・10
$\xi \equiv \dfrac{\kappa_\alpha}{\kappa_\beta}$ の値	0.01〜0.3	3〜100	0.01〜0.3	3〜100
誘電緩和の周波数領域	〜10^3 Hz 低周波	〜10^5 Hz 高周波	〜10^3 Hz 低周波	〜10^6 Hz 高周波
電気容量の変化幅 緩和強度, ΔC	〜10nF	〜10nF	〜50pF	〜0.5pF 大変小さい
コンダクタンスの変化幅, ΔG	〜0.1mS	〜10mS	〜0.2μS	〜2μS

数値計算に用いた数値： $\varepsilon = 78$, 水溶液の誘電率値
$\kappa_\beta = 1\mu$S／cm, 約 0.01mM KCl 水溶液, または粗製蒸留水の導電率値
t = 0.1mm, 直流電圧 10V 下の電流で生じる濃度分極 p 層の厚さの概略値
S = 3.142cm², 直径 2cm の円形電極板の面積

C_w = 30pF, $G_w = 5\mu$S, 間隔 7mm, 直径 2cm の円形平行板コンデンサーに粗製蒸留水を満たしたときの値
$\epsilon_v = 0.088542$ pF／cm,

§23・2 濃度分極層の誘電特性

i, ii のいずれも電気容量やコンダクタンスの周波数変化（誘電緩和）が明らかに認められる．また C_p-$\Delta C_p''$ 図，G_P-$\Delta G_P''$ 図は 半円や円弧ではなくて，かなり円がつぶれた楕円型，あるいは §1・10・2 に述べたゆがみ円弧型に近くなっている．計算結果の特徴を 表 23-1 にまとめてある．

II 濃度分極 p 層と均質濃度 w 相との直列結合系の誘電緩和

濃度分極 p 層は 必ず電解質水溶液の一隅に発生する．したがって濃度分極 p 層の C_p と 均質濃度 w 相の複素電気容量 C_w との 直列結合全体を誘電観測することになる．そのときの系全体の複素電気容量 C は次のようになる．

$$\frac{1}{C^*} = \frac{1}{C_p^*} + \frac{1}{C_w^*} = \frac{1}{C_w^*} + j\omega Z_p, \tag{19}$$

ただし

$$C^* = C + \frac{1}{j\omega}G, \quad C_w^* = C_w + \frac{1}{j\omega}G_w, \tag{20}(21)$$

である．ここで 式(12), (13)を式(19)に代入し，実・虚部を分離し，整理すると，系全体の C, G の式として 次式を得る．

$$C = \frac{U}{U^2 + V^2}, \quad G = \frac{\omega V}{U^2 + V^2}, \quad \omega = 2\pi f, \tag{22}(23)$$

ただし

$$U = \frac{\omega^2 C_w}{G_w^2 + (\omega C_w)^2} + \frac{t\omega B}{S(\kappa_\beta - \kappa_\alpha)}, \tag{24}$$

$$V = \frac{\omega G_w}{G_w^2 + (\omega C_w)^2} + \frac{t\omega A}{S(\kappa_\beta - \kappa_\alpha)}, \tag{25}$$

表 23-1 の下半部に挙げた数値群を 式(22)～(25)および(15)～(18)に代入して，この直列結合系全体の $C(f)$, $G(f)$を計算する．

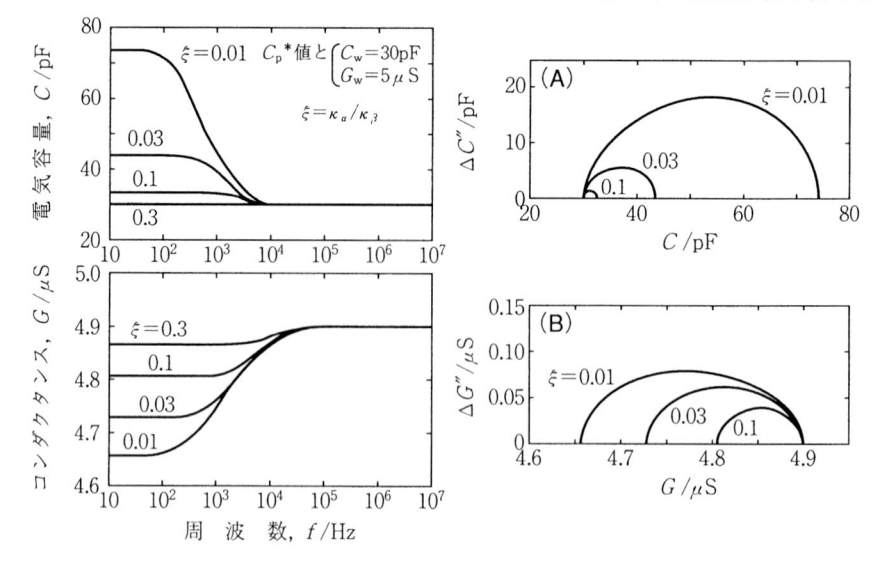

図 23-8 濃度分極 P 層 (C_p^*) と W 水相 (C_w^*) との直列結合系全体の電気容量 C, コンダクタンス G の周波数依存性—誘電緩和. $\kappa_\alpha < \kappa_\beta$ の場合.

図 23-9 濃度分極 P 層と W 水相との直列結合系全体の $C-\Delta C''$ 平面図(A)と, $G-\Delta G''$ 平面図(B). $\kappa_\alpha < \kappa_\beta$ の場合. 図23-8 の計算値.

 i 比 $\xi \equiv \kappa_\alpha / \kappa_\beta = 0.3 \sim 0.01 < 1$, (濃度減少) の場合は 図 23-8 と -9 のようになる.

 ii 比 $\xi \equiv \kappa_\alpha / \kappa_\beta = 3 \sim 100 > 1$, (濃度増加) の場合は 図 23-10 のようになる.

この図 23-10 の縦軸方向の変化をよく見ると, 電気容量の変化幅 ΔC は 0.4 pF であり, $\Delta C / C \cong 0.4\,\mathrm{pF} / 30\,\mathrm{pF} \approx 1\%$ という小さい変化である. 実際上, 1% の電気容量変化は 小さくて観測精度が無い. したがって $\xi \equiv \kappa_\alpha / \kappa_\beta > 1$, (濃度増加) のときには, 電気容量の周波数変化(誘電緩和)を観測出来ない. このような特性があるので, さきに §23・1・2 の図 23-2 の説明で, 膜相, 濃度分極の濃度増加層, 右

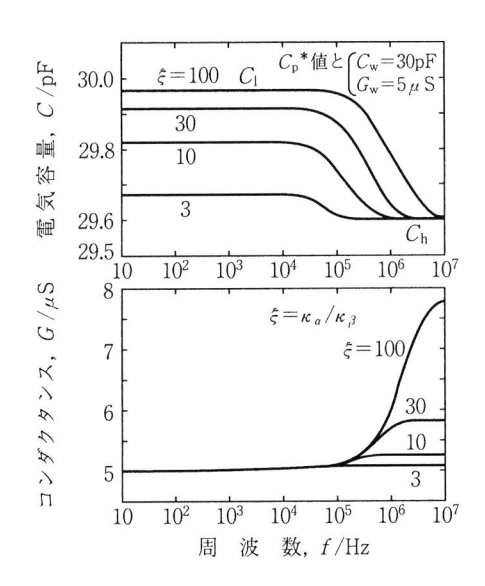

図 23-10 濃度分極 P 層と W 水相との直列結合系全体の C, G の周波数依存性. $\kappa_\alpha > \kappa_\beta$ の場合. C の変化幅 $\Delta C \equiv C_l - C_h$ が大変小さい.

水相 の3部分を均質な濃度の y 相1個にまとめた モデル簡略化手法は妥当であるといえる.

§23・3 濃度分極を含む水相・膜相の全体の誘電理論

§23・3・1 二相の直列結合系での G／C 量の相互位置関係

普通の水相などを考え, そのa相 [電気容量 C_a, コンダクタンス G_a] とb相 [C_b, G_b] との直列結合系全体 [C, G] は, 第17章に説明したように1個の誘電緩和を呈する. 第17章の式(17-16)〜(17-26)に数値を代入して計算した実例を C-G 平面図上に描くと, 図23-11 のようになる. すなわち 図において, [C_a, G_a] と [C_b, G_b]

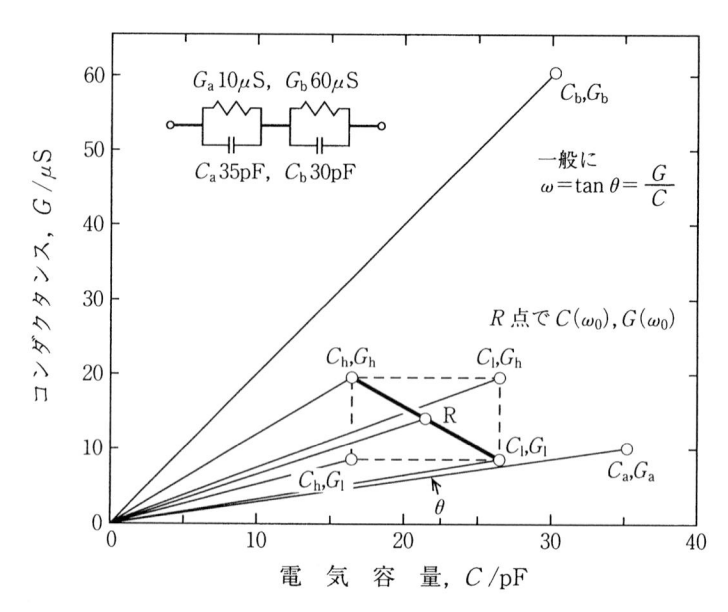

図 23-11 $[C_a, G_a]$ と $[C_b, G_b]$ との直列結合系の誘電緩和挙動の C-G 平面図.
$G_a/C_a <$ 誘電緩和の各点の G/C 値 $< G_b/C_b$ の順になる.

との直列結合で生じる誘電緩和(C, Gの周波数変化)は,図の低周波点 $[C_l, G_l]$ から高周波点 $[C_h, G_h]$ まで,直線になって移動する. 比 $G/C (= \omega)$ は角周波数の次元を持つ. この量の大小関係は次のような規則性を持つ.

$G_a/C_a < G_b/C_b$ の場合には,図から容易に分かるように,比 G/C(C-G図で各点の位置の勾配,$\tan\theta$)について,次のような大小順序列の関係がある.

$$\frac{G_a}{C_a} < \frac{G_l}{C_l} < \frac{G(\omega)}{C(\omega)} < \frac{G_h}{C_h} < \frac{G_b}{C_b}, \tag{26}$$

§23・3 濃度分極を含む水相・膜相の全体の誘電理論　　　293

この序列は 第17章の式(17-20)〜(17-26)などによる式表現でも証明される．この序列関係は これから説明する2相づつの直列結合での序列書き下しに大変有用である．

§23・3・2　濃度分極 p 層の C_p, G_p の極限値

すでに 前節§23-2 にて導出した濃度分極 p 層の式(17),(18)は低周波極限（$\omega \to 0, f \to 0$, 添字 l）および高周波極限（$\omega \to \infty, f \to \infty$, 添字 h）において，それぞれ 次のように簡単になる．

$$C_{pl} = \frac{K^2}{\xi} \epsilon_p \epsilon_v \frac{S}{t} = \frac{K^2}{\xi} C_{ph}, \qquad C_{ph} = \epsilon_p \epsilon_v \frac{S}{t}, \qquad (27)(28)$$

$$G_{pl} = K \kappa_\beta \frac{S}{t}, \qquad G_{ph} = \frac{\xi+1}{2} \kappa_\beta \frac{S}{t} = \frac{\xi+1}{2K} G_{pl}, \qquad (29)(30)$$

ただし

$$\xi = \frac{\kappa_\alpha}{\kappa_\beta}, \qquad K = \frac{\xi-1}{\ln \xi}, \qquad (31)(32)$$

である．

§23・3・3　濃度分極 p 層と z 相，y 相との直列結合系

図 23-2 に 濃度分極 p 層，z 相，y 相の電導性のあるコンデンサー3個の直列結合の誘電的モデルを示したが，さらに分かりやすく説明するために，図 23-12 に この直列結合の誘電的モデルと それに対応する誘電挙動を順次図解してある．

図 23-12B のように，まず3個のコンデンサーを $G/C(=\omega)$ という量の小から→大へ（左方から→右方へ）の順に並べる．そして 最も左方の p 層コンデンサーと その次の z 相コンデンサーとの直列結合系（p z-相と呼ぶ）の誘電緩和特性を調べる．次いで，この p z-相に，G/C のさらに大きい y 相を直列結合させる．このような順序で直列

(A) 直流 バイアス電圧 +−
左水相　イオン交換膜相　右水相
面積 S
κ_β　κ_β　κ_α

(B) 濃度分極 p 相　　z 相　　y 相
κ_α ←t→ κ_β　κ_β ←d→

(C) $\dfrac{G_{pl}}{C_{pl}} < \dfrac{G_p(\omega)}{C_p(\omega)} < \dfrac{G_{ph}}{C_{ph}} < \dfrac{G_z}{C_z} \quad < \quad \dfrac{G_y}{C_y}$

$\underbrace{\qquad\qquad\qquad}_{C_p{}^* + C_z{}^*}$

(D) pz-相の緩和

pz-相: C_{pzl}, G_{pzl} → G_{pzh}, C_{pzh}
$\omega_{pl}\ \omega_{pzl}\quad \omega_{pz}\quad \omega_{ph}\ \omega_z$
ω_{pzh}　周波数→

y 相: G_y, C_y

$\underbrace{\qquad}_{C_{pz}{}^* + C_y{}^*}$　$\underbrace{\qquad}_{C_{pzh}{}^* + C_y{}^*}$
P-緩和　　　　Q-緩和

(E) 全体: C_l, G_l → C_m, G_m → G_h, C_h
$\omega_l\quad \omega_p\quad \omega_m\quad \omega_Q\quad \omega_h\ \omega_y$

(F) $\dfrac{G_{pl}}{C_{pl}} < \dfrac{G_{pzl}}{C_{pzl}} < \dfrac{G_l}{C_l} < \omega_p < \dfrac{G_{pzh}}{C_{pzh}} < \dfrac{G_m}{C_m} < \omega_Q < \dfrac{G_h}{C_h} < \dfrac{G_y}{C_y}$

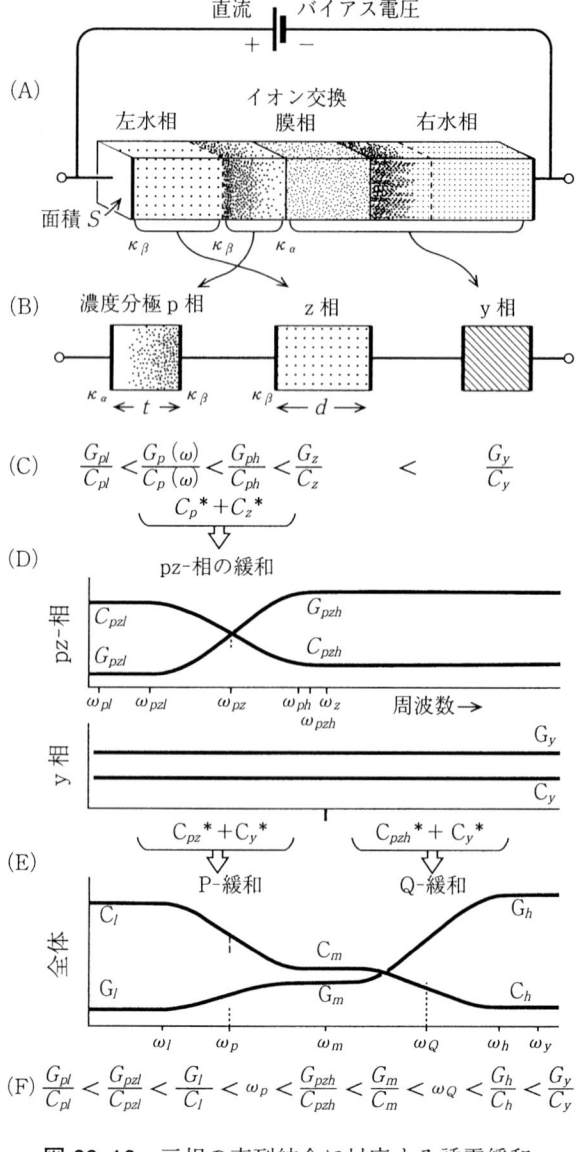

図 23-12 三相の直列結合に対応する誘電緩和

§23・3 濃度分極を含む水相・膜相の全体の誘電理論

結合を進めると，つねに2相結合系の図23-11と 式(26)を使えるので，考え易くなる．

濃度分極p層については，式(27)～(32)がわかっており，G/Cについては次のような序列関係になる． いろいろなG/Cの式の導出は後程に出てくる．

$$\frac{G_{pl}}{C_{pl}} < \frac{G_p(\omega)}{C_p(\omega)} < \frac{G_{ph}}{C_{ph}} < \frac{G_{pzh}}{C_{pzh}} < \frac{G_z}{C_z} < \frac{G_y}{C_y}, \quad (33)$$

濃度分極p層（$C_p{}^*$）とz相（$C_z{}^*$）との直列結合系（pz-相）は，すでに §23・2・2で説明されている．その結果によれば，図23-12Dの上側図のように pz-相は1個の誘電緩和を呈する．さらにこのpz-相（$C_{pz}{}^*$）とy相（$C_y{}^*$，図D下側図）とが直列結合すると，図Eに示すように，2個の誘電緩和を呈する．低周波側の緩和をP-緩和，高周波側の緩和をQ-緩和と名付ける．

（ⅰ） P-緩和： 図Dのpz-相緩和（$C_{pz}{}^*$）がy相（$C_y{}^*$）を透過して，ほぼ同じ角周波数領域で C, G の大きさを変えて図Eの左半部分に現われたものが P-緩和である．

（ⅱ） Q-緩和： 図Dの右半部分（pz-相緩和の高周波側）の［一定値 C_{pzh}, G_{pzh}］という状態と y相［C_y, G_y］との直列結合によってQ-緩和が生じる．

ここでは詳しい説明を省略するが，いろいろな考察結果によれば，P-緩和とQ-緩和とが周波数について 互いに2桁程度離れていれば，両緩和発生の仕組みが この(ⅰ)，(ⅱ)のようになっていると考えることは 実用上妥当であることが確かめられている．

ここで 式(26)の序列関係を当てはめると，この図 E の 2 個の緩和のいろいろな G/C 量の大小関係は次のようになる．図 F に式表示あり．

$$\frac{G_{pl}}{C_{pi}} < \frac{G_{pzl}}{C_{pzl}} < \frac{G_l}{C_l} < \frac{G(\omega_P)}{C(\omega_P)} < \frac{G_{pzh}}{C_{pzh}} < \frac{G_m}{C_m} < \frac{G(\omega_Q)}{C(\omega_Q)} < \frac{G_h}{C_h} < \frac{G_y}{C_y}, \quad (34)$$

P-緩和 ω_P Q-緩和 ω_Q

§23・3・4　Q-緩和の解析

前節(ii)に述べたように，[一定値 C_{pzh}, G_{pzh}] と y 相 [C_y, G_y] との直列結合によって Q-緩和を生じる．この式展開は すでに第 17 章で扱われている．したがって §17・6・3 の一般解法を応用して，第 17 章の式(17-56)〜(17-66)により Q-緩和の特性量 C_m, C_h, G_m, G_h から $C_{pzh}, G_{pzh}, C_y, G_y$ を算出することが出来る．その式などは 後ほどの式(62)〜(72)に記す．

§23・3・5　P-緩和の解析

前節(i)に述べたように，[一定値 C_{pzl}, G_{pzl}] と y 相 [C_y, G_y] との直列結合による高周波値が P-緩和の C_l, G_l になっている．したがって 第 17 章の式(17-21), (17-23)によって 次のようになる．

$$C_l = \frac{C_{pzl} G_y^2 + C_y G_{pzl}^2}{(G_{pzl} + G_y)^2}, \quad G_l = \frac{G_{pzl} G_y}{G_{pzl} + G_y}, \quad (35)(36)$$

これに対応する C_m, G_m の式を書いても，その式中の C_{pzl}, G_{pzl} は一定値を保たず，変化してしまう．したがって，この C_m, G_m の式は成り立たない．

式(35), (36)を G_{pzl}, C_{pzl} について解くと 次式になる．

$$G_{pzl} = \frac{G_y G_l}{G_y - G_l}, \quad C_{pzl} = \frac{C_l G_y^2 - C_y G_l^2}{(G_y - G_l)^2}, \quad (37)(38)$$

§23・3 濃度分極を含む水相・膜相の全体の誘電理論　　　297

§23・3・6　pz-相緩和の解析

C_{pzl}, C_{pzh}, G_{pzl}, G_{pzh} などを用いて，濃度分極p層の厚さ t，最低濃度 κ_α，z相の C_z, G_z などを算出する式を導出しよう．

(ⅰ)　p層の式の書き換え

以後の計算を簡単化するために，次のように量 R を定義する．

$$R \equiv \frac{C_z}{C_{ph}}, \tag{39}$$

独立変数の数を減らすために，いろいろな C, G などの式をこの R と式(31)の ξ による表現に変えてゆこう．式(39)を使うと，式(27)，(28)は 次のようになる．

$$C_{ph} = \frac{1}{R} C_z, \qquad C_{pl} = \frac{K^2}{\xi} \cdot \frac{1}{R} C_z, \tag{40}(41)$$

さて 濃度分極の理論構成では，濃度分極p層の誘電率 ε_p は z相の値と同じである．また 導電率は z相に接する側では z相の値 κ_β に等しい．すなわち 次のようになる．

$$\varepsilon_p = \varepsilon_z = 水の誘電率, \quad \kappa_\beta = \kappa_z = \frac{d}{S} G_z, \tag{42}(43)$$

したがって，式(42),(43),(28),(29) を使うと 次のようになる．

$$\frac{G_z}{C_z} = \frac{\kappa_z}{\varepsilon_z \epsilon_v} = \frac{\kappa_\beta}{\varepsilon_p \epsilon_v} = \frac{\kappa_\beta S/t}{\varepsilon_p \epsilon_v S/t} = \frac{G_{pl}/K}{C_{ph}}, \tag{44}$$

この式(44)を使うと，式(39)は 次のように書き換えられる．

$$R = \frac{C_z}{C_{ph}} = \frac{G_z}{G_{pl}/K}, \tag{45}$$

式(45)を使うと，式(29),(30)は次のようになる．

$$G_{pl} = \frac{K}{R} G_z, \qquad G_{ph} = \frac{\xi+1}{2R} G_z, \tag{46}(47)$$

(ii) p層とz相との直列結合

第17章の式(17-21), (17-23)を応用すると, $[C_{pl}, G_{pl}]$ と $[C_z, G_z]$ の2相直列結合の低周波極限値として 次式を得る.

$$C_{pzl} = \frac{C_{pl} G_z^2 + C_z G_{pl}^2}{(G_{pl} + G_z)^2}, \quad G_{pzl} = \frac{G_{pl} G_z}{G_{pl} + G_z}, \quad (48)(49)$$

第17章の式(17-20), (17-24)により, $[C_{ph}, G_{ph}]$ と $[C_z, G_z]$ との2相直列結合の高周波極限値として 次式を得る.

$$C_{pzh} = \frac{C_{ph} C_z}{C_{ph} + C_z}, \quad G_{pzh} = \frac{G_{ph} C_z^2 + G_z C_{ph}^2}{(C_{ph} + C_z)^2}, \quad (50)(51)$$

式(40), (41), (46), (47) を使って変形整理すると, 式(48)〜(51)は次のように ξ, K, R, C_z, G_z のみの関数になる.

$$C_{pzl} = \frac{\left(\frac{R}{\xi} + 1\right) K^2}{(K+R)^2} C_z, \quad G_{pzl} = \frac{K}{K+R} G_z, \quad (52)(53)$$

$$C_{pzh} = \frac{1}{R+1} C_z, \quad G_{pzh} = \frac{\frac{\xi+1}{2} R + 1}{(R+1)^2} G_z, \quad (54)(55)$$

式(52)÷式(54)により 次式を得る.

$$M \equiv \frac{C_{pzl}}{C_{pzh}} = \frac{\left(\frac{R}{\xi} + 1\right)(R+1) K^2}{(R+K)^2}, \quad (56)$$

式(55)÷式(53)により 次式を得る.

$$N \equiv \frac{G_{pzh}}{G_{pzl}} = \frac{\left(\frac{\xi+1}{2} R + 1\right)(R+K)}{K(R+1)^2}, \quad (57)$$

この2式(56), (57)は独立変数2個(ξ と R)を含む連立方程式である. K は ξ の関数, 式(32)である. C_{pzl}, C_{pzh}, G_{pzh}, G_{pzl} の数値を与え

れば，コンピュータを使って ξ と R の値を得ることが出来る．実際の計算では，Newton-Raphson 法を使うと 偽根を出さずに一義的に ξ, R の値を得られる．

(iii) 他の量の算出式

式(28), (42)を使うと，式(50)は 次のように変形できる．

$$\frac{1}{C_{pzh}} = \frac{1}{C_{ph}} + \frac{1}{C_z} = \frac{t}{\varepsilon_p \epsilon_v S} + \frac{d}{\varepsilon_z \epsilon_v S} = \frac{D}{\varepsilon_z \epsilon_v S} , \qquad (58)$$

ただし d, D は z 相および pz-相の厚さである．したがって C_{pzh} を知れば D を算出できる．式(28), (42)を式(39)に代入すると，次のように R の式を得る．

$$R = \frac{C_z}{C_{ph}} = \frac{\varepsilon_z \epsilon_v S/d}{\varepsilon_p \epsilon_v S/t} = \frac{t}{d} = \frac{t}{D-t} , \qquad (59)$$

ゆえに

$$d = \frac{D}{R+1} , \qquad t = \frac{RD}{R+1} = Rd , \qquad (60)(61)$$

§23・4 濃度分極層構造などを算出する式と手順のまとめ

広い周波数範囲にわたって 誘電率・導電率を測定して，図23-12E のような複緩和の全体を得る．この測定結果から $C_l, C_m, C_h, G_l, G_m, G_h$ を読み取る．

別途に，水の誘電率 $\varepsilon(H_2O)$ を測る．$\varepsilon_p = \varepsilon_z = \varepsilon(H_2O)$，または 文献標準値 $\varepsilon(H_2O, 25℃) = 78.30$ を使用．$\epsilon_v = 0.088542$ pF／cm，電極板面積 S [cm²] を測る．

今までに導出した数式群を 次のような順序に並べて，測定結果から読み取った数値群を代入して 順次計算すると，z 相の厚さ d，濃度分

極p層の厚さ t, $D = d + t$, z相の C_z と G_z, p層の導電率最高値 κ_β, 最低値 κ_α などを得る. これらの式の使用実例は第16章§16・3に述べてある.

$$\omega_Q = \frac{G_h - G_m}{C_m - C_h}, \quad f_Q = \frac{\omega_Q}{2\pi}, \quad (62)(63)$$

$$H = \frac{C_m G_h - C_h G_m}{C_h(C_m - C_h)}, \quad J = \frac{G_m \omega_Q}{C_h}, \quad E = \sqrt{H^2 - 4J}, \quad (64)(65)(66)$$

$$\alpha = \frac{G_{pzh}}{C_{pzh}} = \frac{H - E}{2}, \quad \beta = \frac{G_y}{C_y} = H - \alpha, \quad (67)(68)$$

$$C_{pzh} = \frac{C_h E}{\omega_Q - \alpha}, \quad C_y = \frac{C_h E}{\beta - \omega_Q}, \quad (69)(70)$$

$$G_{pzh} = \alpha C_{pzh}, \quad G_y = \beta C_y, \quad (71)(72)$$

$$G_{pzl} = \frac{G_y G_l}{G_y - G_l}, \quad C_{pzl} = \frac{C_l G_y^2 - C_y G_l^2}{(G_y - G_l)^2}, \quad (73)(74)$$

$$\left(\frac{R}{\xi} + 1\right)(R + 1)K^2 - (R + K)^2 \frac{C_{pzl}}{C_{pzh}} = 0, \quad (75)$$

$$\left(\frac{\xi + 1}{2} \cdot R + 1\right)(R + K) - K(R + 1)^2 \frac{G_{pzh}}{G_{pzl}} = 0, \quad (76)$$

$$K = \frac{\xi - 1}{\ln \xi}, \quad (77)$$

計算機により この式(75),(76)の二元連立方程式から ξ, R を解く. K は式(77)のような ξ の関数である.

$$D = \frac{\varepsilon_z \varepsilon_v S}{C_{pzh}}, \quad d = \frac{D}{R + 1}, \quad t = Rd, \quad (78)(79)(80)$$

$$C_z = (R + 1)C_{pzh}, \quad G_z = \left(\frac{R}{K} + 1\right)G_{pzl}, \quad (81)(82)$$

$$\kappa_\beta = G_z \frac{d}{S}, \quad \kappa_\alpha = \xi \kappa_\beta, \quad (83),(84)$$

引用・参考文献:　第16章末に記載.

索　引

あ 行

アドミッタンス ……………………… 29
油中水滴型エマルション ……………… 91
アフウリカツメ蛙 …………………… 159
アルギン酸カルシウムゲル …………… 163

い 行

イオン交換樹脂粒子 ………………… 111
イオン交換膜 ………………… 182, 278
イースト細胞 ………………………… 163
イーストビーズ ……………………… 164
インピーダンス ……………………… 29

う 行

ウイスキー醸造 ……………………… 171

え 行

N/W エマルション ……………… 105, 226
m 乗型則 ……………………………… 39
LB 膜 ………………………………… 79
LB 膜の厚さ ………………………… 81
円弧型則 ……………………………… 35
円板型電極セル ……………………… 177

お 行

オイラーの公式 ……………………… 25
O/W エマルション ………… 100, 224, 236

か 行

界面活性剤 …………………………… 92
界面分極 ……………………………… 59
蛙の卵 ……………………………… 157
殻球構造 …………………………… 132
殻付き球粒子濃厚分散系 …………… 266
殻付き球粒子希薄分散系 …………… 246
Cardano 解法 ………………… 214, 242
感応電荷 ……………………………… 6, 11
緩和時間 …………………………… 196

き 行

逆浸透膜 ……………………………… 69
逆浸透膜の実効厚さ ………………… 74
球形粒子希薄分散系 ………………… 219
球形粒子濃厚分散系 ………………… 229
球形領域 …………………………… 250
球形領域 D ………………………… 220
Q 緩和 ………………………… 121, 204
Q-値 ………………………………… 30

く 行

黒膜 ………………………………… 50

け 行

血漿 ………………………………… 145

こ 行

構成成分相の量 ………………… 207
抗生物質の効果 ………………… 140
構造特性量 …………………… 198, 212
Cole-Cole の円弧則式 …………… 37
コンダクタンス ………………… 16
コンデンサー …………………… 7

さ 行

サセプタンス …………………… 29

し 行

C と G 結合系 …………………… 41
集中コンダクタンス …………… 193
集中電気容量 …………………… 193
集中並列 ………………………… 18
充電 ……………………………… 6
充電作業 ………………………… 7
充電電荷 ……………………… 7, 27
周波数変化 ……………………… 19
周波数変化の仕組み …………… 20
受精メダカ卵 …………………… 152
真空の誘電率 …………………… 8

す 行

水中高分子膜系 ………………… 61
水中脂質二分子膜系 …………… 49
水中ニトロベンゼンエマルション …… 105
水中油滴型エマルション ……… 100

せ 行

静電感応 ………………………… 6

静電感応現象 …………………… 11
静電場 …………………………… 6
絶縁性殻・膜付き球 ……… 260, 268
絶縁性薄殻・薄膜 ……………… 255
絶縁性薄殻・薄膜の場合 ……… 275
赤血球サスペンション ………… 136
赤血球流動効果 ………………… 145
絶対誘電率 ……………………… 8
銭つなぎ ………………………… 148
セレミオン CMV ………………… 182
全血試料 ………………………… 145

そ 行

損失角 …………………………… 30
損失係数 ………………………… 28
損失正接 ………………………… 30

た 行

対イオン ………………………… 111
W/O エマルション ……… 91, 224, 236
W/O/W 型エマルション ………… 124
単一緩和型則 …………………… 30

ち 行

超薄膜部分 ……………………… 74
直列結合 ………………………… 193

て 行

抵抗 ……………………………… 16
Debye の半円型則 ……………… 33
テフロン膜 ……………………… 82

索　引

電圧 V ……………………… 7
電解質分離効率 ……………… 76
電気素量 e …………………… 14
電気抵抗 ……………………… 16
電気伝導性 …………………… 15
電気分極 ……………………… 11
電気分極 P …………………… 13
電気容量 C …………………… 7
電極分極 ……………………… 72
電気量 Q ……………………… 6
電流 I_G ……………………… 15

と 行

dough ………………………… 174
等価 C-G 回路 ……………… 18
導電性 ………………………… 15
導電性電荷 …………………… 17
導電電流 ……………………… 27
導電電流 I_G ………………… 24
導電率 ………………………… 16
導電率値の表 ………………… 17
ドーナッツ …………………… 174

な 行

生パン ………………………… 174

に 行

二重誘電緩和 ………………… 121
二分子層構造 ………………… 56
乳化剤の影響 ………………… 92
Newton-Raphson 法 ………… 299

の 行

濃度微少増加過程 …………… 229
濃度分極 ……………………… 184
濃度分極層のインピーダンス … 283
濃度分極とは何か …………… 278
濃度分極 p 層 ………… 287, 293

は 行

バイアス電圧 ………………… 184
針金型電極セル ……………… 177
半円の式 ……………………… 196
パン練り粉 …………………… 174

ひ 行

PS カプセル ………………… 121
BLM …………………………… 50
P 緩和 ………………… 121, 204
比伝導度 ……………………… 16
比誘電率 ……………………… 8
比誘電率値 …………………… 9
ビール醸造 …………………… 168

ふ 行

複円弧 ………………………… 210
複緩和 ………………………… 260
複素数表現 …………………… 24
複素電気容量 ………………… 28
複素導電率 …………………… 29
複素誘電率 …………………… 29
複素誘電率の損失係数 ……… 29
複素誘電率の誘電損失 ……… 29

複誘電緩和 ………………… 121, 204
複誘電緩和の発生機構 ………… 121
物理量の次元 ………………… 43
部分分数分解法 ………… 194, 208, 222
フローチャート ……………… 115
分子配向 …………………… 22

へ 行
平行板コンデンサー …………… 7
平面三相系 ………………… 204
平面二相系 ………………… 191
並列結合 …………………… 193
並列等価コンダクタンス ………… 42
並列等価電気容量 ……………… 42
変位電流 …………………… 27

ほ 行
Pauly-Schwan ……………… 246
ポリスチレン・マイクロカプセル …… 121

ま 行
Maxwell …………………… 246
膜透過性能 ………………… 65
摩擦電気 …………………… 5

め 行
メダカの卵 ………………… 151

ゆ 行
誘電緩和 …………………… 20
誘電緩和 2 個発生 …………… 260
誘電緩和 2 個発生の仕組み ……… 268
誘電緩和の起因 ……………… 58
誘電緩和の仕組み ……………… 21
誘電現象 …………………… 6
誘電損失 …………………… 28
誘電分散 …………………… 20
誘電率 ε …………………… 8
誘電率値の表 ………………… 9, 14
ゆがみ円弧型則 ……………… 38

よ 行
陽イオン交換樹脂 …………… 111

り 行
リポゾーム ………………… 130

れ 行
連銭形成現象 ………………… 144

著者略歴

花井　哲也（はない　てつや）
京都大学理学部 1951年卒業，物理学専攻．
京都大学化学研究所・助手・助教授・教授を経て1991年退官．
京都大学名誉教授，理学博士
(専攻分野)　コロイド界面科学，誘電体論，人工膜生体膜の物理化学
(主要著書)　レオロジーとその応用，共立出版　1962
　　　　　　リン脂質二分子層膜実験法，「生体膜実験技術」南江堂 1967
　　　　　　Electrical Properties of Emulsions,「Emulsion Science」Academic Press 1968
　　　　　　エマルジョンの科学，朝倉書店　1971
　　　　　　二分子膜，「新実験化学講座　第18巻」丸善　1977
　　　　　　膜とイオン，化学同人　1978
　　　　　　荷電膜の透過現象，「化学総説　No.45」学会出版センター　1984
　　　　　　誘電現象と電気容量・誘電率測定，「実験化学講座 第9巻」丸善　1991

> [R] 本書の全部または一部を無断で複写複製（コピー）することは，著作権法上での例外を除き，禁じられています．本書からの複写を希望される場合は，日本複写権センター 03(3401)2382 にご連絡下さい．

不均質構造と誘電率　　　　　　　　　　　　　　2000 ©
2000 年 1 月 25 日　第 1 刷発行
2012 年 6 月 30 日　第 4 刷発行

著　者　　花　井　哲　也
発行者　　吉　岡　　　誠

〒606-8225 京都市左京区田中門前町 87
株式会社 吉 岡 書 店
電話(075)781-4747/振替 01030-8-4624

印刷・製本　ココデ印刷株式会社

ISBN978-4-8427-0275-9